工业电子测试技术

主 编 吕 辉 范少春

副主编 杨春勇 汪胜祥

科学出版社

北 京

内 容 简 介

本书首先介绍工业电子测试技术的基本概念，逐步导入工业电子测试中涉及的重要基本理论知识，然后分门别类介绍测试使用到的传感器、测试系统间的数据通信方式、测试接口、测试仪器、测试软件及测试方法。

本书深度结合实际工业电子测试工程实践，从相关理论基础教学到工程技术实践两方面入手，让学生在掌握工业电子测试基础理论知识的同时，具备工业电子测试的必要基本技能和工程实践能力，实现面向芯片产业专业人才的全要素培养。

本书适合作为高等学校集成电路设计与集成系统、微电子科学与工程、电子科学与技术等电子信息类相关专业教材，也可作为工业电子测试领域专业技术人员的参考资料。

图书在版编目 (CIP) 数据

工业电子测试技术 / 吕辉，范少春主编. —北京：科学出版社，2024.6

ISBN 978-7-03-078643-2

Ⅰ.①工… Ⅱ.①吕… ②范… Ⅲ.①工业电子学－电子测量技术 Ⅳ.①TM93

中国国家版本馆 CIP 数据核字（2024）第 110580 号

责任编辑：吉正霞 / 责任校对：高 嵘
责任印制：彭 超 / 封面设计：无极书装

科 学 出 版 社 出版
北京东黄城根北街 16 号
邮政编码：100717
http://www.sciencep.com
武汉市首壹印务有限公司印刷
科学出版社发行 各地新华书店经销
*
2024 年 6 月第 一 版 开本：787×1092 1/16
2024 年 6 月第一次印刷 印张：14 3/4
字数：371 000
定价：65.00 元
（如有印装质量问题，我社负责调换）

前　言

感谢您选择阅读本书。本书基于作者多年的教学和工程实践经验编写而成，力求呈现工业电子测试领域全面及实用的知识与信息，帮助读者在相关领域的工程实践中构建全面的知识体系并打下良好的理论基础。

针对目前国内集成电路产业人才培养需求和相关专业教材缺乏的现实问题，作者认为，编撰一系列适用于集成电路相关专业的教材是非常急迫且重要的需求。本书基于对多部电子测试领域经典书籍的总结分析，整合教材编写团队长期教学经验及相关行业的前沿工程实践，综合介绍工业电子测试领域的基础理论知识及各项前沿技术，包括工业电子测试技术基础概念、相关电气及电子技术基础知识、传感器、工业通信、测试接口、电子测试仪器、测试软件、可测性设计、典型芯片及器件测试方法等诸多知识和技术。

本书配套国家现代产业学院——芯片产业学院开设的"工业电子测试技术基础"课程，对标产业级工业电子测试中所需要的基本知识与能力，与芯片测试行业中代表性企业联合制定理论教学和实践培养方案，参照合作企业的实际项目案例，设计综合性的系列测试实验。本书旨在为读者提供一个全方位视角，从理论、实践和案例研究三个方面深入探讨工业电子测试技术所需的知识架构及工程实践。

在编写本书的过程中，我们以严谨的学术态度，对每一个观点和结论都进行反复论证和验证，竭力减少错误和疏漏的可能性。然而由于知识和技术的不断更新，本书仍可能存在一些局限性和不足之处，欢迎读者提出宝贵的意见和建议。

最后，我们再次感谢您选择阅读本书，并希望本书能够满足您的需求，并促进您的学习和成长。在国家创新驱动发展战略的引领下，我们希望本书能够成为工业电子测试工作者的有益参考，为我国芯片产业人才培养贡献一份绵薄之力。

作　者

2023 年 3 月 28 日于武汉洪山

目　录

第1章 绪 论

1.1 电子测试技术概述

1.1.1 电子测试技术简介

电子测试技术是一门以测试信息为主的科学门类，该技术以电子电路技术为基础，并融合通信工程、信号处理、测量测试技术、数字技术、微电子技术及计算机技术等学科，构成单独的测量系统或设备[1]。

测量是通过实验方法对客观事物取得定量数据的过程，测量的目的是准确地获得被测参数的值。测量学是一门实验科学，人们借助专用设备，通过实验的方法，得出被测量参数值的大小并注明单位。测量的基本方法是比较，测量技术是研究测量原理、测量仪器和测量方法及其相互关系的学科[2]。

电子测量是测量学的一个重要分支，它是以电子技术理论为依据，以电子测量仪器为手段，对电量和非电量进行测量的一种测量技术。在对非电量进行测量时，首先通过各种传感器将非电量转换为电量，然后通过电量测量间接实现对非电量的测量。相较于传统测量方式，电子测量技术具有测量范围广、参数量级大、测量速度及精度高、测量方式和测量数据分析灵活等优势。因此，电子测量不仅可应用于电学各专业，也被广泛应用于物理学、化学、机械学、材料学、生物学、医学、航空航天等科学领域及生产、国防、交通、通信、商业贸易、生态环境保护各行业乃至日常生活的各个方面[2]。

近几十年来，计算技术与微电子技术的迅猛发展为电子测量领域和测量仪器增添了巨大活力。电子计算机尤其是微型计算机与电子测量仪器的结合，构成了具有划时代意义的仪器和测试系统，即人们通常所说的"智能仪器"和"自动测试系统"，它们能够对若干类电参数进行自动测量、自动量程选择、数据记录及处理、数据传输、误差修正、自检自校、故障诊断及在线测试等，不仅改变了很多传统测量的概念，更对整个电子技术和其他科学技术产生了巨大的推动作用。现在，电子测量技术（包括测量理论、测量方法、测量仪器装置等）已成为电子科学领域重要且发展迅速的分支学科[2]。

1.1.2 电子测量的内容

测量是为了确定被测对象的量值而进行的实验过程，电子测试技术是以电子技术理论为基础，以电子测量仪器和设备为手段开展的测量技术。电子测量的内容主要包括以下几个方面。

1. 基本电量的测量

基本电量主要包括电压、电流、功率等。在此基础上，还可拓展至其他参量的测量，例如，阻抗、频率、时间、位移、电场强度、磁场等。

2. 电子电路整机的特性测量、元器件的参数测量与特征曲线的显示

①电子电路整机的特性测量与特征曲线显示（伏安特性、频率特性等）；②电气设备常用各种元器件（电阻、电感、晶体管、集成电路等）的参数测量与特征曲线显示。

3. 电信号特征的测量

电信号特征主要包括频率、波形、周期、时间、相位、谐波失真、调幅度及脉冲参数等。

4. 电子设备的性能指标测量

电子设备的性能指标主要包括灵敏度、增益、带宽、信噪比、通频宽等。

上述各项测量内容中，尤其是对频率、时间、电压、相位、阻抗等基本电参数的测量更为重要，它们往往是其他参数测量的基础。例如，放大器的增益测量实际上就是对其输入、输出端电压的测量值相比取对数得到增益分贝数；脉冲信号波形参数的测量可归类为对电压和时间的测量；许多情况下电流测量是不方便的，常以电压测量来代替。同时，由于时间和频率测量具有其他测量所不可比拟的精确性，所以人们越来越关注把对其他待测量的测量转换成对时间或频率的测量的方法和技术[2]。

5. 其他非电量转换成电信号后的测量

在科学研究和生产实践中，常常需要对许多非电量进行测量。传感器技术的发展为这类测量提供了新的方法和途径。可通过各类传感器，将非电量（如温度、压力、位移、流量、加速度等）转换成电信号，再利用电子测量设备进行测量[2]。生产自动过程控制系统，将生产过程中各种有关的非电量转换成电信号进行测量、分析、记录，并根据结果对生产过程进行干预及控制，其典型方法如图 1.1 所示。

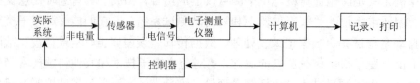

图 1.1　自动过程控制系统中非电量的测量及自动控制示意图

1.1.3　电子测试仪器的分类

测量仪器是指用于检测或测量一个参量，或为达到测量目的而提供的测量器具，包括各种指示式仪器、比较式仪器、记录式仪器、信号源、稳压电源及传感器等。利用电子技术构成的测量仪器，称为电子测试仪器。

电子测试仪器广义上是指利用电子元器件和电子电路技术组成的装置，用以测量各种电磁参量或产生供测量用的电信号。配上适当的传感器后，电子测量仪器能测量几乎一切的非电物理量，其适用范围包括交直流电压、电流、时间和频率、功率、电阻及阻抗测量；温度、湿度、压力、流量测量；半导体器件和集成电路参数、印制电路板、传输参数和微波信号测量，以及信号产生和信号波形分析，数据流的检测、处理和分析等。电子测试仪器是以电子技术为基础，融合电子测试技术、通信技术、数字技术、信号处理技术、计算机技术、软件技术、总线技术和自动控制技术等多种技术组成单机或自动测试系统，以电量、非电量、光量作为测试对象，测量其各项参量或控制被测系统运行的状态。

电子测试仪器的测量功能可分为两类：一是定性测试，目的是确定被测目标在特定条件下的性能；二是定量测量，目的是精确测量被测目标的量值。电子测试仪器种类繁多，应用范围广泛。按照其应用领域不同，一般可将其分为专用仪器和通用仪器两大类。前者是为某一个或几个专门目的而设计的，例如电视彩色信号发生器；后者是为了测量某一个或几个电参数而设计的，它能用于多种电子测试，例如电子示波器等[3]。

按照其功能分为以下几类。

1. 通用电子测试仪器

1）信号发生仪

信号发生仪用于提供测量用的各种波形信号。例如，低频/高频信号源、函数信号发生器、脉冲信号发生器、射频模拟与数字信号发生器等。

2）信号分析仪

信号分析仪用于观测、分析和记录各种电信号的变化，包括时域、频域和数据域分析仪。例如，各种示波器、波形分析仪、频谱分析仪和逻辑分析仪等。

3）频率、时间及相位测量仪

频率、时间及相位测量仪用于测量电信号的频率、时间间隔和相位等参量。例如，各种频率计、相位计、波长计等。

4）网络特性测量仪

网络特性测量仪用于测量电气网络的频率、阻抗、噪声等特性。例如，频率特性测试仪（扫频仪）、阻抗测量仪、网络分析仪等。

5）电子元器件测试仪

电子元器件测试仪用于测量各种电子元器件的电参数，检测元器件的工作状态或功能。例如，电桥、Q 表、晶体管特性图示仪、模拟或数字集成电路测试仪等。

6）电波特性测试仪

电波特性测试仪用于测量电波传播电磁场强度及干扰强度等。例如，场强仪、测试接收机、干扰测量仪等。

7）辅助仪器

辅助仪器是指与上述各种仪器配合使用的仪器。例如，各种放大器、衰减器、检波器、滤波器、记录器，以及各种交直流稳压电源等。

2. 通信测试仪器

通信测试仪器的测试包括从模拟到数字、从低频到微波、从用户信息到信令或协议、从系统质量测试到网络监视和管理等功能。例如，矢量信号分析仪、误码抖动测试仪、数字/数据传输分析仪、网络检测仪、信令测试仪、移动通信综合测试仪等。

3. 光电测试仪器

光电测试仪器主要用于光纤测量和光纤通信系统中各种数据传输特性的测量。例如，光功率计、光时域反射计、光谱分析仪、激光参量测试仪器等。除上述各类电子仪器外，还有功能更加强大的自动测试系统。自动测试系统完全可以满足对测试项目范围、速度、精确度等方面综合技术指标的测试要求。

1.1.4 电子测试技术的优点

与其他测试方法相比，电子测试技术具有以下特点。

1. 测量频率范围宽

电子测试中的待测参数，其频率覆盖范围极宽，低至 10^{-5} Hz 以下，高至 10^{12} Hz 以上。

当然，不能要求同一台仪器能在这样宽的频率范围内工作，通常根据不同的工作频段采用不同的测量原理，使用不同的测试仪器[4]。

2. 测量量程宽

测量量程宽是测量范围的上、下限值之差或上、下限值之比。由于被测量的数值相差很大，所以电子测试仪器应有足够大的量程。例如，地面上接收到的宇宙飞船自外太空发来的信号功率可低至 10^{-14} W 数量级；而远程雷达发射的脉冲功率可高达 10^{8} W 以上，两者之比为 $1:10^{22}$。

对于非电量测量，若采用非电子测量技术，测量范围较宽的参量难度是很大的，但如果将非电量转换为对应的电量测量，就方便多了，而且精度高。因为可以按电量大小进行分段处理，过小的量可以采用放大技术，过大的量可以采用衰减技术，从而拓展测量对象的下限与上限[5]。

3. 测量准确度高

采用电子测试技术，大大提高了各种测量的准确度。但就整个电子测试所涉及的测量内容而言，测量结果的准确度是不一样的，有些参数的测量准确度相对较高，而有些参数的测量准确度相对较低。例如，对频率和时间的测量准确度可以达到 $10^{-14} \sim 10^{-13}$ 数量级，这是目前在测量准确度方面达到的最高指标；而长度测量的最高准确度为 10^{-9} 数量级；直流电压测量的最高准确度为 10^{-8} 数量级。现代电子测试仪器，采用高性能的微处理器、数字信号处理，即 DSP（digital signal processing）芯片，提高了对测量数据的处理能力，大大减小了测量误差，进一步提高了测量的准确度。

对于非电量测量，若采用非电子测量技术，达到高测量准确度的难度是很大的，但如果将非电量转换为对应的电量测量，就容易多了，因为电量信号很容易处理，例如放大、滤波及数字处理等技术的运用，大大提高了测量准确度。

4. 测量速度快

非电子手段的测量，由于测量环节的惯性影响，测量速度相对较低。而电子测量是基于电子运动和电磁波的传播，加之现代测试系统中高速电子计算机的应用，使得电子测量无论在测量速度还是在测量结果的处理和传输上都可以以极高的速度进行。

5. 可遥测和遥控

电子测量可以将现场各个测量数据转换成易于传输的电信号，通过有线或无线的通信方式传送到测试控制台（中心），从而实现遥测和遥控。对那些距离远、环境恶劣、高速运动、人类难以接近的区域（如卫星、深海、地下核反应堆等），可以通过传感器、电磁波、光、辐射等方式进行远距离非接触式测量。

6. 测试智能化和自动化

大规模集成电路和微型计算机的应用，使电子测量出现了崭新的局面。例如，测量过程中能够实现程控、遥控、自动转换量程、自动调节、自动校准、自动诊断故障和自动回复等功能，对测量结果自动进行记录，自动进行数据运算、分析和处理[4]。

1.1.5 电子测试技术的应用现状

1. 数字化模块有待提高

将电子测试技术与信息化科技相结合，是当前我国测试技术发展的主要趋势。通过设置数字化模块的形式，为电子测试技术发展提供一个优良环境。企业可以通过数字化模块的形式，为日常测试工作提供便利，提高工作效率[6]。

2. 软件技术、集成技术有所欠缺

我国电子测试技术发展较晚，基础较为薄弱，没有较为庞大的软件数据库进行参考。当前部分企业在软件技术与集成技术方面发展较慢，需要将模块化设计作为电子测试技术的主要发展方向[6]。

1.1.6 电子测试技术发展与趋势

电子测试技术的市场需求，主要取决于当前技术水平及消费者需求。当前消费者对电子产品的需求向小体积、多功能、电池续航时间长等方向发展。电子产品企业为顺应当前消费者需要，将远距离无线传输、高能电池、精密小型化元件等最新技术融合到电子产品中。持续更新的技术使得电子产品功能不断强大，同时电子产品迭代需要的集成技术愈加复杂，这都将对电子测试技术提出新的适配要求和挑战。自然，这也是电子测试技术更新的目标和动力。同样，电子产品需要更低的成本来吸引消费者的注意，所以电子测试的成本也不能太高，电子产品和电子测试技术已融为一体，不可或缺[7]。

当前电子行业产品更新换代速度较快，而传统的电子测量技术也逐渐被淘汰，因此加快电子测试技术的创新发展及应用步伐非常必要[8]。电子测试技术的发展应用走向智能化、信息化、网络化等是必由之路，具体可以从以下几方面展开讨论。

1. 数字化及智能化

当前世界正处于信息时代的浪潮中，各种高端科技产业不断涌现和发展，电子测试技术和仪器仪表也已进入数字化发展阶段。借助于软硬件的发展，电子测试技术可以更科学、更有效地解决复杂的工程测试问题。例如，数字信号处理技术与密集的数据运算相结合，可以完成无限冲激响应（infinite impulse response，IIR）滤波信号和有限冲激响应（finite impulse response，FIR）滤波信号的解码，从而对机械电机、电源测试等场合的噪声和干扰信号准确地测试和滤波[8]。

随着嵌入式电子测试技术的不断发展，尤其是在微型电子测试仪器不断向智能化转变的条件下，从早期开始的电子测试技术和仪器主要用于模拟电路设计形式，发展到后期的电子测试仪器开始大力发展电路开发和微模板设计模式。尤其是在计算机软件的赋能下，电子测试仪器的数据输入和输出更加快速、准确，满足了测量的诸多特殊要求。在实践中，电子测试仪器的智能化开发模式和数字化模式在性能、信息交换、信息精度、信息更新等方面逐渐显示出其技术代差优势。而今，随着现场总线技术的日益完善，电子测试仪器增加了对被测对象和设备的维护和诊断功能[9]。

2. 模块化

电子测试技术与仪器的模块化开发模式是指功能区的集成设计、总线接口的形成以及与电子测试系统的连接，从而实现电子测试技术和仪器功能模块的高效配置和实时更新。电子测试仪器的模块化设计主要围绕总线接口技术进行：一方面保证了电子测试系统能够兼容软硬件资源；另一方面优化硬件体积，实现硬件协同升级。实现电子测试技术和仪器的创新迭代，总线接口技术的升级是可行的途径之一。采用模块化开发模式，可以支持和进一步开发扩充电子测试系统的一些新功能，充分发挥电子测试技术和仪器在现场配置实践中的应用价值[9]。

3. 应用范围更广

随着测量技术的发展，越来越多的电子仪器被应用于测试实践中。在传感器信息处理技术和多传感器数据融合技术的支持下，矢量网络分析仪等重要电子测试仪器将产生自动测量技术，突破原有的线性网络应用领域，并在大电网试验和非线性试验中发挥作用。在大面积的现场测试中，电子测试技术与分布式网络互联技术、同步技术、触发技术、可重构测控系统技术相结合，可以大大拓展电子测试仪器的应用场景[9]。

4. 通用化与虚拟测试

在未来的发展趋势中，电子测试技术和仪器将围绕核心技术进行改造和升级，从模块化、智能化向通用化方向发展。以前在测试软件的开发和应用过程中，往往受到仪器硬件测量性能的限制，未来电子测试仪器将实现测量功能的多样化和多场景通用化。电子测试技术和仪器的推广主要靠平台化来支持，在 CORBA（common object request broker architecture，通用对象请求代理体系结构）和 COM（component object model，组件对象模型）等开发软件平台的指导下，电子测试技术将在控制方式、结构和功能模块上发生新的变化。不同类型的测试参数将被集成并放置在同一功能模块中，同时，电子测试对象和参数将保持数据和设备的独立性。在电子测试中，可根据测试对象调整参数，实现电子测试技术和仪器测量的通用化[9]。

电子测试技术和仪器的虚拟测试主要是指应用数字技术进行虚拟测试，形成测试对象的数据模型。与通用电子测试技术的测试结果相比，虚拟测试模式优化了测试过程和参数结果。电子测试技术和仪器的虚拟测试趋势凸显了该技术的实用性，可以有效地应用于机械设计和工程建设领域[9]。

电子测试技术和仪器的创新发展与信息技术的发展息息相关，随着各类技术的功能不断完善，电子测试技术在测量参数及参数测量的适用方面需要更加灵活、快捷和精准。在实践中，应认识到电子测量技术和仪器的重要性，立足我国社会经济及科技的发展，预判电子测试技术和仪器未来的发展趋势及方向，不断推进电子测试技术和仪器的发展进程。

1.2 电子测试方法及系统

一个物理量的测量，可以通过不同方法实现，测量方法选择正确与否，直接关系到测量结果的可信度，也关系到测量工作的经济性和可行性[10]。测试方法即为获得测量结果而采用的各种手段和方式。根据测试中采用的测量方法的不同，电子测试有不同的分类方法，以下介绍几种常见的分类方法。

1.2.1 电子测试方法分类

1. 按测试手段分类

1）直接测量

直接测量即无须通过被测量量与其他实际测量量之间的函数关系进行计算，而是直接用已标定的仪器测量出某一待测未知量的量值的方法。例如，用电压测试仪测量电压、用电桥测量电阻、用频率计测量频率等，都可以直观且迅速地读出被测量的数值。或者是将未知量与同类标准的量在仪器中进行比较，从而直接获得未知量的数值的方法[10]。

2）间接测量

间接测量即利用直接测量量与被测量量之间已知的函数关系，得到该被测量量的测量方法。例如，测量电阻的消耗功率 $P = UI = I^2R = U^2/R$，可以通过直接测量电压、电流或测量电流、电阻等方法间接得出功率的量。

间接测量比直接测量复杂费时，一般在直接测量很不方便且误差较大、缺乏直接测量仪器等情况下才采用。

3）组合测量

组合测量是建立在直接测量和间接测量基础上的测量方法。当无法通过直接测量或间接测量得出被测量的量值时，需要先改变测量条件多次测量；然后按被测量量与有关未知量间的函数关系组成联合方程组，求解方程组得出有关未知量；最后将未知量带入函数式而得出测量结果。只要方程式的数量大于待求量的个数，就可以求出各待求量的数值，这种方法叫组合测量或联合测量。

2. 按测试性质分类

按照测试性质可以分为时域测量、频域测量、数据域测量和随机测量。

1）时域测量

时域测量也叫作瞬态测量，主要测量被测量随时间的变化规律。典型的例子如用示波器观察脉冲信号的上升沿、下降沿、平顶降落等脉冲参数，以及动态电路的暂态过程等[2]都属于时域测量。

2）频域测量

频域测量也叫作稳态测量，主要目的是获取待测量与频率之间的关系。例如，用频谱分析仪分析信号的频谱，测量放大器的频谱特性、相频特性等[2]。

3）数据域测量

数据域测量也叫作逻辑量测量，主要是用逻辑分析仪等设备对数字量或电路的逻辑状态进行测量。数据域测量可以同时观察多条数据通道上的逻辑状态，或者显示某条数据线上的时序波形，还可借助计算机分析大规模集成电路芯片的逻辑功能等。随着微电子技术的发展需求，数据域测量及其测量智能化、自动化显得越来越重要[2]。

4）随机测量

随机测量也叫作统计测量，主要是指对随机信号的测量，例如对噪声、干扰信号等的测量，其在通信领域有着广泛的应用。

除上述常用分类方法外，还有其他一些分类方法。例如：按照测量时测量者对测量过程的干预程度，可分为自动测量和非自动测量；按照对测量精度的要求，可分为精密测量和工程测量；按照被测量与测量结果获取地点的空间关系可分为本地（原位）测量和远地测量（遥测），接触测量和非接触测量；按照被测量的属性分为电量测量和非电量测量等[2]。

1.2.2　电子测试方法的选择

选择测量方法要综合考虑下列主要因素：①被测量本身的特性；②所要求的测量准确度；③测量环境；④现有测试设备等。

在此基础上，还应选择合适的测试仪器和正确的测量方法。前面曾提到，正确可靠的测量结果的获取要依赖于对测试方法和测量仪器的正确选择、正确操作和对测量数据的正确处理，否则，即使使用价值昂贵的精密仪器设备也不一定能够得到准确可靠的结果，甚至可能损坏测试仪器和被测设备[2]。

1.2.3　自动化电子测试系统

随着电子测试技术及行业不断发展进步，涌现出大批自动化测试平台或系统，以下介绍两种教学中较常用的测试系统。

1. 朗讯测试平台 LK8810S

LK8810S 集成电路开发及应用技术平台（图1.2）从集成电路行业应用出发，将应用场景、工作任务与教学创新模式相结合，充分体现产教融合理念。该平台整体采用模块化和工业化设计，由工控机、测试主机、测试软件、测试终端接口、液晶显示器等部分组成，利用数模混合测量技术，支持常见数字、模拟芯片及相关电路的测试。

图 1.2　LK8810S 集成电路测试教学平台

该平台可以应用于各种类型微电子技术、数字电路、模拟电路、测控技术、传感器检测技术、单片机、ARM 课程的实验教学。整个平台采用硬件分组设计，所有测试模块功能相对独立，接口齐全，学生在实验时既可以用测试模块在平台的测试区进行实验，也可以自己动手在平台的面包板区域自行搭建电路进行实验来学习微电子技术、数字电路、模拟电路、测控技术、传感器检测技术、单片机、ARM 课程的基本应用，有效提高学生将理论与实践结合应用的能力。

利用 LK8810S 技术平台进行的测试有两种方式：一是通过 LK8810S 测试平台进行测试；二是通过 LK220T 资源系统进行测试。第二种方式又可分为"测试区测试"和"练习区测试"两种模式。采用"测试区测试"模式，与使用 LK8810S 测试平台进行测试的方法一致；采用"练习区测试"模式，使用者可以通过 LK220T 资源系统所提供的杜邦线连接测试接口与面包板来搭建测试电路，该测试方法无需进行额外的制板和焊接工作。

2. 信诺达 ST3020 集成电路测试系统

ST3020 集成电路测试系统（图 1.3）可以测试数字、模拟、数模混合 IC（integrated circuit，集成电路），覆盖面广，可靠性高，一台设备可解决多种测试需求。

ST3020 集成电路测试系统软件是在 Windows XP/win7/win10 环境下，利用 Visual C++ 6.0 作为系统开发工具开发的集成测试管理系统。测试系统软件包括测试处理、测试数据显示、数据统计、测试程序管理、测试程序框架自动生成、测试程序调试和设备自检，多种功能集成在一起，提供友好便捷的用户界面，使用者通过菜单、工具条、快捷键等方式操作程序。

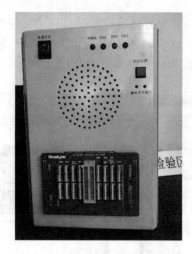

图 1.3　ST3020 集成电路测试系统

1.3　实验室认可标准

1.3.1　校准实验室能力认可

实验室认可是对某一实验室具备进行规定的检测或特定类别的检测能力的正式承认，是国内外贸易中消除因产品检测方法不同而导致技术壁垒的有效措施[11]。

《检测和校准实验室能力的通用要求》（GB/T 27025—2019）标准是由国际标准化组织ISO/CASCO（国际标准化组织/合格评定委员会）发布的实验室管理标准，该标准的前身是《检测和校准实验室能力的通用要求》（GB/T 27025—2008）。该标准适用于所有从事检测和（或）校准的组织，包括第一方、第二方和第三方实验室，以及将检测和（或）校准作为检查和产品认证工作一部分的实验室[11]。国际上对实验室认可进行管理的组织是国际实验室认可合作组织（International Laboratory Accreditation Cooperation，ILAC），由包括中国合格评定国家认可委员会（China National Accreditation Service for Conformity Assessment，CNAS）在内的 44 个实验室认可机构参加。

CNAS 是我国唯一的实验室认可机构，承担全国所有实验室的 ISO 17025 标准认可。所有的校准和检测实验室均可采用和实施 ISO 17025 标准，按照国际惯例，凡是通过 ISO 17025 标准认可的实验室提供的数据均具备法律效力，得到国际认可。目前国内已有千余家实验室通过了 ISO 17025 标准认可，通过标准的贯彻实施，提高了实验数据和结果的精确性，扩大了实验室的知名度，从而极大地提高了经济和社会效益。

1. 实验室认可的目的

（1）加强实验室能力建设，不断提高管理和技术水平，促进实验室以公正的行为、科学的手段、准确的结果维持和提高其社会信誉度，更加有效地为客户服务。

（2）通过认可，表明实验室具备了按照国家认可标准的要求开展检测/校准工作的技术能力，增强了市场竞争力，赢得政府及社会各方信任，并通过签署互认协议，获得国际互认，促进工业、技术、商贸的发展。

2. 实验室认可的流程

（1）实验室建立符合标准的质量管理体系并有效运行。

（2）实验室按认可要求向 CNAS 提出申请并提供所需相关材料。

（3）CNAS 秘书处审查申请资料，作出受理决定。必要时，安排初访。

（4）CNAS 评审组审查申请资料，确定是否安排现场评审。必要时，安排预评审。

（5）根据现场评审计划通知书，CNAS 评审组实施现场评审。

（6）需要时，实验室根据 CNAS 评审组提出的不符合项实施纠正。评审组对不符合项实施整改验收。

（7）CNAS 秘书长根据评审委员会的评定结论作出认可决定，向获准认可实验室颁发认可证书以及认可决定通知书。

（8）后续工作：获得 CNAS 认可后监督、复评审、扩大或缩小领域范围及认可变更。

1.3.2 中国计量认证：CMA 国家计量认证

1. 计量认证的要求

中国计量认证（China Metrology Accreditation，CMA），是根据《中华人民共和国计量法》的规定，经由省级以上人民政府计量行政部门对检测机构的检测能力及可靠性进行的一种全面的认证及评价。只有取得计量合格证书的第三方检测机构，才允许在检验报告上使用 CMA 章，盖有 CMA 章的检验报告可用于产品质量评价、成果及司法鉴定，具有法律效力。

2. 计量认证的特点

取得计量认证合格证书的产品质量检验机构，可按证书上所限定的检验项目，在其产品检验报告上使用计量认证标识，标识由"CMA"三个英文字母形成的图形和检验机构计量认证书编号两部分组成。

3. 计量认证级别

根据《中华人民共和国计量法》，为保证检测数据的准确性和公正性，所有向社会出具公正性检测报告的质量检测机构必须获得"计量认证"资质，否则构成违法。计量认证分为"国家级"和"省级"两级，分别适用于国家级质量监督检测中心和省级质量监督检测中心。

4. 计量认证实施意义

根据《中华人民共和国计量法》第二十二条规定："为社会提供公证数据的产品质量检验机构，必须经省级以上人民政府计量行政部门对其计量检定、测试的能力和可靠性考核合格。"

以上规定说明：没有经过计量认证的检定/检测实验室，其发布的检定/检测报告，不具备法律效力，不能作为法律仲裁、产品/工程验收的依据，而只能作为内部数据使用。

5. 计量认证评审依据

我国的计量认证行政主管部门为国家质量技术监督局认证与实验室评审管理司。依据是《产品质量检验机构计量认证/审查认可（验收）评审准则（试行）》。

1.3.3 实验室 CNAS 认可和 CMA 资质认证的区别

1. 评审组织机构的区别

（1）CNAS 实验室认可证书的评审组织机构和发证机构是中国合格评定国家认可委员会。

（2）CMA 计量认证分省级和国家级两个级别，国家级实验室的资质认定由中国国家认证认可监督管理委员会负责，非国家级的实验室一般由所在地省级市场监督管理局负责组织评审和发证。

2. 评审原则的区别

（1）CNAS 秉承的是自愿、非歧视的原则。

（2）CMA 是针对为社会出具公证数据的检验机构进行的强制考核，属于行政审批。

3. 对实验室的法律地位要求的区别

（1）CNAS 认可对实验室的法律地位没有限制，可以是企业内部的实验室，也可以是独立的第三方实验室。

（2）CMA 实验室资质认定的对象，需要是独立的第三方实验室、政府相关部门下属的事业单位实验室等。

4. 报告有效范围的区别

（1）通过 CNAS 认可的实验室在其认可范围内出具的带 CNAS 标识的报告，可在全球多个国家和地区进行互认。

（2）通过 CMA 资质认证的实验室是在其认证范围内出具的报告，只在国内有效。

1.3.4 检测报告标识：CNAS、CMA、CAL

通常，在一份检测报告上会出现 CNAS、CMA、CAL（China Accredited Laboratory，中国考核合格检验实验室）三个标识，现将三个标识解读如下。

1. CNAS 标识

CNAS 标识（图 1.4）表明质检中心的检测能力和设备能力通过中国合格评定国家认可委员会认可。该类认可活动是一种自愿行为，任何第一方、第二方和第三方实验室均可申请认可。CNAS 已与亚太地区实验室认可合作组织（Asia Pacific Laboratory Accreditation Cooperation，APLAC）和国际实验室认可合作组织签订了互认协议。所以，获得 CNAS 认可的实验室，出具的检测报告可以获得签署互认协议方国家和地区认可机构的承认。

图 1.4 CNAS 实验室认可标识

2. CMA 标识

CMA 标识（图 1.5）表明该机构已通过了中国国家认证认可监督管理委员会或各省、自治区、直辖市人民政府质量技术监督部门的资质认可。它是省级以上质量技术监督部门依据有关法律法规和标准、技术规范的规定，对检验检测机构的基本条件和技术能力是否符合法定要求实施的评价认证。这种认证的对象是所有对社会出具公正数据的产品质量监督检验机构及其他各类实验室。取得计量认证合格证书的检测机构，允许其在检验报告上使用 CMA 标识；有 CMA 标识的检验报告可用于产品质量评价、成果及司法鉴定、贸易交易等方面，具有法律效力，是仲裁和司法机构采信的依据。CMA 一般只对第三方实验室，也包括小部分特定的第二方实验室，范围比较小。

图 1.5 CMA 中国计量认证标识

3. CAL 标识

CAL 标识（图 1.6）表明该机构获得了国家认证认可监督管理委员会或各省、自治区、直辖市人民政府质量技术监督部门的审查认可（验收）的授权证书。

CAL，质量监督检验机构认证符号，国家质量监督部门授予的权威性质量监督检验机构使用的授权标识，可以承担国家行政机构下达的法定的质量监督检验任务，也可以出具带有 CAL、CMA 标识的检验报告。授予前该机构必须经过 CMA 计量认证，否则不能授予。

图 1.6　CAL 资质认证标识

参 考 文 献

[1]　刘宇. 电子测量技术和仪器的重要性及发展趋势分析[J]. 无线互联科技，2020，17（17）：132-133.

[2]　张永瑞. 电子测量技术基础. 4 版[M]. 西安：西安电子科技大学出版社，2021.

[3]　林占江，林放. 电子测量技术. 3 版[M]. 北京：电子工业出版社，2012.

[4]　王永喜，胡玫. 电子测量技术[M]. 西安：西安电子科技大学出版社，2017.

[5]　李希文，李智奇. 电子测量技术及应用[M]. 西安：西安电子科技大学出版社，2018.

[6]　毛兆平. 浅析现代电子测量技术与仪器仪表的发展[J]. 产城：上半月，2020（12）：1.

[7]　李丽苹. 信息化电子测试技术发展综述[J]. 数字技术与应用，2015（9）：214.

[8]　李军. 电子工程测试技术的发展应用探讨[J]. 科学技术创新，2017（31）：102-103.

[9]　唐晓花，蔡伊彬，魏亮，等. 电子测量技术和仪器的重要性及发展趋势分析[J]. 环球市场，2021（1）：386.

[10]　赵明冬. 电子测量技术[M]. 成都：电子科技大学出版社，2016.

[11]　洪生伟. 计量管理. 7 版[M]. 北京：中国质检出版社，中国标准出版社，2018.

电子测试中所采用的原理、方法和技术措施，总称为电子测试技术。测量原理是测量的科学基础，例如应用于温度测量的热电效应、应用于压力测量的压电效应、应用于某电参量测量的仪器组成原理等。测试技术，是指在实施测量中，所采用的按类别概括说明的一组合乎逻辑的操作顺序，例如直接测量和间接测量、时域测量和频域测量等。测试程序（有时被称为测试步骤），是指实施特定的测试中，根据给定的测试方法，总结的一组具体操作步骤。被测对象的种类繁多，其性质又千差万别，必然导致采用的测试技术不相同。即使是同一测试对象，一般也会有多种测试技术可供选择；反之，某一种测试技术也可用于多种不同的测试对象。在本节中将介绍各种数字和模拟信号的测试技术，同时还包括电子元器件和数字集成电路的测试[1]。

2.1 数字信号和模拟信号的测量

测试技术主要研究测试原理、方法和仪器等方面的内容。凡是利用电子技术进行的测试都可以称为电子测试。电子测试涉及在宽广频率范围内的所有电量、磁量以及各种非电量的测量。电子测试广泛应用于科学研究、实验测试、工农业生产、通信、医疗及军事等领域。如今电子测试已经成为一门发展迅速、应用广泛、精确度愈来愈高、对现代科学技术发展起着巨大推动作用的独立学科。

2.1.1 数字信号的测量

1. 数字信号的基本概念

数字化是当今发展的趋势，尤其是在大规模集成电路普遍应用的今天，数字化的系统遍布我们身边，例如各种仪器仪表、电子产品、家用电器等都是数字系统。

数字系统的激励和响应都是数字信号，数字信号是数字系统传输和处理的对象。数字信号就是离散的、不连续的信号。二进制码就是一种数字信号。二进制码受噪声的影响小，易于对数字电路进行处理，这种数字信号通常是以二进制数字方式来表示信息。在数字信号中，0 和1 的取值并不代表数据流中准确的电压值，而是由这个电压是否符合一定阈值来决定。

数字信号的测量与模拟信号有很大的不同，这是由数字系统内的数字信号的离散特性所决定的。数字信号的测量是研究以离散时间为自变量的数据流，研究因变量与自变量之间的函数关系、逻辑关系和时序关系，它的典型测量仪器是逻辑分析仪。

2. 数字信号测量的特点

与模拟信号相比，数字信号在测量中具有如下特点。

（1）数字信号是按一定的数据格式和空间结构组成的多位数据。在数据域测量中，要注意被测信号或数据的空间结构、数据格式和逻辑关系。例如，计算机的地址可用几个十六进制数据表示，指令或数据有 8 位、16 位等，而控制信号用"0"和"1"逻辑电平的时序波形图显示。数据域测量仪器应具备同时进行多路测量的能力。

（2）数字信号是符合一定逻辑的有序的数据流，通常是按时序传递的。数字系统的各个部分要严格按照预先设定的逻辑程序和时钟节拍进行工作，各信号之间有严格的逻辑关系和时序关系。这些关系体现在数字信号的数据流中，每位数据线上传递的"0""1"数据的先后顺序不容颠倒；多位数据线中，各位数据在出现时间上要严格同步。

（3）数字系统中信号的传递方式多种多样。数字信号的传递方式有串行和并行、同步和异步之分。不同的系统、系统内不同单元，采用的传递方式都可能不同，即便是采用同一类传递方式（串行或并行），也存在数据宽度（位数）、数据格式、传输速率、接口电平、同步/异步等方面的不同。有时串行、并行之间还要互相转换。

（4）数字信号往往是单次或非周期性的。数字信号中数据流往往是单次的、非周期性的。例如，微机系统在执行一个程序时，许多信号只出现一次，或者仅在偶发事件的时刻出现一次（例如中断事件等）；某些信号可能重复出现，但并非时域上的周期信号，例如子程序的调用等。因此数据域测量仪器必须具有存储功能，才能捕获、存储和显示数字信号。

（5）数字信号为脉冲信号，被测信号的速率变化范围很宽。由于被测数字信号为速率可能很高的脉冲信号，各通道信号的前沿很陡，其频谱分量十分丰富，所以，数据域测量必须能够测量其建立和保持时间短至纳秒级甚至皮秒级的脉冲信号。此外，数字信号的速率也可能相差很大，即使在同一数字系统内，有外部总线速率达几百 Mb/s、内核速率达数 Gb/s 的中央处理器，也有打印机、键盘等慢速外部设备。

在现代电子装备中，广泛采用数字技术和计算机技术来提高装备的技术性能和自动化能力，数字系统获得了广泛应用。对于数字信号和数字系统的测量，各种模拟信号的测量仪器已经无能为力了。因此，1973 年推出了逻辑分析仪，逻辑分析仪是数据域测量的基本仪器，是研制、开发和维修数字系统，特别是微机化系统的有力工具。数字信号的测量工具——逻辑分析仪将在第 6 章中进行重点介绍。

2.1.2　模拟信号的测量

物理世界中大量的信号都是连续变化的模拟量，但生活中智能仪器的控制中枢微处理器所能处理的信号是二进制的数字信号，模拟信号在时间和数值上都是连续的，对应任意时间 t 均有确定的函数值 U 或者 I，并且 U 和 I 都是连续的。因此智能仪器能够对模拟信号进行处理的前提是先要能把模拟信号转换为数字信号，完成这种转换的电路叫模数转换器（analog-to-digital converter），也称为 ADC[2]，或 A/D 转换器。

对于常见的各类 A/D 转换器，尽管工作的方式有很大的差异，但都能够实现将直流电压信号转换为数字信号，因此各类模拟信号只要能够通过某种方式转换为电压信号，就可以进而转换为数字信号被送到智能仪器中进行处理[3]，其一般原理如图 2.1 所示。

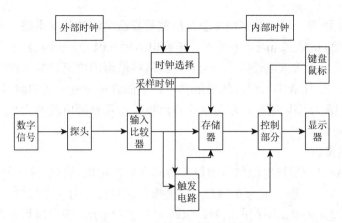

图 2.1　A/D 转换器原理框图

1．电压类信号的测量

电压类信号又可分为直流电压和交流电压两类，比较简便的方法是分别对待直流电压和交流电压：对直流电压直接处理直接测量；对于交流电压，依据不同的响应转换为直流电压再进行处理。一个交流电压的大小，可以用它的峰值、平均值、有效值及波形因数、波峰因数来表征。

（1）峰值：任何一个交流电压在所观测的时间或一个周期内，其电压所能达到的最大值。

（2）平均值：数学上的定义为

$$\bar{U} = \frac{1}{T}\int_0^T u(t)\mathrm{d}t \tag{2-1}$$

式中，T 为该交流电压的周期。

（3）有效值 U：该交流电压在一个周期内通过某纯阻负载所产生的热量与一个直流电压在同样条件下产生的热量相等时，该直流电压的数值。

（4）波形因数：该交流电压的有效值与平均值之比。

（5）波峰因数：该交流电压的峰值与有效值之比。

进行交流-直流转换时，必须首先知道转换电路的输出与被测交流电压大小的关系，根据上述交流电压的三种表征，分别有峰值响应、平均值响应和有效值响应三种检波器电路，对应能够得到交流电压的峰值、平均值和有效值。以有效值为例，可以采用热电转换和模拟计算电路两种方法来实现其测量。热电转换就是根据有效值的定义，将交流电压通过某负载所产生的热量再通过热电偶转换为直流信号。模拟计算可以采用如图 2.2 所示的原理图进行计算。

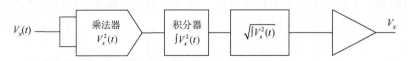

图 2.2　模拟计算有效值转换原理框图

2．电流类信号的测量

1）传统的手动分档测量方法

测量电流的基本原理是将被测电流通过已知电阻（取样电阻），在其两端产生电压，这个电压与被测电流成正比。

如图 2.3 所示电路为一种用数字电压表分档测量直流电流的基本电路，该电路输入电流分为 20 A、200 mA、20 mA、2 mA 4 个量程，转换电阻用 0.01 Ω、0.99 Ω、9 Ω、90 Ω 4 个电阻串联，将 4 种量程的电流接入电路的不同点，使得每种量程的电流在满量程时得到的电压都是 0.2 V（尽量选取数字电压表电压量程的最低档，以便做到电流测量的内阻尽可能小），从而用 0.2 V 的数字电压表配合不同的显示单位及小数点位置指示被测电流的大小。这种方法是数字多用表常用的测量方法。

2）自动分档测量方法

在自动测试系统中一般以电流信号的最大值确定所需电阻，例如最大值为 100 mA，A/D 的输入最大值为 10 V，可选电阻为 0.1 kΩ，如果将自动量程分为 4 个档位，可用 4 个 25 Ω 的电阻串联，通过模拟开关引出不同的信号，电路如图 2.4 所示，图中运算放大器起输入缓冲作用。这种方法对于直流电流和交流电流的测量都适用。

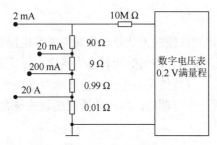

图 2.3 用数字电压表分档测量直流电流

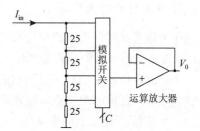

图 2.4 一种自动测量电流的输入电路

3. 相位型信号的测量

在检测系统中相位定义为同频的两路信号之间的相位之差，严格来讲，是指两路正弦信号的相位差，但如果是方波、三角波等均匀波形，也可求其基波的相位差。

1）软件分析法

如图 2.5 所示，假如被测信号是不含直流分量的标准的正弦波 X_1 和 X_2，用同步采样的方法将两路信号量化，对其进行分析，求得 X_1 的两个同类过零点、求得 X_2 的一个同类过零点（这里同类过零点是指都是由正到负或都是由负到正的过零点），由采样频率和采样点数通过 X_1 的两个同类过零点求得信号的周期 T，通过 X_1 的过零点与 X_2 的过零点之间的时间差为 ΔT。这种方法是借助数据采集来完成的，其精度受采样点数和采样频率的限制，但在需要同步采样的场合可以兼而求得，如图 2.6 所示为软件分析法求相位的采集电路，图中 SHA 为采样保持放大器，AD 为 A/D 转换器，μP 为微处理器。

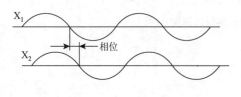

图 2.5 相位的定义

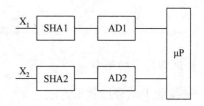

图 2.6 软件分析法求相位的采集电路

2）过零比较器法

设 X_1、X_2 为不含直流分量的正弦波或三角波，将 X_1、X_2 分别经过两个过零比较器变为方波，利用两个方波的上升沿或下降沿的时间差和其中一个方波的周期可求得相位。图 2.7 为用中断法通过过零比较器输出的下降沿求相位的电路，所采用运算放大器无特殊要求。过零比较器的整形过程如图 2.8 所示。这里要求单片机内部定时器的计数频率与被测信号频率相比足够高，例如相位测试分辨率为 0.1，定时器的时钟频率应为被测信号频率的 3600 倍。

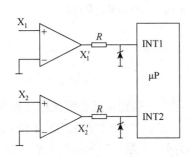

图 2.7　过零比较器法求相位的电路

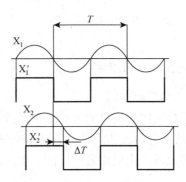

图 2.8　过零比较器的整形过程

4. 频率信号的测量

由于频率和周期互成倒数关系，对于智能检测系统来说，计算倒数之类的问题不是主要的问题，主要考虑测量精度要高，电路要尽可能简单。使用电子计数器可以直接按照 $f=N/T$ 所表达的频率的定义进行测量，然而考虑到电子计数器在计数时必然存在 ±1 的误差，因此测量低频信号时不宜采用直接测频的方法，否则 ±1 误差对测量结果带来的影响比较显著，甚至会很惊人。此时可以改为先测量信号的周期，然后计算其倒数得到频率值，称为测周的方法。测周的方法不具有普遍的适用性，它可以用于测量较低频率的信号，而不适用于测量较高频率的信号。频率量和周期量是数字脉冲型信号，其幅值的大小与被测值无关，但幅值过小达不到 TTL（transistor-transistor logic，晶体管-晶体管逻辑）电平时微处理器将不能识别，幅值过大时又会损伤测量电路，所以该类信号要有前置放大及衰减电路，以使测量仪器具有较宽的适应性。此外被测信号也可能带有一定的干扰信号，所以加适当的低通滤波也是必需的。

图 2.9 所示为基本的频率测量电路，适合于测量频率适中的频率量。将被测信号 V_f 经过放大、衰减、滤波及整形电路后变成 1 个标准的 TTL 信号，直接加在微处理器的计数端。将被测脉冲作为时钟触发微处理器内部计数器进行计数，微处理器内部另设 1 个定时器，在规定的时间根据计数数目，求得被测信号的频率。设规定时间为 T_0，计数器的计数值为 N，被测信号的频率为 f，则 $f=N/T_0$（Hz）。

当被测信号的频率较高时，如 $f>20\,\text{MHz}$，有可能单片机的速度不能支持计数器正常工作，此时可采用如图 2.10 所示电路，将被测信号经过 1 个针对高频信号设计的放大、衰减、滤波及整形电路后，先进入 1 个高速分频器（如 10 分频）后再进入单片机计数端，选择合适的分频数可处理较高的频率信号。

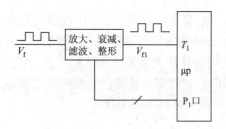
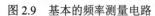
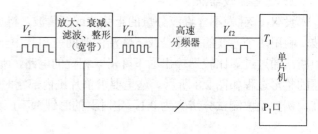

图 2.9　基本的频率测量电路　　　　　　　　图 2.10　高频频率测量电路

5. 电阻信号的测量

1）恒流法测电阻

测量电阻的最简单的方法是根据欧姆定律利用一个恒定电流通过电阻先变成电压再求得。图 2.11 所示为恒流法测电阻的基本电路，R_x 为被测电阻，I_c 是已知的恒流源。图 2.12 所示为常见的恒流源产生电路之一，图中 V_e 为基准电压源，R_o 为标准电阻，T_c 为流过负载的电流。

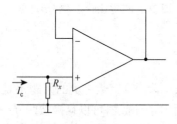
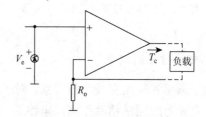

图 2.11　恒流法测电阻　　　　　　　　　图 2.12　一种恒流源产生电路

2）恒压法测电阻

如图 2.13 所示电路，设 V_{ref} 为恒定的电压，R_o 为标准电阻，则

$$V_o = \frac{V_{ref} R_o}{R_x + R_o} \tag{2-2}$$

$$R_x = \frac{V_{ref} R_o}{V_o} - R_o \tag{2-3}$$

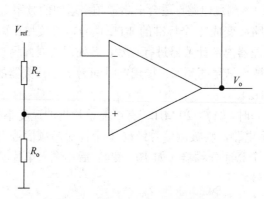

图 2.13　恒压法测电阻

3）恒阻法测电阻

如图 2.14 所示，I_c 为电流源，先让 I_c 通过 R_o，产生电压经 A/D 转换得 D_o，再让 I_c 通过要测电阻 R_{xi}，产生电压经 A/D 转换得 D_i，设 A/D 转换的系数为 K，即 $D_o = K \times V_o$，或 $V_o = D_o/K$，设 V_{oi} 为 I_c 流过 R_{xi} 产生的电压，V_o 为 I_c 流过 R_o 产生的电压，因 $I_c \times R_x = V_{oi}$，$I_c \times R_o = V_o$，故

$$\frac{V_{oi}}{R_{xi}} = \frac{V_o}{R_o} = I_c \tag{2-4}$$

$$R_{xi} = R_o \frac{V_{oi}}{V_o} = R_o \frac{\frac{1}{K} D_i}{\frac{1}{K} D_o} = R_o \frac{D_i}{D_o} \tag{2-5}$$

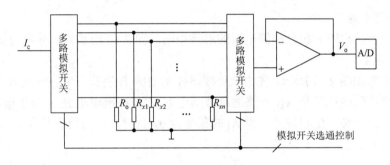

图 2.14　恒阻法测电阻

可见电阻的测试结果与电流源 I_c 无关而只与标准电阻有关，这是恒阻法测量的一个突出优点。此外，该方法测试结果与模拟开关的导通电阻也无关系，而且非常适用于同时检测多个电阻。

4）积分法测电阻

积分法的基本原理是用同一个直流电压、同一电容通过不同的电阻使积分值达到同一值，记录各次积分的时间值，用标准电阻的积分时间和被测电阻的积分时间解算被测电阻值。事实上积分法也是一种恒阻法。图 2.15 所示为积分电路，其中 R_o 是标准电阻，R_{xi} 为被测电阻，后面再加上比较器及单片机电路就可以用程序来实现求电阻功能。设输入电压为 V_r，比较器的参考电压为 V_h，计数器的时基为 T_c，标准电阻积分时间为 T_1，计数值为 D_1，被测电阻积分时间为 T_2，计数值为 D_2，则

标准电阻积分：
$$V_h = \frac{1}{R_o C'} \int_0^{T_1} V_r dt = \frac{V_r}{R_o C'} T_1 = \frac{V_r}{R_o C'} T_c D_1 \tag{2-6}$$

被测电阻积分：
$$V_h = \frac{1}{R_{xi} C'} \int_0^{T_2} V_r dt = \frac{V_r}{R_{xi} C'} T_2 = \frac{V_r}{R_{xi} C'} T_c D_2 \tag{2-7}$$

因为 $V_h = V_h$，所以
$$R_{xi} = \frac{D_1}{D_2} R_o \tag{2-8}$$

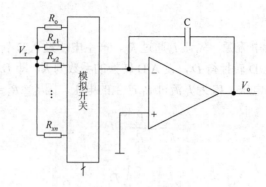

图 2.15　积分法测电阻

6. 电容型信号的测量

1）积分法测电容

积分法测电容的思路和积分法测电阻的思路相同，图 2.16 所示为积分器的部分电路。

2）相位法测电容

相位法测电容如图 2.17 所示，先由微处理器控制 D/A 转换器产生正弦波 A_o，A_o 一路通过纯电阻分压电路产生电压信号 A_1，一路通过被测电容 C_x 与标准电阻 R_o 的分压电路产生电压信号 A_2，A_2 与 A_1 之间必产生相位差，设 A_1 的相位为 0，A_2 与 A_1 的相位差为

$$A_2 = A_o \frac{\dfrac{1}{J\omega C_x}}{R_o + \dfrac{1}{J\omega C_x}} = A_o \frac{1}{1 + \dfrac{1}{J\omega R_o C_x}} \tag{2-9}$$

式中：J 是虚数单位；ω 是信号的角频率。

相位 $\phi = -\arctan\omega R_o C_x$，由此式通过计算反函数可以求得 C_x。

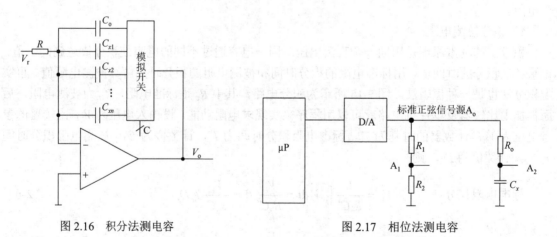

图 2.16　积分法测电容　　　　　　图 2.17　相位法测电容

3）频率法测电容

频率法测电容是将电容组成振荡电路，利用振荡频率与电容的关系，通过频率求电容的值。如图 2.18 所示为频率法求电容方法之一，用被测电容 C_x 和运算放大器组成一个方波发生器，通过求振荡周期 T 或振荡频率 f 都可以求出电容 C_x。

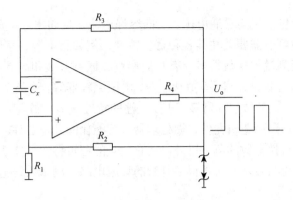

图 2.18 频率法测电容

2.2 电子元器件的测试

电子测量仪器使用大量的各种类型的电子元器件,而电子元器件是信息产业用量最大,也是最基础的"零件"。电子元器件主要是指元件和器件两大部分。元件包括电阻器、电感器、电容器、磁元件和各种连接件等。器件包括双极性晶体三极管、场效应晶体管、可控硅、半导体电阻等。为保障生产和使用元器件的特性参数、规格参数与质量参数,需要各种元器件测试仪器进行测量[3]。

2.2.1 电子元器件分类

常见的电子元器件包括无源电子元件、有源电子器件、模拟与数字集成电路等(图 2.19),也可统称为电气网络。根据其特性的不同,电气网络可分为无源网络和有源网络。根据应用频率的不同,电气网络又可分为低频网络、高频网络、微波网络等。由于应用的领域、实现的功能以及工作频率不同,人们对不同的元器件和网络的要求不同,使用的测量方法也不相同。

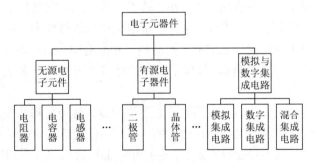

图 2.19 电子元器件分类

无源电子元件主要包括电阻、电容、电感等。以电阻为例,其主要的性能指标是阻值,但在高频应用领域,还要关注其各种寄生特性,例如寄生电感和寄生电容。除此之外,还可能要关注其阻值随电压、电流、温度的变化以及噪声等特性。

有源电子器件主要包括二极管、晶体管、场效应晶体管、晶闸管等半导体器件。不同器件的原理、功能和要求都不相同,所以需要分别研究其要求的特性参数及其测量方法。以二极管为例，基本的性能指标包括正向导通电压、正向容许电流、反向击穿电压、反向漏电流等。根据应用领域的不同，还可能需要关注其各种寄生特性，例如结电容、寄生电感、交流电阻等。总之，半导体器件需要测量的参数很多，有直流参数、低频参数和高频参数等。

模拟集成电路包括运算放大器、模拟乘法器、电压比较器等。这类器件的技术指标要求高，电路设计及工艺水平高，其参数也非常多，需要关注的特性很多，测量工作量也很大。数字集成电路的品种非常多，包括通用逻辑器件、微处理器等智能化的处理芯片，在这里无法一一列举。数字集成电路除了电气特性参数的测量以外，还有大量的逻辑特性和复杂的处理功能需要测量，这涉及数据域测量的理论与技术。对于很多复杂的集成电路，测量系统也很复杂。

2.2.2　电子元器件测试的特点

（1）电子元器件的参数均属无源量，所以，对这些参数的测量，均要采用相应的信号源作激励，然后再测量在该激励下的响应，通过分析处理，获得被测结果。

（2）电子元器件的特性和参数分为静态（直流）、稳态（交流）和动态（脉冲）三类，元器件表现出的属性与时间和频率密切相关，其测量可在时域或频域内进行。

（3）电子元器件参数测量结果与测量条件密切相关，在进行测量时，保证其产品规范中规定的测量条件十分重要。测量条件包括被测元器件的工作点（工作的电压、电流）、测量频率、负载特性、环境温度等。

（4）被测元器件的种类繁多，要测量的参数类型、数量巨大，测量的工作量大，测量成本高；并且需要综合运用到测量、半导体、微电子计算机、控制、通信等多学科技术，技术要求高、实现难度大。

2.3　集成电路测试

集成电路具有集成度高、功能强、体积小、成本低等优点，它简化了电子电路的设计、装配、调试和维修过程，使电子产品实现小型化、微型化和低价格成为可能。集成电路的设计和制造技术水平决定着一个国家现代工农业、国防装备和家庭电子类消费品的发展水平。今天，集成电路已成为信息产业的核心基石，集成电路产业已成为衡量一个国家综合实力的重要支柱性产业。

庞大的集成电路产业主要由集成电路设计、芯片制造、封装和测试构成。在这个产业链条中，唯有集成电路测试贯穿集成电路的设计、生产和应用的全流程。如果集成电路设计没有通过试验原型的验证测试，就不可能投入量产；量产中，晶圆片如果没有通过探针测试台的中间测试，就无法在下一个工序中进行封装；而封装后的成品测试（成测）又是集成电路产品生产的最后工序，只有测试合格的产品才能作为商品出厂；而在随后的工程应用中，集成电路还必须经过多种不同应用目标和不同使用条件的综合性或特殊性测试。集成电路测试技术是验证设计、监控生产、保证质量、分析失效以及指导应用的重要技术支撑和技术基础。电路类型不同，测试原理方法也不相同，所以可划分为模拟集成电路测试、数字集成电路测试和混合集成电路测试三大类，如表 2.1 所示。

表 2.1　集成电路分类

测试类型	被测试的电路
模拟集成电路测试	运算放大器、滤波器、集成稳压器、DC-DC 电源、锁相环（phase-locked loop，PLL）、采样保持
数字集成电路测试	各类 SKMSI、LSI、VLSI 数字逻辑，半导体存储器 RAM、CPU、数字 I/O、DSP、数字图像处理器
混合集成电路测试	模拟开关、电压比较器、DAC、ADC、DDS（合成信号源）、SOC（片上系统）

2.3.1　数字集成电路概述

数字集成电路是指那些基于布尔代数的公式及规则，能对二进制数进行布尔运算的集成电路。数字集成电路的输入和输出满足一定的逻辑关系，且能实现一定逻辑功能，这些逻辑功能包括数字逻辑运算、存储、传输及转换等。数字集成电路是所有数字电子系统的硬件基础。

按照集成电路的逻辑功能，数字集成电路可分为组合（逻辑）电路和时序（逻辑）电路。按照芯片的用途，数字集成电路可分为通用集成电路（如市售的各种通用小、中、大、超大规模集成电路产品）、可编程逻辑器件（如 PROM、EPROM、PAL、CPLD、FPGA 等）、半定制集成电路（如门阵列、标准单元等构成的集成电路）和专用集成电路（ASIC）。

1. 数字集成电路测试原理

数字集成电路测试的基本原理如图 2.20 所示，其基本方法是根据输入激励量和输出响应量来判断集成电路的故障情况。输入激励是对电路所施加的一组输入信号值（测试集），是为了确定电路中有无故障。

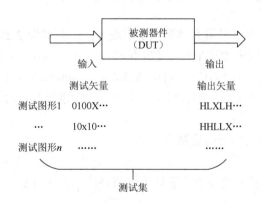

图 2.20　数字集成电路测试的基本原理

故障检测和故障诊断的首要问题是测试图形的生成。由于测试图形的生成过程要能迅速准确地得到测试码，并且能判断测试码的有效性，还要保证测试码尽量简单，所以必须讨论测试码与测试图形的各种生成方法和集成电路的各类故障模型。

下面首先介绍测试矢量、测试图形、测试集等几个术语的定义。

（1）测试矢量（或输入测试矢量、输入矢量）。指以并行方式施加于 DUT（device under test，被测器件）初始输入端的逻辑，是一种 0 和 1 组合的信号。组合逻辑电路若输入变量数为 n，

则最多应有 $2n$ 个测试矢量。

若测试码能够检测出电路中某个故障的输入测试矢量，则被称为该故障的测试码。

（2）测试图形。输入测试矢量与集成电路对输入测试矢量的无故障输出响应合在一起称为测试图形。测试图形包括测试矢量。

（3）测试集。故障测试集（简称测试集）是指一组测试矢量或测试图形的集合。一般地，测试矢量或测试图形构成测试集的集合原则是得到的测试集将确定被测电路是否有故障。一个测试集可以是穷举的、小于穷举的，或者是一个最小数，这要取决于测试图形产生算法。

2. 数字集成电路测试的基本方法

作为一个实例，首先考虑如图 2.21 所示 64 位加法器的测试，它是只包含组合逻辑的简单网络（没有锁存器或其他双稳电路）。n 位二进制输入，穷举测试时需 $2n$ 个测试矢量，即 $2n$ 个穷举输入测试集，其输出响应必须依据这 $2n$ 个输入矢量逐个进行检测，并需并行地检测与该测试矢量对应的 m 个输出响应。

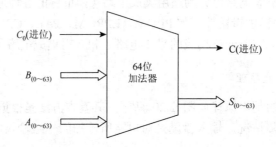

图 2.21　只包含逻辑门的简单组合电路测试（64 位加法器）

一般来说，数字集成电路采用穷举测试是不现实的，若对图 2.21 所示的 64 位加法器进行穷举功能测试，全部输入输出测试集共有 129 位输入，65 位输出，穷举法将产生 258（2×129）个测试矢量，若用测试速率为 1 GHz 的自动测试设备（automatic test equipment，ATE）进行测试，则需要 2197.3（2.15×1022）年的测试。所以，实际进行测试时只能用有限的功能测试集（最多覆盖 70%~75% 的故障）。

数字集成电路测试输出响应的检测有两种方法。

1）比较法

将 DUT 与一个已知的无故障器件进行比较的办法，这种方法一般适用于比较简单的标准中、小规模集成电路等。

2）存储法

通过程序生成所需的测试集并存储于高速缓冲存储器，测试时随测试主频率逐条读出，将该测试集的测试矢量施加于输入端，并以测试集的输出作为器件的输出验证标准，适用于复杂的器件及专用器件。

3. 数字集成电路的测试内容

典型数字集成电路测试项目及其顺序如图 2.22 所示[4]。

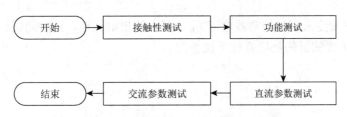

图 2.22 典型数字集成电路测试项目及其顺序

1）接触性测试

接触性测试又称开短路（OPEN/SHORT，O/S）测试，是指先将 DUT 的电源接地，然后在 DUT 的每一个引脚上都施加一电流，测量其相应电压。如果所测的电压值超出了特定的电压值（如输入钳位电压等），则可认为引脚与测试仪的接触是断开的，即开路；如果所测的电压值小于特定的电压值，则可认为引脚与地存在短路故障。接触性测试可消除由于内部引脚断线、接触不良、短路等造成的影响，保证测试参数的正确性。

2）功能测试

功能测试用于验证器件是否能完成设计所预期的功能。只有逻辑功能正确的电路，其后的参数测试才有意义。

3）直流参数测试

直流参数测试是在 DUT 引脚上进行静态下的电压和电流测试。

4）交流参数测试

交流参数测试主要是进行与时间有关的参数，包括建立时间、传输延迟及上升时间、下降时间等的测试。

2.3.2 数字集成电路测试

1. 直流参数测试

集成电路直流（DC）参数测试是通过在 DUT 引脚上进行电压或电流的测试来验证电气参数。常用的测试方法有施加电流测试结果电压，简称加流测压（force current/measure voltage，FIMV），和施加电压测试结果电流，简称加压测流（force voltage/measure current，FVMI）。所测的直流参数通常有连接性、泄漏、功耗、高/低电平电压、驱动能力、噪声干扰等。直流参数测试不一定要求有很快的速度，主要考虑准确度和效率（每个器件引脚的每个参数的测试时间）。

对于小规模和简单的中规模集成电路，通过直流参数测试通常可判明其质量，即在输入、输出和电源引脚进行直流参数测试，可得到评估器件可靠性和性能的各项参数。它是针对每个引脚的逻辑"0"或"1"状态，或者是输出引脚的第三态（禁止态）进行测试，所测参数有输入钳位电压（U_{IK}）、输出高/低电平（U_{OH}/U_{OL}）、输入高/低电流（I_{IH}/I_{IL}）、输入泄漏电流（I_{L}）、输出短路电流（I_{OS}）以及电源高/低电平电流（I_{CCH}/I_{CCL}）等。下面介绍参数 U_{OH}/U_{OL} 的测试。

输出高/低电平（U_{OH}/U_{OL}）测试：U_{OH}（U_{OL}）是输入端在施加规定的电平下，使输出端为逻辑高电平 H（低电平 L）时的电压。测试原理如图 2.23 所示，U_{CC} 通常为规范的最小值。在进行 U_{OH}/U_{OL} 测试时，首先要对 DUT 加预置条件，测试使用 FIMV 方式。对于 U_{OH} 测试，在被测输出端抽取规定的负载电流 I_{OH}，其余输出端开路，同时测量该端输出电压 U_{OH}；对于 U_{OL}

测试，在被测输出端注入规定的负载电流 I_{OL}，其余输出端开路，同时测试该端输出电压 U_{OL}。U_{OH}（U_{OL}）测试主要的目的是检查抗干扰能力。

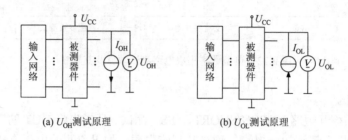

(a) U_{OH}测试原理   (b) U_{OL}测试原理

图 2.23 U_{OH} 和 U_{OL} 测试原理

2. 交流参数测试

集成电路交流（AC）参数测试是验证与时间相关的参数，用于对电路工作时的时间关系进行测试，即测试输入信号后电路随时间的响应、电路内部逻辑状态的变化时间、输入和输出信号之间的时间关系、电路的极限工作频率等。测试的方法是确定输入信号和输出信号的两个不同（或相同）电压电平之间的时间间隔，所取电压电平值通常是信号脉冲幅度的 50%、10%或 90%。

最常测试的交流参数有上升和下降时间、传输延迟、建立和保持时间以及存取时间等。交流参数测试最关注的是最大测试速率和重复性能，其次才是准确度。数字集成电路交流参数（动态参数）项目较多，各参数测试方法不同，但其基本测试原理均可归结为在时域内进行测试，即在规定的条件下，对 DUT 被测输入端施加脉冲信号，用时间测量单元（time measurement unit，TMU）或高档示波器，测试由参数定义规定的信号边沿参考电平处的时间间隔。规定条件有环境温度、电源电压 U_{CC}（U_{DD}）、输入端施加电平、输出负载、参考电平 U_{REF} 和输入端施加的脉冲电压幅度 U_m、频率 f、上升时间 t_r、下降时间 t_f 等，它们应符合产品规范的规定。常见的交流参数测试方法如下。

1）输入脉冲上升/下降时间 t_r/t_f 的测试

时序逻辑器件中输出逻辑电平按规定临界转换前，在触发输入端施加的输入脉冲上升/下降沿上 2 个规定参考电平间的最大时间间隔，定义为输入脉冲上升/下降时间（t_r/t_f）。输入脉冲上升/下降时间（t_r/t_f）测试原理如图 2.24 所示。输入脉冲上升/下降时间（t_r/t_f）的波形如图 2.25 所示。

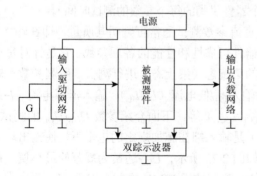

图 2.24 t_r/t_f 测试原理

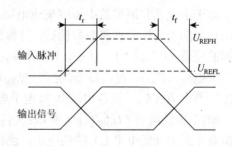

图 2.25   输入脉冲上升/下降时间（t_r/t_f）波形图

　　测试方法：在 DUT 触发输入端施加输入脉冲，其余输入端施加电平，输出端接负载。调节输入脉冲上升/下降沿时间，使输出逻辑电平按规定临界转换，测量输入脉冲电压上升/下降沿上 2 个规定的参考电平（U_{REFL}/U_{REFH}）间的最大时间，该时间间隔即为输入脉冲上升/下降时间（t_r/t_f）。

　　2）建立时间（t_{set}）的测试

　　时序逻辑器件输出逻辑电平按规定临界转换时，数据输入脉冲电压应比触发输入脉冲电压提前施加于 DUT 的最小时间间隔，定义为建立时间 t_{set}。测试原理如图 2.26（a）所示。建立时间的波形如图 2.26（b）所示。

　　测试方法：在 DUT 数据输入端和触发输入端施加脉冲电压，其余输入端施加电平，被测输出端接负载，其余输出端开路。调节被测数据输入端施加的脉冲电压比触发输入端施加的脉冲电压超前的时间，使输出逻辑电平按规定临界转换，该时间间隔即为建立时间 t_{set}。

　　3）保持时间 t_H 的测试

　　时序逻辑器件输出逻辑电平按规定临界转换时，数据输入脉冲电压在触发输入脉冲电压过后应保持的最小时间间隔，定义为保持时间 t_H。保持时间的测试原理如图 2.26（a）所示，波形如图 2.26（c）所示。

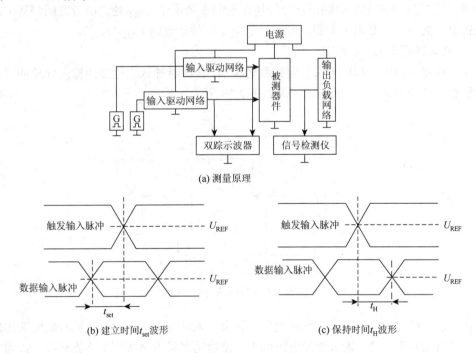

(a) 测量原理

(b) 建立时间 t_{set} 波形　　　　　　　　(c) 保持时间 t_H 波形

图 2.26　t_{set}、t_H 的测量

　　测试方法：在 DUT 数据输入端和触发输入端施加脉冲电压，其余输入端施加电平，被测输出端接负载，其余输出端开路。调节数据输入端施加的脉冲电压比触发输入端施加的脉冲电压滞后的时间，使输出逻辑电平按规定临界转换，该时间间隔即为保持时间 t_H。

　　4）输出由低电平（高电平）到高电平（低电平）传输延时的测试

　　输入端在施加规定电平的脉冲时，输出脉冲由低电平（高电平）到高电平（低电平）的边沿和对应的输入脉冲边沿上两个规定的参考电平间的时间间隔，定义为输出由低电平（高电平）到高电平（低电平）的传输延迟时间 t_{PLH}（t_{PHL}）。t_{PLH} 和 t_{PHL} 的波形如图 2.27 所示。

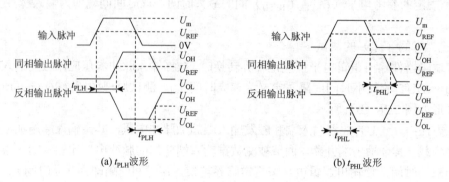

(a) t_{PLH} 波形　　　　　　　　(b) t_{PHL} 波形

图 2.27　传输延迟时间 t_{PLH}/t_{PHL} 的波形

测试方法：在 DUT 输入端施加规定电平的脉冲，其余输入端施加电平，被测输出端接负载，其余输出端开路。在被测输出端输出脉冲由低电平（高电平）到高电平（低电平）转换边沿的参考电平 U_{REF} 处和对应的输出脉冲转换边沿的参考电平 U_{REF} 处，两者之间测得的时间间隔即为输出由低电平（高电平）到高电平（低电平）传输延时 t_{PLH}（t_{PHL}）。

5）最高时钟频率 f_{max} 的测试

时序逻辑器件输出逻辑电平按规定临界转换前，在时钟输入端施加的输入脉冲的最高频率定义为最高时钟频率 f_{max}。它的测试原理如图 2.28 所示。

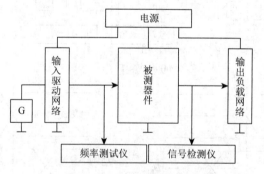

图 2.28　最高时钟频率测试原理

测试方法：在时钟输入端施加脉冲电压，其余输入端施加规定电平，被测输出端接规定负载，其余输出端开路。调节输入脉冲电压频率，使输出逻辑电平按规定临界转换，该频率就是最高时钟频率 f_{max}。

3. 数字集成电路的功能测试

功能测试主要用于验证电路是否能达到设计的预期和功能，它的基本过程就是从输入端施加若干激励信号（测试图形），按照电路规定的频率施加到 DUT，然后采集输出的状态与预期的图形进行比较，据两者相同与否，来判别电路功能是否正常。测试图形是检验器件功能好坏的重要途径，一个好的测试图形具有较高的故障覆盖率和较短的测试时间，能够有效地检验

DUT 故障和工艺缺陷。所以电路功能测试的可靠性依赖于测试矢量的精度，归根结底，获得一个完整的有效的功能测试图形显得格外重要[5]。

功能测试是验证器件是否能实现设计所预期的功能。对于复杂的数字集成电路，由于电路功能复杂，其性能不可能直接反映在引脚上，器件质量也不能由输入、输出参数完全反映出来，所以需要对这些嵌入片内的逻辑电路功能进行功能测试。

为了验证 DUT 是否能正确实现所设计的逻辑功能，检测出 DUT 中的故障，需生成测试矢量或真值表。测试矢量和预期响应组合的测试图形是功能测试的核心。执行功能测试时，测试系统应使用一套有序的或随机的数据组合测试图形，以器件规定的速率作用于 DUT，并逐个周期、逐个引脚监测 DUT 的输出，将器件的输出与预期数据图形进行比较，如果任何引脚输出逻辑状态、电平、时序与期望的不符，则功能测试不通过。完整的功能测试原理框图如图 2.29 所示。

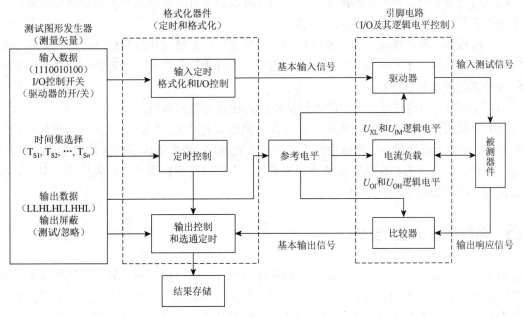

图 2.29　功能测试原理框图

"L" 表示低电平，"H" 表示高电平

功能测试有静态功能测试和动态功能测试之分。所谓静态功能测试，其测试速率比器件正常工作速度慢得多，主要用于验证真值表功能，发现固定型故障。动态功能测试则以接近或高于器件的工作频率进行测试，其目的是在接近或高于器件实际工作频率的情况下，验证器件的功能和性能，以充分保证器件的质量。两者所采用的测试图形相同，但因工作频率要求不同，所采用的测试仪就不尽相同。显然，动态功能测试是一种更全面、更严格的测试。

2.4　测量误差与数据处理

2.4.1　测量误差的基础知识

通过各种仪器设备测量所获得的测量结果（包括测量数据与图形），它们不可避免地会受到测量手段（常指所使用的测量仪器等设备）、测量方法、测量环境等因素的影响，从而导致测试结果不正确，即出现失真，这种测量值与真实值之间的差异，称为误差。测量误差的大小直接影响测量结果的精确度和使用价值，所以，必须对测量结果进行科学处理和误差分析，确定其被测数据的置信度，使测量结果进一步接近被测对象的实际情况。在学习误差之前，先学习几个概念。

（1）真值 A_n。在一定时间和状态下，一个物理量所呈现的实际大小或真实数值称为真值。要得到真值，必须利用理想的量具或测量仪器进行无误差的测量。然而客观世界并不存在完美的量级，因此物理量的真值实际上是无法测得的。理想量具或测量仪器所测试纯物理值只能算是参考值，可以利用各种手段无限接近真值，但是在测量过程中无法做到完全一致。

（2）约定真值 A。由于真值是无法测得的，所以通常只能以更高一级的标准仪表所测得的值作为"真值"，将这个值叫作约定真值。

（3）标称值。测量器具上标出来的数值为标称值。由于制造和测量精度不够以及环境等因素的影响，标称值并不一定等于它的真值。为此，在标出测量器具的标称值时，通常还要标出它的误差范围或准确度等级。

（4）示值 x。由测量器具指示的被测量值称为测量器具的示值。

（5）测量误差。测量过程中测量仪器仪表的测量值与真值之间的差异，称为测量误差。实际测量中，测量器具不准确、测量手段不完善、环境影响、测量操作不熟练及工作疏忽等因素，都会产生误差。误差的存在具有必然性和普遍性，人们只能根据需要和量具精度，将其限制在一定范围内而不能完全加以消除。

2.4.2 研究测量误差的目的

由于测量方法、测量设备、测量环境的差异以及操作个体的观察差异，测量所得到的数值和真值之间总是很难相同。为了无限接近想得到的准确测量结果，就必须认清测量误差的来源及其影响，同时对测量的误差进行研究，从而判断哪些因素（测量方法、测量设备、测量环境等）是影响测量精确度的主要方面和次要方面，从而优化测量方案，使得测试结果接近真值。具体来说，研究测量误差的目的包括以下几点[6]。

（1）分析误差的来源，确定误差的性质，建立充分的理论基础，为科学处理测量结果、消除或减小误差提供方向和思路，建立正确且可行的测量技术方案，最后能够正确评定结果。

（2）在计量科学和实验工作中，必须保证量值的统一和正确传递，同时，各种计量标准是否统一，精度如何，所用的测量仪器的质量是否过硬等，都需要一个统一的规定，制定这个规定就必须有一定的理论依据，这个依据就是误差理论。

（3）从电子测量技术来说，对误差理论的研究分析和应用，还在于使我们合理地选择测量技术方案，正确使用测量仪器，以取得优良的测量结果。

（4）误差理论的研究和应用，对于电子仪器和电路设计也有重要的意义。一台仪器的结构，一个电路的设计，依据电子技术的理论自然是重要的，但是，这往往是不够的，如果能以误差理论进行分析研究，就有可能避免许多盲目性，使电路参数设计得更为合理，使仪器技术指标的确定更加切合实际。

（5）以概率论为基础的误差理论，不仅在测量技术中占有重要的地位，而且在信号的检测、自动控制系统中的最佳控制以及调整原理中都有着广泛的应用。可以说误差理论适用于各种不同的学科，是一门重要的技术基础课程。

2.4.3　测量误差的表示方法

测量误差来源于测量仪器、辅助设备、测量方法、外界干扰、操作技能等，通常可分为绝对误差、相对误差和容许误差。

1. 绝对误差

绝对误差又称绝对真误差，它是测量值，即仪器示数与真值之间的误差，可由下式表示：

$$\Delta x = x - A_n \tag{2-10}$$

式中：Δx 为绝对误差；x 为测量结果的给出值；A_n 为被测量的真值。

注意示值和仪器的读数是有区别的，读数是从仪器刻度盘、显示器等读数装置上直接读到的数字，而示值则是由仪器刻度盘、显示器上的读数经换算而成的。

2. 相对误差

绝对误差虽然可以说明测量结果偏离真值的情况，但不能完全科学地说明测量的质量（测量结果的准确程度），不能评估绝对误差对整个测量结果的影响。因为一个量的准确程度，不仅与它的绝对误差的大小有关，还与这个量本身的大小有关。当绝对误差相同时，这个量本身的绝对值越大，则准确程度相对地越高，因此测量的准确程度还需用误差的相对值来说明。

绝对误差不能准确地反映测量的精确度，例如，测试 2 个电阻，其中 1 个 $1000\,\Omega$，绝对误差为 $1\,\Omega$，另 1 个电阻 $10\,\Omega$，绝对误差也为 $1\,\Omega$，不能得出两者一样精确的结论。为更好地表示准确度，引入了相对误差的概念。相对误差的定义为绝对误差与被测量的真值 A_n 之比，又称为相对真误差，用 γ 表示，即

$$\gamma = (\Delta x / A_n) \times 100\% \tag{2-11}$$

相对误差是量纲为 1 的量，只有大小和符号，没有单位。由于真值是不能确切得到的，通常用约定真值 A 代替真值 A_n 来表示实际相对误差，称其为实际相对误差，用 γ_A 表示：

$$\gamma_A = (\Delta x / A) \times 100\% \tag{2-12}$$

在误差较小，要求不太严格的场合，也可以利用测试值 x 代替约定真值 A，获得示值相对误差，用 γ_x 表示：

$$\gamma_x = (\Delta x / x) \times 100\% \tag{2-13}$$

由于示值 x 可直接通过测试获得，所以这是在近似测量和工程测量中使用最多的一种误差表示方式。对测试要求不高，测量误差不大的场合，可用示值相对误差 γ_x 代替实际相对误差 γ_A，但若 γ_x 和 γ_A 相差较大，则不能代替。

为了进一步简化相对误差，提出了满度相对误差的概念，用 γ_m 表示，即

$$\gamma_m = (\Delta x_m / x_m) \times 100\% \tag{2-14}$$

式中，x_m 为量器的量程上限，而 Δx_m 为最大绝对误差。满度相对误差也称作满度误差或引用误差。

由式（2-14）可知，满度相对误差实际上给出了仪表各量程内绝对误差的最大值。电工仪表就是按引用误差 γ_m 的值进行分级的。γ_m 是仪表在工作条件下不应超过的最大满度误差，它反映了该仪表的准确度。我国电工仪表按照引用误差 γ_m 分为 7 级：0.1，0.2，0.5，1.0，1.5，2.5 及 5.0。常用 S 来表示其正确度的等级，如果仪表为 $S=0.5$，就说明其准确度是 0.5 级，表示该仪表的最大引用可能接近于满度值，指针最好能偏转在不小于满度值 2/3 以上的区域。

3. 容许误差

容许误差是指在某一测量范围内的任一测量点上的最大允许误差。其是对给定的测量仪器、规范、规程等所允许的误差极限值。

2.4.4 测量误差的来源与分类

1. 误差的来源

1）仪器误差
这种误差往往来自于仪器本身，是机械结构或电气电路不够完备而导致的误差。例如，一些设备的非线性刻度引起的误差、零点漂移引起的误差、仪表量化等引起的误差。通过定期对仪器进行维护和校准可以有效减少仪器误差的产生。

2）使用误差
这类误差往往是人们对仪器的安装、调节以及操作出现问题所引起的误差。没有正确地放置和调试设备、没有正确地校准设备、开机后没有足够的时间预热机器、连接信号线抗干扰能力不够、输入功率不够、仪器没有接地等因素，都会导致测量结果误差。在测量中，这种误差可以通过不断地调试、按标准化步骤测量等方法弥补，从而减少或消除使用误差。

3）人身误差
由于测量者的个体因素、身体状态等个人的主观因素导致的误差。例如粗心大意、计算马虎等。因此选择高水平操作人才进行测量，或者改善测量者的精神状态都可以减少这种误差。

4）理论误差
理论误差又称为方法误差，这种误差往往来源于依据的理论不严谨或方案过于简单。可以通过深入分析、转换模型和理论来降低这种误差。

5）影响误差
影响误差又称环境误差，是一种受周围环境的影响而产生的误差，这种环境因素包括振动、温度、湿度、电磁场、电源稳定性等因素。例如，仪器对温度和电源的变化极其敏感，超出其规定使用范围，均会产生影响误差，所以许多电子实验都选择在洁净室中完成，洁净室可以提供一个恒温恒湿的环境，对于特别精密的仪器，还需要给它专门配备气垫台来保证具备稳定的力学环境。

2. 误差的分类

根据误差的 5 种来源，可以根据误差的性质将误差分为系统误差、随机误差和粗大误差 3 类。
1）系统误差
系统误差存在两种情况：一种情况是，在相同条件下，被测物体在经过多次测量之后，误差的绝对值或者正负号都不发生变化；另一种情况是，在一定的变化条件下，误差基于一定规则产生规律性变化。这两种情况产生的误差都称为系统误差，根据这种误差的特点，也将其称为确定性误差。因此，根据这两种情况可以将系统误差细分为恒定系统误差和变值系统误差。

（1）恒定系统误差是指误差的数值和符号保持不变的误差。例如，电子秤零点未调整好，或者电子天平安装不平衡等引起的误差。

（2）变值系统误差是指在特定的条件下，按照一定规律变化的误差。根据其变化的规律又可以分为累进性误差和周期性误差。这两个误差的差别为：累进性误差的数值在递增或者递减；周期性误差的数值在周期性变化。

2）随机误差

利用同一测试设备在相同测试环境下进行测试，测试结果没有确定的规律可循，这种误差称为随机误差，因为它的出现存在不确定性，所以又称这种误差为偶然误差。造成这种误差的因素有多种，例如，人员走动、噪声干扰等。在精密测量中，随机误差决定了整个测试的精确程度。

在大量测试中，人们发现随机误差往往会服从一些统计规律，所以可以通过统计学的知识和方法减小这种误差，这部分内容在后面的章节重点介绍。

3）粗大误差

在一定的测量条件下，测量结果和真值相差较大，这种情况造成的误差称为粗大误差。这种误差往往歪曲测试的结果，所以又称其为差错。引起粗大误差的原因很多，例如，记录不准确、读数不准确、仪器出现了故障、测量方法错误、操作方法错误等。我们定义含有粗大误差的测量结果为坏值，坏值是必须去除不能使用的测量结果。

2.4.5　系统误差分析

对于系统误差来说，产生的误差是不变的，或者在一定状态下按一定的规律发生改变。系统误差的特点是，测量条件一经确定，误差就不再改变，所以多次测试求平均值的方法改变不了系统误差的大小。系统误差的产生原因多样且规律，并且系统误差不能用统计学的规则消解，但是可以分析其产生系统误差的根源，采用一定的技术措施，减小系统误差，从而提高测量结果的准确度。

总的来说，包含以下步骤：第一，确定系统误差是否存在；第二，分析造成系统误差的原因，并在测量之前消除这种探明的误差影响因素；第三，如果无法提前消除，就在测试过程中减弱其影响；第四，如果还是无法消除，就在结果上做文章，利用修正值或修正公式补偿结果。

1. 系统误差的检查方法

系统误差分为恒定系统误差和变值系统误差，下面根据这个分类细化检查方案。

1）恒定系统误差的检查

可采用以下 3 种方法来对恒定系统误差进行检查。

（1）理论分析法。凡由于测量方法或测量原理而引入的恒定系统误差，只要对测量方法和测量原理进行定量分析，就可以找出系统误差的大小，最好使用理论分析和计算的方法来修正。

例如，用谐振法测量小容量的电容时，因频率高使引线电感不能忽略产生的一定的恒定系统误差，可用理论分析与计算加以修正。

（2）校准对比法。在测量过程中，电子测量仪器自始至终接在测量线路里，故而是系统误差的主要来源。

检查测量仪器所产生的恒定系统误差可按下面的方法进行：①在测量前应按规定作定期的计量检定；②用校正后的修正值（数值、曲线、公式或表格等）来检查和消除恒定系统误差；③用标准测量仪器或仪器的自校准装置来检查和消除恒定系统误差，还可用多台同类型仪器相互对比测量，观测对比测量结果的差异，以便提供一致性的参考数据。

（3）改变测量条件法。若恒定系统误差在某一确定的条件下产生，则改变这一确定条件，就会出现另一个确定系统误差。分组测出数据，比较差异。这种方法不但可以判断恒定系统误差存在与否，还可加以修正。

2）变值系统误差的检查

通过改变测量条件或分析数据变化规律，可以判断测量结果中是否存在变值系统误差。若发现测量误差中含有变值系统误差，则测量结果一般不能使用。

（1）累进性误差。累进性误差的特点是测量结果随某一变量单调增加或者单调减小。通过多次测量研究其变化规律，可以发现累进性误差。

（2）周期性误差。相对于累进性误差，周期性误差的判断有一定的难度，尤其是与随机误差杂糅在一起时，判断和找出周期性误差的难度就更大了。有多种判别的方式，其中用得最多的是阿贝-赫梅特准则。

2. 消除系统误差的测量方案

系统误差在测量之前很难消除，此时必须在测量过程中通过一定特别的手段加以完成。针对不同测量、不同精度要求，可以采用一些专门的测量方法。实施方法很多，但是最常见的方案主要有以下几种[7]。

1）零示法

零示法是通过被测量样品与标定样品进行比较之后，使其结果相抵消。当测量仪器或装置达到某种平衡态时，测量设备上的示数为零，那么被测值就和标样值一致了。常见的电桥平衡和阻抗相消就是采用零示法的典型例子。

2）替代法

替代法是指一定的测量条件下，选择已知真值的标样去替代被测量的方法，此时保证测量的示数不发生改变，于是被测量的数值就等于标样的数值。在替代过程中，除被测量外其他的测试条件和环境保持不变，恒定误差将不对测量结果产生影响。替代法广泛用于电阻、电容、频率等精密测量及计量中。

3）补偿法

补偿法与替代法十分近似，是一种不完全的替代法。在两次测量中，第一次是将标样 X 与待测样品 X_1 放在一起测量，使测量仪器获得一个结果示值；第二次只放 1 个标样上去，使仪器示数和第一次的一样，这种测量的方案称为补偿法，这种方法常用于电路的测量之中。

4）交换法

交换法是调换被测量在测量结构中的方向或者等效替代和它对应的位置，通过这种变化消除或削弱系统误差的影响。这种方法用于电桥测电阻的测量之中。

除上述方法外，其他的方法还有微差法等。

2.4.6　随机误差分析

1. 随机误差的特征

随机误差具有以下特征。

（1）在重复条件下多次测量同一量时，误差的绝对值和符号均发生变化，而且这种变化没有确定的规律，也不能事先确定误差。

（2）随机误差使测量数据分散。

（3）大量测试的情况下，随机误差总体服从一定的统计规律。

由此可以得出，在单次或者多次测量的情况下，随机误差的大小和符号都是没有规律性的，但是在大量测量后，随机误差服从一定统计规律，可以利用统计的方式分析随机误差，从而探究其规律，提高测量的精准性。下面介绍几个统计学概念。

2. 测量值的数学期望和方差

1）数学期望

对某一被测量量多次测量得到的测量结果为 $X_1, X_2, \cdots, X_i, \cdots, X_n$，相应概率为 $P_1, P_2, \cdots, P_i, \cdots, P_n$，其级数和公式为

$$X_1P_1 + X_2P_2 + \cdots + X_iP_i + \cdots X_nP_n = \sum_{i=1}^{n} X_iP_i \tag{2-15}$$

若 $\sum_{i=1}^{n} X_iP_i$ 收敛，则称其和数为 $\frac{1}{n}$ 数学期望，记为 $E(X)$，即

$$E(x) = \frac{1}{n}\sum_{i=1}^{n} X_iP_i, \quad \sum_i P_i = 1 \tag{2-16}$$

多次重复条件下的重复测量单次结果的平均值即为期望值。而在一系列测量中，n 个测量值的代数和除以 n，得到的值称为算术平均值，即

$$\bar{X} = \frac{X_1 + X_2 + \cdots + X_n}{n} = \frac{1}{n}\sum_{i=1}^{n} X_i \tag{2-17}$$

当测量次数接近于无穷时，算术平均值必然趋于期望值。

2）方差

方差是用来描述随机误差的物理量，表示随机变量可能值对数学期望的离散程度。方差的基本公式为

$$\sigma^2 = \frac{1}{n}\sum_{i=1}^{n}\left(X_i - \bar{X}\right)^2 \tag{2-18}$$

式中：$(X_i - \bar{X})$ 是某项测量值与算术平均值之差，称为剩余误差，记为 V_i。

对方差开根号，称为标准差，即

$$\sigma = \sqrt{\frac{1}{n}\sum_{i=1}^{n}\left(X_i - \bar{X}\right)^2} \tag{2-19}$$

3）正态分布

根据中心极限定理可知：假设被研究的随机变量可以表示为大量独立的随机变量的和，其中每一个随机变量对于总和只起微小的作用，则可认为这个随机变量服从正态分布，又称高斯分布。

在测量中，随机误差通常是多种因素造成的许多微小误差的总和。所以，测量随机误差的分布及在随机误差影响下测量数据的分布大多接近于服从正态分布。正态分布的基本公式为

$$P(X) = \frac{1}{\sqrt{2\pi}\sigma} e^{\left[\frac{-(X-\mu)^2}{2\sigma^2}\right]} \qquad (2\text{-}20)$$

式中：μ 为数学期望，也就是算术平均值 $\bar{X}$；σ 为标准差。

2.4.7 测量结果的置信度

1. 置信度与置信区间

置信度（置信概率）是用来描述测量结果处于某一范围内可靠程度的量，一般用百分数来表示。所选择的范围称为置信区间，一般用标准差的整数倍表示。置信区间和置信概率是紧密联系的，置信区间刻画测量结果的精确性，而置信概率表明这个结果的可靠性。置信区间越宽，则置信概率越大，反之越小。

2. 正态分布下的置信度

对于一组服从正态分布规律的随机误差，确定一个误差范围 $(-\omega, \omega)$，就会相应得到一个概率值 P。当测量次数 n 足够多时，概率为

$$P \approx n_i / n \qquad (2\text{-}21)$$

式中：P 为随机误差（或测值）落在区间 $(-\omega, \omega)$ 内的概率；n_i 为落在区间 $(-\omega, \omega)$ 的随机误差（或测值）个数；n 为总的测量次数。

当所确定的误差区间不同时，相应的概率也不相同。当区间为 $(-\infty, +\infty)$ 时，对应的概率为 1。

3. 误差区间的表示式

在测量领域里，物理量种类繁多，研究随机误差概率的分布与误差的关系时，用实际大小表示误差十分不便，为此用误差区间来表示测量值的置信度。任何一个物理量的重复测量，都会相应得到一个标准差，这样便可以方便地用标准差的倍数来表示误差的大小。在研究随机误差的概率与误差区间的关系时，误差区间可用下式表示：

$$\omega = K_p \sigma \qquad (2\text{-}22)$$

式中：K_p 为系数。

因此，可将不同物理量的随机误差分布规律中概率与误差区间的关系转变为用概率与系数的关系来表示，可以从共性方面对随机误差进行研究，不涉及具体误差的大小。

4. 误差区间与相应概率的关系

对于一组等精度测量数据，不同的误差范围 $(-K_p\sigma, K_p\sigma)$ 对应于不同的概率 P，如果把 σ 看作是恒定量，从共性方面研究随机误差，则不同误差区间所对应的随机误差概率便为 K_p 的函数，即

$$P = f(K_p) \tag{2-23}$$

不难推断，K_p 值越大，$K_p\sigma$ 值越大，对应的概率值亦越大。

5. 置信度与异常数字的剔除

由于随机误差的影响，测量值偏离数学期望的多少和方向是随机的，但是随机误差的绝对值不会超过一定的界限。显然，对于同一个测量结果来说，所取的置信区间愈宽，则置信概率愈大，反之愈小。由实验表明：在实际测量中，大于 3σ 的误差出现的可能性极小，所以通常把等于 3σ 的误差称为极限误差或者随机不确定度，记作

$$\lambda = 3\sigma \tag{2-24}$$

这个数值说明，测量结果在数学期望附近某个范围内的可能性有多大，即由测量值的分散程度来决定，所以用标准差的若干倍来表示。

根据上述理由，在测量数据中，如果出现 3σ 的误差，则可以认为该次测量值是坏值，应予以剔除。由于 λ 是误差极限，所以可以说，当某个测量数据 X_i 的剩余误差的绝对值满足式（2-25）时就可认为该次测量数据 X_i 是坏值，应予以剔除。这个准则叫作莱特准则，即

$$|V_i| > 3\sigma \tag{2-25}$$

用莱特准则剔除坏值，在测量次数足够多的情况下，其结果比较可靠，但当测量次数较少时，例如少于 20 次，其测量结果就不一定可靠，这时可用格拉布斯准则。格拉布斯准则指出：在等精度测量数据中，若有剩余误差（绝对值）的数值满足：

$$|V_i| > G\sigma \tag{2-26}$$

则认为相对应的测量数据 X_i 是坏值，应予以剔除。

式中：G 是一个取决于测量次数和显著性水平 a 的系数，a 通常取 0.01 或 0.05。

2.4.8　测量结果的表示和有效数字

1. 测量结果的表示

测量结果通常可以通过数字和图形的方式进行表示，图形是通过软件的计算获得，直观地表现出来，除此之外，数字表示法也是其常用表示形式，常见的数字表示法包括以下方式。

1）测量结果加不确定度

这是测量结果最常见的表示方式，适合表示最后的测量结果。例如 $R = (15.251 \pm 0.2)\ \Omega$，15.251 Ω 称为测量值，$\pm 0.2$ Ω 称为不确定度，表示被测量实际值是在 15.051～15.451 Ω 的某一个值。

2）有效数字

有效数字是由测量结果加不确定度的表达方式改写而成的，其基本定义为在没有明确的测量误差或分辨率时，规定有效数字的最后1位是和不确定度数值中的非零位的高位一致，也就是说确定了有效数字的位数就确定了绝对误差，这是"0.5 误差原则"所决定的，即对于确定的数，通常规定误差不得超过末位单位数字的一半。若这个近似值的末位数字是个位，则它包含的绝对误差值不大于 0.5；若末位数字是十位，则包含的绝对误差值不大于末位单位数字的一半。从它的第 1 个不为零的数字起，直到右边最后 1 个数字为止，都叫有效数字。举例说明：

0.082 两位有效数字极限（绝对）误差≤0.0005

0.802 三位有效数字极限（绝对）误差≤0.0005

最后一位数不同，表示的数值含义也不同。例如，写作 50.50，表示最大绝对误差不大于 0.005；而写作 50.5，则表示最大绝对误差不大于 0.05。如果写成 5 A，则表示仅有一位有效数字，绝对误差小于 0.5 A；而写作 5.000 A，则表示绝对误差不大于 0.0005 A，与 5000 mA 完全相同。

3）有效数字加安全数字

如上所述，用有效数字表示时，因舍入会影响运算和测量结果的精度。为了尽量减小舍入带来的影响，可以用有效数字加几个安全数字的方式。该方法是对有效数字法的精确化，所以比较适合中间结果或重要数据。通过加入一两位安全数字，可以有效提高有效数字的表示精度，减小误差。具体的方案为：先用有效数字法确定出有效数字位数，然后根据需要向后多取几位安全数字，这几个补充的数值应按照有效数字的舍入规则进行补充。例如，$U = (50.17\pm0.5)$ V，用有效数字加上 1 位安全数字表示为 50.2 V，末位的 2 为安全数字。

2. 有效数字的处理

有效数字的处理包括有效数字及其位数的取舍及有效数字的修约。

1）有效数字及其位数的取舍

测量过程中，通常要在量程最小刻度的基础上多估读 1 位数字作为测量值的最后 1 位，此估读数字称为欠准数字。欠准数字后的数字是无意义的，不必记入。由此得出的示值是测量记录值，与测量报告值是不同的。例如，某型万用表直流 10 V 量程的分辨率为 0.1 V，如果读出 9.75 V 是恰当的，但不能读成 9.754 V，9.75 是测量记录值。

有效数字是指从第一个非零数字起向右所有的数字。例如，0.0030 V 的有效数字位数是 2 位，第一个非零数字前的"0"仅表示小数点的位置而不是有效数字。未标明仪器分辨率时，有效数字中非零数字后的"0"不能随意省略，例如 5000 V 可以写成 5.000 kV，而不能写成 5 kV、5.0 kV 或 5.00 kV。

2）有效数字修约规则

具体的做法是，保留 M 位有效数字，当保留的有效数字后一位小于 5 时将其舍去；后一位大于 5 时就进一位；如果保留的有效数字后一位正好是 5，看有效数字最后一位，有效数字最后一位为奇数就进 1，最后一位为偶数或 0 则删除。例如，将 9.34，9.36，9.35，9.45 保留小数点后一位有效数字，即 9.34→9.3，9.36→9.4，9.35→9.4，9.45→9.4。必须注意：进行有效数字修约时只能一次修约到指定的位数，不能数次修约，否则会得出错误的结果。

参 考 文 献

[1]　王青坡. 通用电子测试技术实践教学平台的设计与实现[D]. 四川：电子科技大学，2018.

[2]　詹惠琴，古天祥，习友宝，等. 电子测量原理. 2 版[M]. 北京：机械工业出版社，2015.

[3]　张剑平. 智能化检测系统及仪器. 2 版[M]. 北京：国防工业出版社，2009.

[4]　古天祥，詹惠琴，习友宝，等. 电子测量原理与应用（下）[M]. 北京：机械工业出版社，2014.

[5]　谭伟. 数字集成电路测试技术应用[J]. 微处理机，2008，29（4）：36-37，40.

[6]　赵华，吕清，刘亚川，等. 电子测量技术及仪器[M]. 北京：北京邮电大学出版社，2018.

[7]　蔡文彬. 工业电子测量技术[M]. 重庆：重庆大学出版社，1989.

工业的发展离不开传感器的进步和迭代，随着工业互联网、工业4.0和智能制造的快速发展，应用需求越来越细分、垂直化、碎片化，快速升级迭代的智能传感器正驱动着工业互联网终端的变革，工业传感器也正在加速进入"工业传感器 4.0"或工业智能传感器时代[1]。传感器有多种分类标准，本章按能量关系分类分别介绍了无源传感器、有源传感器、新型传感器的概念、工作原理和应用。

3.1 概 述

3.1.1 传感器的基本功能和分类

1. 传感器的组成

传感器是指能感受规定的被测量并按照一定规律将其转换成可用输出信号的器件或装置。根据其定义，传感器一般由敏感元件、转换元件、信号调理转换电路三部分组成，有的附加辅助电源提供转换能量，如图 3.1 所示。传感器中的敏感元件和转换元件不仅能感知被测信息，还能检测被测信息，并能将被测信息按一定的规律转换为电信号等输出形式，以满足信息传输、处理、存储、显示、记录、控制等需求。由于传感器的输出和输入之间拥有确定的关系，所以可以满足一定的测量精度、线性度、灵敏度等指标。

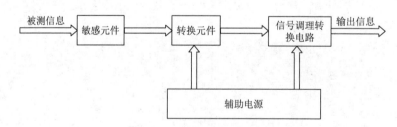

图 3.1 传感器的组成示意图

2. 传感器分类

一般来说，不同的传感器可以用来测量某个相同的物理量，同一个传感器通常也可以测量不同种类的物理量。所以，可以从不同的角度对传感器进行分类。常用的分类方法有以下三种。

1）按工作机理分类

传感器的工作机理基于物理、化学和生物效应，一般可分为物理、化学、生物三类。物理传感器是检测物理量的传感器，它是利用某些物理效应，把被测量的物理量转化成为便于处理的能量形式的信号的装置。化学传感器是对各种化学物质敏感并将其浓度转换为电信号进行检测的仪器，例如，气体传感器、湿度传感器、离子传感器等。生物传感器是将生物活性材料（酶、蛋白质、DNA、抗体、抗原、生物膜等）与物理化学换能器有机结合的一种装置，是发展生物技术必不可少的一种先进的检测和监控仪器，也是一种进行物质分子水平的快速、微量分析的器具，在环保监测等方面都有着广泛应用。

2）按变换原理分类

根据传感器的变换原理，可将其分为电阻式、电感式、电容式、压阻式、压电式、光电式、磁敏式等各类传感器。这种分类方法在原理上便于理解输入和输出之间的转换关系，有利于传感器相关原理、设计、应用上的归纳分析研究。

3）按能量关系分类

根据能量转换原理，可分为有源传感器和无源传感器。有源传感器是将非电量转换为电能量，无源传感器没有能量转换过程，只是将被测非电量转换为电参数量[2]。

3.1.2　工业测量中的常用传感器

工业测量是工业生产和科研各环节中，为产品的设计、模拟、测量、放样、仿制、仿真、产品质量控制和目标运动状态提供测量技术支撑的一门学科。测量内容以产品的几何尺寸为主，但也涉及色彩、温度、速度、加速度及其他物理量。测量环境大多在室内，例如工厂车间或实验室中，还常伴有高精度和高频率的要求，而室外工业目标的测量工作同样也是不容忽视的重要方面。工业测量传感器的集成技术旨在建立某种实用的工业测量传感器集成系统。传感器集成系统的研制与开发需要多学科专业人员的合作，工业测量工作者也在其中扮演着不可或缺的角色。

现代工业测量，以吸纳各学科的先进技术，使用和集成新型传感器为特点。集成传感器系统以其精度高、体积小、信号处理能力强等优点，能很好地满足并进一步促进自动化技术的发展。现代工业生产流程中，不同行业、不同产品和不同工序的工业测量传感器集成系统，满足了不同测量对象、不同测量精度和不同测量频率的要求。

现代工业测量常用传感器大致可分为以下 8 类。

1）距离与位移传感器

距离与位移传感器是用于测定目标距离或距离变化的装置，以 0.01 μm～1 mm 的高分辨率和数赫兹至数万赫兹的高频率为特点，包括长度编码器、激光位移传感器、激光测距传感器和超声波位移传感器等。

2）位置传感器

位置传感器是用以测定仪表或集成系统空间位置的装置，包括速度计、转速计和卫星导航定位接收机等。

3）姿态传感器

姿态传感器是用以测定仪表或集成系统所处框架的空间姿态的装置，包括角度编码器、陀螺仪、加速度器、惯性导航系统、磁罗盘、电罗盘、倾斜显示器和激光定向设备等。

4）计时传感器

计时传感器是用以测定仪表或集成系统作业时间的装置，分辨率可达毫微秒以至纳秒。

5）工业测量照明装置

工业测量照明装置以功率、照度、色谱为主要指标，并具有频闪、单色、不可见、共轴、近轴等特点。

6）固态摄像设备

固态摄像设备，例如，CCD 普通摄像机、CCD 高速摄像机、CCD 摄像头等多种类别摄像设备，特定场合下线阵 CCD 传感器较面阵 CCD 传感器具有优势，其他固态摄像机还包括基于 CMOS 芯片的摄像机、基于 CID 芯片的摄像机和基于 PSD 芯片的摄像机等。

7）结构光生成装置

结构光生成装置是把已知空间方向的光点、条纹和栅格投向被测物体的装置。

8）初级数字几何传感器

初级数字几何传感器是用于测量距离、坐标、角度、面积、体积、速度、加速度、弧度等具有数字传输功能的单项仪表等[3]。

3.2　无源传感器

3.2.1　电阻应变式传感器

1. 电阻应变片的工作原理

应变传感器的工作原理基于电阻应变效应，即导体在外界力的作用下产生机械变形（拉伸或压缩）时，其电阻值相应发生变化。根据制作材料的不同，应变元件可以分为金属和半导体两大类。现以金属为例，对其工作原理进行介绍。

设有 1 根金属电阻丝，如图 3.2 所示，在未受力时，其初始电阻值为

$$R = \frac{\rho \cdot l}{A} \tag{3-1}$$

式中：l、A、ρ 分别为电阻丝的长度、横截面积和金属电阻率。

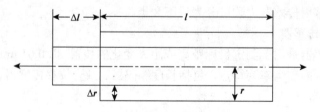

图 3.2　电阻应变效应

当电阻丝受到拉力 F 作用时，沿轴向伸长 Δl，沿径向缩短 Δr，横截面积相应减小 ΔA，金属电阻率因材料晶格发生变形等因素影响而改变 $\Delta \rho$，从而引起电阻值相对变化，其几何尺寸和电阻值同时发生变化。对式（3-1）进行全微分可得

$$\frac{\mathrm{d}R}{R} = \frac{\mathrm{d}l}{l} - \frac{\mathrm{d}A}{A} + \frac{\mathrm{d}\rho}{\rho} \tag{3-2}$$

对于圆形截面，有 $A = \pi r^2$（r 为电阻丝的半径），则 $dA/A = 2dr/r$，于是

$$\frac{dR}{R} = \frac{dl}{l} - 2\frac{dr}{r} + \frac{d\rho}{\rho} \tag{3-3}$$

用相对变化量表示则有

$$\frac{\Delta R}{R} = \frac{\Delta\rho}{\rho} + \frac{\Delta l}{l} - \frac{2\Delta r}{r} \tag{3-4}$$

纵向应变定义为

$$\varepsilon = \frac{\Delta l}{l} \tag{3-5}$$

径向应变定义为

$$\varepsilon_r = \frac{\Delta r}{r} \tag{3-6}$$

且径向应变和纵向应变之间有

$$\varepsilon_r = -\mu\varepsilon \tag{3-7}$$

式中：μ 为金属电阻丝材料的泊松比（Poisson ratio）。综合式（3-4）～式（3-7），可得

$$\frac{\Delta R}{R} = \frac{\Delta\rho}{\rho} + (1 + 2\mu)\varepsilon \tag{3-8}$$

式（3-8）中 $\Delta\rho/\rho$ 的值与敏感元件在轴向所受的应变有关，其关系为

$$\frac{\Delta\rho}{\rho} = \lambda\sigma = \lambda E\varepsilon \tag{3-9}$$

式（3-9）中 λ 为材料的压阻系数，σ 为材料所受的应力，E 为半导体材料的弹性模量，ε 为材料的应变。由式（3-8）得

$$\frac{\Delta R}{R} = (1 + 2\mu + \lambda E)\varepsilon \tag{3-10}$$

对于金属电阻丝来说，λE 很小，所以

$$\frac{\Delta R}{R} \approx (1 + 2\mu)\varepsilon \tag{3-11}$$

电阻应变片的应变系数

$$K = 1 + 2\mu \tag{3-12}$$

其物理意义是单位应变所引起的电阻相对变化量，即

$$\frac{\Delta R}{R} = K\varepsilon \tag{3-13}$$

对于半导体材料来说，λE 通常是 $1 + 2\mu$ 的上百倍，$1 + 2\mu$ 可忽略，式（3-10）可简化为

$$\frac{\Delta R}{R} = \lambda E\varepsilon \tag{3-14}$$

半导体材料的 K 值可达 60～180。半导体应变片的灵敏系数比金属丝高 50～80 倍。虽然半导体应变片的灵敏度更高，但是其温度稳定性差、较大应力作用下非线性误差大、机械强度低，而金属电阻应变片使用寿命长、性能稳定可靠、价格低廉、易于加工、品种多样，所以更利于制造和大量使用[4]。

2. 常用电阻应变式传感器

常见的电阻应变式传感器包括应变式力传感器、应变式加速度传感器等。电阻应变式传感器的性能很大程度上取决于弹性元件的设计，弹性元件的结构根据测量对象的不同而不同。

1）应变式力传感器

应变式力传感器具有结构简单、制造方便、精度高等优点，在静态和动态测量中得到广泛应用。应变式力传感器主要用作各种电子秤和材料试验机的测力元件，或用于飞机和发动机的推力测试等。根据弹性元件的形状，可以制成柱式、悬臂梁式、环式和轮辐式等应变式荷重或力传感器。

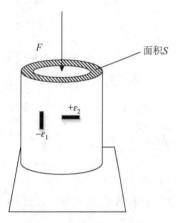

图 3.3　圆柱式力传感器

圆柱式力传感器如图 3.3 所示，其弹性元件为实心或空心圆柱，特点是结构紧凑、简单、承载能力大，主要用于中等载荷的拉压力测量。当弹性圆柱受轴向载荷作用时，在同一截面上产生轴向应变和横向应变（拉应变和压应变），应变分布均匀，因此通常将多片电阻应变片粘贴在圆柱中部的外侧面上，并连接成差分电桥进行测量。在实际测量中，由于被测力不可能正好沿着圆柱体的轴线作用，从而可能造成载荷偏心（横向力）和弯矩的影响。为了消除测量误差，可采用增加应变片的数目的方式，贴片在圆柱面的展开位置及其在桥路中的连接，共采用八个相同的应变片，其中四个沿着圆柱体的轴向粘贴，四个沿着周向粘贴。这样既可消除偏心和弯矩的影响，也可提高灵敏度并进行温度补偿。

2）应变式加速度传感器

应变式加速度传感器主要用于物体加速度的测量。其基本工作原理是：物体运动的加速度 a 与作用在它上面的力成正比，与物体的质量 m 成反比，即 $a = F/m$。

应变式传感器是一种可以测量物体受力变形所产生的应变的传感器，它有高分辨力、小误差、小尺寸、大测量范围等优点，所以在众多的领域中都有其应用场景。

3.2.2　电容式传感器

1. 电容式传感器原理

电容传感器是将被测的位移量转化为电容值的变化。以典型的平行极板传感器为例，其原理图如图 3.4 所示。

假设极板间的间距远小于极板的面积，极板间介质处处都相同，并且都是均匀的理想状态，则其电容为

$$C = -\frac{\varepsilon A}{d}$$

(3-15)

式中：A 为极板之间的有效覆盖面积；d 为极板间的距离；ε 为极板间介质的介电常数。当极板间的距离发生变化时，电容值随之改变，从而将位移信号转化为电容值的变化，所以电容式传感器可以用于位移等机械量的测量。电容式传感器的优点：不受金属材料影响，线性度较好，能够在温度高的环境中使用，被测体可以是绝缘的。在工程应用中存在这些缺点：由于电容两个极板之间的介质需要均匀分布，所以容易受外界油污、粉尘干扰，用于磁轴承中，尺寸会受到限制。

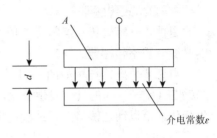

图 3.4　电容式传感器原理图

2. 常用电容传感器

目前，随着精度和稳定性的日益提高，电容传感器已被广泛应用于位移、振动、角度、速度、压力、转速、流量、液位、料位的参数测量以及成分分析等方面。下面简要介绍电容测厚仪和电容式加速度传感器。

1）电容测厚仪

图 3.5 所示为测量金属带材在轧制过程中厚度变化的电容测厚仪的工作原理。工作极板与被测带材之间配置两个电容，即 C_1、C_2，其总电容 $C = C_1 + C_2$。当金属带材在轧制中厚度发生变化时，将引起电容量的变化。通过检测电路可以反映这个变化，并转换和显示出被测带材的厚度。

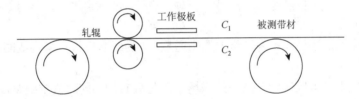

图 3.5　电容测厚仪工作原理

2）电容式加速度传感器

电容式加速度传感器是基于电容原理的极距变化型的电容传感器，其中一个电极是固定的，另一个变化电极是弹性膜片。弹性膜片在外力（气压、液压等）作用下发生位移，使电容量发生变化。这种传感器可以测量气流（或液流）的振动速度（或加速度），还可以进一步测出压力。电容式加速度传感器大多采用空气或其他气体阻尼，由于气体的阻尼系数比液体小很多，所以这种加速度传感器具有精度高、频率响应范围宽、量程范围大等优点，应用广泛。

3.2.3　电感式传感器

1. 电感式传感器的工作原理

利用电磁感应原理将被测非电量转换成线圈自感系数或互感系数的变化，再由测量电路转换为电压或电流的变化量输出，这种装置称为电感式传感器。电感式传感器由振荡器、开关电路及放大输出电路三大部分组成。电感式传感器可分为自感式传感器、互感式传感器和电涡流式传感器三种类型。

1）自感式传感器

目前，自感式传感器常有三种类型：变气隙型、螺管插铁型和变面积型，其中使用最广泛的是变气隙型传感器。

自感式传感器结构如图 3.6 所示，其基本工作原理是：当衔铁（动子）上、下移动时，其与铁芯（定子）间的气隙发生变化，引起磁路中的磁阻发生改变，进而致使铁芯线圈的电感发生变化，所以通过测量铁芯线圈电感量的变化就能确定衔铁位移的大小与方向。

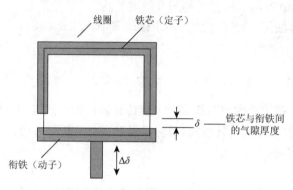

图 3.6　自感式传感器结构图

根据铁芯线圈电感的定义以及磁路欧姆定律，铁芯线圈的自感表达式为

$$L = \frac{\Psi}{I} = \frac{N\phi}{I} = \frac{N^2}{R_{\mathrm{m}}} \tag{3-16}$$

式中：Ψ 为磁路中的总磁链；ϕ 为磁路中的磁通量；I 为线圈电流；N 为线圈匝数；R_{m} 为磁路磁阻。

在小气隙情况下，可以认为气隙中的磁场是均匀分布的，同时假定磁路没有漏磁，此时磁路总磁阻为

$$R_{\mathrm{m}} = \frac{l_1}{\mu_1 A_1} + \frac{l_2}{\mu_2 A_2} + \frac{2\delta}{\mu_0 A_0} \tag{3-17}$$

式中：μ_1、μ_2、μ_0 分别为定子铁芯、衔铁、真空的磁导率；A_1、A_2、A_0 分别为定子铁芯、衔铁、气隙处的横截面面积；δ 为气隙长度，l_1、l_2 分别为磁通通过定子铁芯和衔铁中心线的长度。

由于 $\mu_0 \ll \mu_1$、$\mu_0 \ll \mu_2$，并且常有 $A_1 = A_2 = A_0$，所以，式（3-17）可简化为

$$R_{\mathrm{m}} \approx \frac{2\delta}{\mu_0 A_0} \tag{3-18}$$

由以上可得

$$L = \frac{N^2 \mu_0 A_0}{2\delta} \tag{3-19}$$

由式（3-19）可知，当线圈匝数 N 确定后，只要气隙的厚度 δ 或者等效截面积 A_0 发生变化，线圈电感 L 也会发生相应的变化，所以自感式传感器可分为变气隙和变面积两种[5]。

2）互感式传感器

互感式传感器是利用线圈的互感作用将位移转换成感应电动势的变化，它实际上是一个具有可动铁芯和两个次级线圈的变压器。初级线圈接入交流电源时，次级线圈因互感作用产生感

应电动势，当互感变化时，输出电动势亦发生变化。这种传感器通常都是采用差动形式，故称为差动变压器。差动变压器的结构形式分为变隙式和螺管式 2 种。变隙式由于行程很小，结构也较复杂，因此已很少使用，下面以目前广泛采用的螺管式差动变压器进行讨论。

螺管式差动变压器主要由线圈框架 A、绕在框架上的一组初级线圈 W 和两个完全相同的次级线圈 W_1 和 W_2 及插入线圈中心的圆柱形铁芯 B 组成，如图 3.7 所示。当初级线圈 W 加上一定的交流电压时，次级线圈 W_1 和 W_2 由于电磁感应分别产生感应电动势 e_1 和 e_2，其大小与铁芯在线圈中的位置有关。把感应电动势 e_1 和 e_2 反极性串联，则输出电动势为 $e_0 = e_1 - e_2$，次级线圈产生的感应电动势为

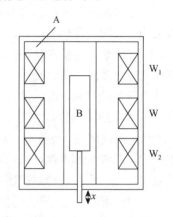

$$e = -M \frac{\mathrm{d}i}{\mathrm{d}t} \tag{3-20}$$

式中：M 为初级线圈与次级线圈之间的互感；i 为流过初级线圈的激磁电流。

图 3.7　螺管式差动变压器结构原理

当铁芯在中间位置时，由于两线圈互感相等 $M_1 = M_2$，感应电动势 $e_1 = e_2$，故输出电动势 $e_0 = 0$；当铁芯偏离中间位置时，由于磁通变化使互感系数一个增大，另一个减小，$M_1 \neq M_2$，$e_1 \neq e_2$，所以 $e_0 \neq 0$。若 $M_1 > M_2$，则 $e_1 > e_2$；反之 $e_1 < e_2$。随着铁芯偏离中间位置，e_0 逐渐增大。

以上分析表明，螺管式差动变压器输出电压的大小反映了铁芯位移的大小，输出电压的极性反映了铁芯运动的方向[6]。

3）电涡流式传感器

金属导体置于变化的磁场中，导体内就会产生感应电流，这种电流像水中漩涡那样在导体内转圈，所以称之为电涡流或涡流，这种现象称为涡流效应。电涡流式传感器就是利用这种涡流效应设计出来的。

要形成涡流必须具备下列两个条件：存在交变磁场；导电体处于交变磁场之中。所以电涡流式传感器主要由产生交变磁场的通电线圈和置于线圈附近因而处于交变磁场中的金属导体两部分组成。金属导体也可以是被测对象本身。电涡流式传感器利用电涡流效应，将一些非电量转换为阻抗的变化（或电感的变化），从而进行非电量的测量。

如图 3.8 所示，一个通有交变电流 I_1 的传感器线圈，由于电流的变化，在线圈周围就产生了一个交变磁场 H_1。如果被测导体置于该磁场范围之内，被测导体内将产生电涡流 I_2，电涡流也将产生一个新磁场 H_2。H_2 与 H_1 方向相反，因而抵消部分原磁场，从而导致线圈的电感量、阻抗和品质因数发生改变。

一般来说，传感器线圈的阻抗、电感和品质因数的变化与导体的几何形状、导电率和磁导率有关，也与线圈的几何

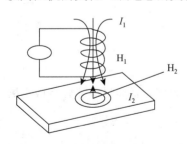

图 3.8　电涡流式传感器工作原理图

参数、电流的频率以及线圈与被测导体间距离有关。如果控制上述参数中的一个参数改变，其余皆不变，那么就可以制成测位移、测温度、测硬度等各种传感器[7]。

2. 常用电感式传感器

1）磁性液体式差动变压器位移传感器

差动变压器位移传感器是利用磁场的对称性，导磁铁芯在偏离中心位置后引起的感应电压差来测量位移。在检测环节，使用反向差动连接的线圈得到差动信号，从而有效消除了共模信号，所以差动变压器在精密位移测量领域具有广泛的应用，是一种技术非常成熟的产品。磁性液体式差动变压器位移传感器是利用磁性液体代替铁芯来构建差动变压器位移传感器。磁性液体是一种功能材料，由纳米磁性颗粒在表面活性剂包覆下稳定地悬浮在载液中形成，兼有超顺磁性和流体的流动性，目前在多种新型传感器中有所应用[8-9]。磁流体差动位移传感器包括磁性液体、双层球壳、连接杆、密封圈、筒体、激励线圈和感应线圈七部分。磁性液体采用 Fe_3O_4 磁载子，基液为润滑油，双层球壳采用 PLA 材料打印，磁性液体封装在双层球壳内，通过设计双层球壳的空腔使得封装磁性液体后的球体整体密度接近于水的密度。

2）低频透射式涡流传感器

低频透射式涡流传感器采用低频激励，因而有较大的贯穿深度，适合于测量金属材料的厚度。图 3.9 为这种传感器的原理图和输出特性。由振荡器产生的低频电压 u_1 加到发射线圈 L_1

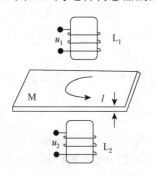

图 3.9 低频透射式涡流传感器结构
原理图和输出特性

两端，于是在接收线圈 L_2 两端将产生感应电压 u_2，它的大小与 u_1 的幅值、频率以及两个线圈的匝数、结构和两者的相对位置有关。若两个线圈间无金属导体，则 L_2 的磁力线能较多穿过 L_2，在 L_2 上产生的感应电压 u_2 最大。如果在两个线圈之间设置金属板，由于在金属板内产生电涡流，该电涡流消耗了部分能量，使到达线圈 L_2 的磁力线减小，从而引起 u_2 的下降。金属板厚度越大，电涡流损耗越大，u_2 就越小。可见 u_2 的大小间接反映了金属板的厚度。为了较好地进行厚度测量，激励频率应选得较低。频率太高，贯穿深度小于被测厚度，不利于进行厚度测量，通常，激励频率选 1 kHz 左右。

3.3 有源传感器

3.3.1 压电式传感器

1. 压电式传感器原理

压电式传感器是一种可逆型换能器，既可以将机械能转变为电能，又能将电能转变成机械能。其工作原理是利用某些物质的压电效应。

$$q = dF \tag{3-21}$$

式（3-21）中压电常数 d 与材料和机械形变方向有关，q 的极性与变形的形式有关。

当沿着一定方向对某些材料（如石英）施加力时，由于材料分子不具备中心对称性，其内部产生极化现象，同时在它的两个表面上产生符号相反的电荷，当外力去掉后，重新恢复到不带电状态，此现象称为正压电效应。压电效应是可逆的。

逆压电效应（图 3.10）是指当压电材料沿一定方向受到电场作用时，相应地在一定的晶轴方向将产生机械变形或机械应力，又称电致伸缩效应。当外加电场撤去后，晶体内部的应力或变形也随之消失。

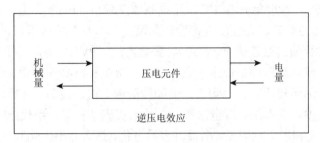

图 3.10　逆压电效应

压电式传感器的基本原理就是利用压电材料的压电效应，即当有力作用在压电材料上时，传感器中就有电荷（或电压）输出。

由于外力作用而在压电材料上产生的电荷只有在无泄漏的情况下才能保存，即需要测量回路具有无限大的输入阻抗，这实际上是不可能的，所以压电式传感器不能用于静态测量。压电材料在交变力的作用下，电荷可以不断补充，以供给测量回路一定的电流，因此适用于动态测量。单片压电元件产生的电荷量非常微弱，为了提高压电式传感器的输出灵敏度，在实际应用中常采用将两片（或两片以上）同型号的压电元件黏结在一起。由于压电材料的电荷是有极性的，所以接法也有两种，如图 3.11 所示。从作用力看，元件是串接的，因而每片受到的作用力相同，产生的变形和电荷数量大小都与单片时相同。图 3.11（a）是两个压电片的负端黏结在一起，中间插入的金属电极成为压电片的负极，正电极在两边的电极上。从电路上看，这是并联接法，类似两个电容的并联。所以，外力作用下正负电极上的电荷量增加一倍，电容量也增加一倍，输出电压与单片时相同。图 3.11（b）是两压电片不同极性端黏结在一起，从电路上看是串联的，两压电片中间黏结处正负电荷中和，上、下极板的电荷量与单片时相同，总电容量为单片的 1/2，输出电压增大一倍。

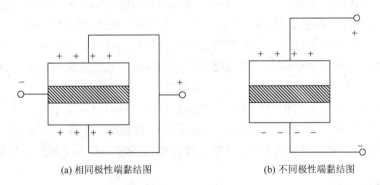

(a) 相同极性端黏结图　　　　　　(b) 不同极性端黏结图

图 3.11　压电元件连接方式

在上述两种接法中，并联接法输出电荷大，本身电容大，时间常数大，适宜用在测量缓变信号并且以电荷作为输出量的场合。而串联接法输出电压大，本身电容小，适宜用于以电压作输出信号，并且测量电路输入阻抗很高的场合。

压电式传感器的主要材料有压电晶体、高分子压电材料、压电半导体和压电陶瓷。压电晶体性能优良，压电常数较小，常用于标准高精度传感器。常见的压电晶体材料石英（SiO_2）是天然或人工合成，具有良好的机械强度和压电效应。压电系数较小，压电系数的时间和温度稳定性好。在 $20\sim200℃$，温度每升高 $1℃$，压电系数仅减小 0.016%；温度升高到 $200℃$ 时，仅减小 5%；温度达到 $573℃$ 时，失去压电特性，此温度称为石英的居里点，介电常数为 4.5。高分子压电材料，例如聚偏二氟乙烯（PVDF）、聚氯乙烯（PVC）等，易于大量生产，面积大，柔软不易破碎，可制成阵列器件，价格便宜，可用于微压和机器人触觉。压电半导体具有压电和半导体 2 种特性，易于集成。压电陶瓷，例如钛酸钡、锆钛酸铅、铌镁酸铅等，由多种材料经烧结合成，制作方便，成本低，压电常数一般比石英高数百倍，现代压电元件大多采用压电陶瓷，缺点是机械强度和居里点较低，高温时容易老化，然而并不影响其在一般工业广泛应用。

2. 常用压电式传感器

1）压电式加速度传感器

当被测物体与传感器一起受到冲击振动时，压电元件受质量块惯性力作用，根据牛顿第二定律，此惯性力是加速度的函数，即 $F = m \times a$。

传感器输出电荷为

$$Q = \lambda F = \lambda ma \qquad (3\text{-}22)$$

式中：F 为质量块产生的惯性力；m 为质量块的质量；a 为加速度；λ 为比例系数。

压电式传感器应用最多的是测力，尤其是对冲击、振动加速度的测量。在众多类型的测振传感器中，压电加速度传感器占 80% 以上，例如，金属加工切削力传感器、玻璃破碎报警器等。

2）压电式测力传感器

压电式测力传感器是利用压电元件直接实现力-电转换的传感器，在拉、压场合，通常较多采用双片或多片石英晶体作为压电元件。其刚度大、测量范围宽、线性及稳定性高、动态特性好，当采用大时间常数的电荷放大器时，可测量准静态力。按测力状态分，有单向、双向和三向传感器，它们在结构上基本一样。单向压电式测力传感器用于机床动态切削力的测量，单向压电式测力传感器中的绝缘套用来绝缘和定位，基座内外底面对其中心线的垂直度、上盖及晶片、电极的上下底面的平行度与表面粗糙度都有极严格的要求，否则会使横向灵敏度增加或使压电片因应力集中而过早破碎。为提高绝缘阻抗，传感器装配前要经过多次净化（包括超声波清洗），然后在超净工作环境下进行装配，加盖之后用电子束封焊。

压电式传感器的结构类型很多，但它们的基本原理与结构仍与压电式加速度传感器和压电式测力传感器大同小异。突出的不同点是，它必须通过弹性膜、盒等，把压力收集、转换成力，再传递给压电元件。为保证静态特性及其稳定性，通常多采用石英晶体作为压电元件。

3.3.2 磁电式传感器

1. 磁电式传感器原理

磁电式传感器以电磁感应定律为基础，也称电磁感应传感器。它包含两个基本器件：一是产生磁场的磁路系统，另一个是线圈与磁场中的磁通交链产生感应电动势。

根据电磁感应定律：

$$E = -N\frac{d\varPhi}{dt} \tag{3-23}$$

式（3-23）中，N 为线圈匝数，$\varPhi$ 为线圈中的磁通量。当磁通量随时间发生变化时，就可以得到感应电动势 E，因此速度非电量转换为电动势进行测量，这就是磁电式传感器的工作原理。根据该工作原理，磁电式传感器可分为动圈式和动铁式、霍尔式及磁阻式。

1）动圈式和动铁式传感器

磁路系统产生恒定的直流磁场，磁路中的工作气隙固定不变，因而气隙中磁通量也是恒定不变的。其运动部件可以是线圈（动圈式），也可以是磁铁（动铁式），动圈式和动铁式的工作原理是完全相同的。

动圈式磁感应传感器是一种无须外接辅助电源就能将被测对象的机械量转换成易测电信号的无源传感器。动圈式磁感应传感器主要由磁轭、永久磁铁、线圈、补偿线圈、弹簧、金属骨架等组成，其利用电磁感应原理将被测物体的振动信号转换成电信号。

工作时，金属骨架通过延伸测头与被测物体接触，当被测物体振动时，金属骨架会随之振动，此时金属骨架上的线圈也随之运动，磁铁与线圈的相对运动切割磁力线，从而产生的感应电动势为

$$e = \left|\frac{d\varPhi}{dt}\right| = -WB_0 l\frac{dx}{dt} = -B_0 lWv \tag{3-24}$$

式中：B_0 为工作气隙磁感应强度；l 为每匝线圈平均长度；v 为相对运动速度；W 为线圈在工作气隙磁场中的匝数。磁路气隙中的线圈切割磁力线而产生正比于振动速度的感应电动势，这就是动圈式磁感应传感器能够将振动速度转变成为电量进行测振的原理[10]。

2）霍尔式传感器

图 3.12 所示为置于磁场中的载流导体，当它的电流方向与磁场方向不一致时，载流导体上平行电流和磁场方向上的两个面之间产生电动势，这种现象称为霍尔效应。

$$F = ev \times B \tag{3-25}$$

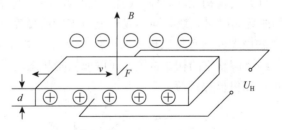

图 3.12　霍尔效应图

载流子在磁场中受到洛伦兹力的作用而发生偏转，从而形成电场 E，当载流子受到的电场力与洛伦兹力达到动态平衡时，累积电荷形成稳定的电动势 U_H。

$$U_H = R_H\frac{IB}{d}\cos\theta = K_H IB\cos\theta \tag{3-26}$$

式中：R_H 为霍尔常数；K_H 为霍尔灵敏度；θ 为磁场与元件平面法线方向的夹角；d 为与磁场方向一致的霍尔元件厚度。

由式（3-26）得知，d 越小，R_H 越大，则感生电动势越大，所以一般霍尔元件是由霍尔系数很大的 N 型半导体材料制作的薄片，厚度达微米级。

3）磁阻式传感器

磁阻式传感器主要由多匝线圈和永磁体组成。线圈和磁铁部分都静止，与被测物连接而运动的部分用导磁材料制成，在运动中，它们改变磁路的磁阻，从而改变贯穿线圈的磁通量，在线圈中产生感应电动势，用来测量转速。线圈中产生感应电动势的频率作为输出，而感应电动势的频率取决于磁通变化的频率。

2. 常用磁电式传感器

1）电磁流量计

电磁流量计是一种新型的流量测量仪表，它的出现得益于电子技术的发展，采用电磁感应原理，利用电动势测量导电流体的流量。随着我国工业的发展，电磁流量计的应用领域更加广泛，常用于石油、化工、冶金、矿山、化工化纤、给排水等行业。掌握电磁流量计的使用方法，做好维护工作，能提高其使用性能，延长其使用寿命[11]。

典型的电磁流量计由以下 6 部分组成。

（1）磁路系统。磁路系统可产生均匀的交流磁场或直流磁场。

（2）测量导管。测量导管引导被测液体，使用不导磁、低导电率和导热率、有一定机械强度的材料制成。

（3）电极。电极引出感应电动势信号，安装时与管道垂直。

（4）外壳。外壳为铁磁材质，可对外部磁场进行隔离。

（5）衬里。衬里与被测液体直接接触，保护测量导管，耐腐蚀，防止导管管壁短路。

（6）转换器。转换器对感应电动势信号进行放大，然后转换成统一的标准信号，还能抑制干扰信号。

2）霍尔位移传感器

霍尔位移传感器（图 3.13）主要由两个半环形磁钢组成的梯度磁场和位于磁场中心的锗材料半导体霍尔片（敏感元件）装置构成。此外，还包括测量电路（电桥、差动放大器等）及显示部分。由两个结构相同的直流磁路系统共同形成一个沿 X 轴的梯度磁场。为使磁隙中的磁场得到较好的线性分布，在磁极端面装有特殊形式的极靴，用它制作的位移传感器灵敏度很高。霍尔片置于两个磁场中，细心调整它的初始位置，即可使初始状态的霍尔电动势为零。它的位移量较小，适于测量微位移和机械振动等。

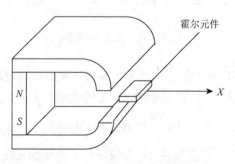

图 3.13 霍尔位移传感器

3.3.3 光电传感器

1. 光电传感器原理

光电传感器是一种以光电效应为理论基础，采用光电元件作为检测器件的传感器。它可以把被测量的变化转换成光信号的变化，然后借助光电元件，把光信号转换成电信号输出。光电传感器一般由光源、光学通路和光电元件三部分组成。光电效应分为外光电效应和内光电效应。外光电效应是指当光照射到某些物体上，电子从这些物体表面逸出的现象，外电光效应也称为光电发射效应。基于外光电效应的光电元件有光电管、光电倍增管等。内光电效应指的是物体在光线作用下，其内部的原子释放电子，但这些电子并不逸出物体表面，仍然留在物体内部，从而使物体的电阻率发生变化或产生电动势。基于内光电效应的光电元件有光敏电阻、光敏二极管、光电池等。

1）外光电效应

外光电效应是在光照作用下，物体内电子逸出物体表面，形成光电流。

频率为 ν 的光子能量为

$$E = h\nu \tag{3-27}$$

光子能量被电子吸收后，能量转化为电子逸出功 A 和动能，即

$$h\nu = \frac{1}{2}mv^2 + A \tag{3-28}$$

式中：h 为普朗克常量；ν 为入射光频率；m 为电子质量；v 为电子逸出速度；A 为物体的逸出功。

光电子逸出时所具有的初始动能 E_k 与光的频率有关，频率高则动能大。

$$E_k = \frac{1}{2}mv^2 = h\nu - A \tag{3-29}$$

光电子逸出物体表面的必要条件：$h\nu > A$ 或 $\lambda < hc/A$，λ 是波长，c 是光速。

由于不同材料具有不同的逸出功，所以对某种材料而言便有一个频率限，当入射光的频率低于此频率限时，不论光强多大，也不能激发出电子；反之，当入射光的频率高于此极限频率时，即使光强很小也会有光电子发射出来，这个频率限称为"红限频率"。在足够的外加电压作用下，入射光频率不变时，单位时间内发射的光电子数与入射光强成正比。因为光越强，光子数越多，产生的光电子也相应增多。欲使光电子初始速度为零，需要在阳极加上反向截止电压，并且满足

$$|U|e = \frac{1}{2}mv^2 \tag{3-30}$$

2）内光电效应

半导体材料的价带与导带之间有一个带隙，能量间隔为 E_g。一般情况下，价带中的电子不会自发地跃迁到导带，所以半导体材料的导电性远不如导体。但是，如果通过某种方式给价带中的电子提供能量，就可以将其激发到导带中，形成载流子，增加导电性。光照就是其中 1 种激励方式，当入射光的能量 $h\nu > E_g$ 时，价带中的电子就会吸收光子的能量，跃迁到导带，而在价带中留下一个空穴，形成一对可以导电的电子空穴对。这里的电子虽然没有逸出形成光电子，但显然存在着由于光照而产生的电效应，这就是内光电效应。

要使价带中的电子跃迁到导带，也存在一个入射光的极限能量，即 $E\lambda = h\nu_0 = E_g$（ν_0 是低

频限）或者 $\lambda_0 = hcE_g$。入射光的频率大于 ν_0 或者波长小于 λ_0 时，才会发生电子的带间跃迁。当入射光能量较小，不能使电子由价带跃迁到导带时，也可能造成一个能带内的亚能级结构间跃迁[12]。

2. 常用光电传感器

1）脉冲光电传感器

将被测量转换为断续变化的光电流，光电元件的输出仅有两种稳定状态，也就是"通"和"断"的开关状态，所以也称为光电元件的开关运用状态。这类传感器要求光电元件灵敏度高，而对光电特性的线性要求不高。主要应用于零件或产品的自动计数、光控开关、计算机的光电输入设备、光电编码器及光电报警装置等方面。

2）光电隔离器

光电隔离器是由发光二极管和光敏晶体管安装在同一个管壳内构成的。发光二极管辐射能量能有效地耦合到光敏晶体管上。可以有多种形式，例如，发光二极管-光敏晶闸管、发光二极管-光敏电阻、发光二极管-光敏三极管等。其中发光二极管-光敏三极管应用最为广泛，常应用于一般信号的隔离；发光二极管-光敏晶闸管常用在大功率的隔离驱动场合：发光二极管-达林顿管或者复合管常用在低功率负载的直接驱动场合。

3.4 新型传感器

3.4.1 气敏传感器

1. 气敏传感器原理

半导体气敏传感器是由气敏、加热丝、防爆网构成，气敏中含有氧化锡、三氧化二铁以及氧化锌等。在工作过程中，其半导体金属氧化物的表面与待测气体在接触之时会发生化学反应，并通过这一过程中产生的电导率的物性变化检测出相应的气体成分。半导体气敏传感器与气体接触的时间一般在 1 min，气敏的材质多种多样，例如，N 型材料一般使用氧化锡、氧化锌、二氧化钛以及三氧化二钨等，P 型材料一般使用二氧化钼以及三氧化铬等。

半导体对氧化型和还原型两种气体都具有吸附能力，N 型半导体会对氧化型气体起到吸附的作用，P 型半导体会对还原型气体起到吸附作用，在发生吸附作用之时，载流子会相应减少，这时半导体的电阻会增大。与此相反的是，N 型半导体如果吸附的是还原型气体，P 型半导体吸附的是氧化型气体，则会使得载流子增多从而电阻减小。

在空气中，含氧量一般是恒稳定的，借此可以推断出氧吸附物质的能量也是恒稳定的，并且气敏器件的阻值也保持稳定不变的状态。当所测量的气体融入这样恒稳定状态的气体中时，器件的表层会发生吸附从而器件的电阻值会发生变化，并且器件的阻值会因气体浓度的变化而发生相应的变化，所以能够在浓度与阻值的变化形态上推测出被测气体的基本浓度[13]。

2. 常用气敏传感器

半导体气敏器件由于具有灵敏度高、响应时间和恢复时间快、使用寿命长及成本低等优点，所以自从它实现商品化以后，就得到了广泛的应用。按其用途可分为检漏仪、报警器、自动控制仪器和测试仪器等。下面介绍两种气敏传感器的应用场景。

1）有害气体鉴别、报警与控制电路

如图 3.14 所示的有害气体鉴别、报警与控制电路图，一方面可鉴别实验中有无有害气体产生，监控液体是否有挥发，另一方面可自动控制排风扇排气，使室内空气清新。MQS2B 是旁热式烟雾、有害气体传感器，无有害气体时阻值较高（10 kΩ 左右），当有害气体或烟雾进入时阻值急剧下降，A、B 两端电压下降，使得 B 的电压升高，经电阻 R2 和 R6 分压、R3 限流加到开关集成电路 TWH8778 的选通端脚，当端脚电压达到预定值时（调节可调电阻 R6 可改变 5 脚的电压预定值），1、2 两脚导通。+12 V 电压加到继电器上使其通电，触点 S1 吸合，合上排风扇电源开关自动排风。同时 2 脚+12 V 电压经 R4 限流和稳压二极管 D2 稳压后供给微音器 HTD 电压而发出嘀嘀声，而且发光二极管发出红光，实现声光报警的功能。

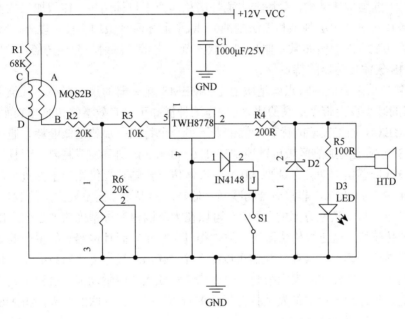

图 3.14　实验室有害气体鉴别、报警与控制电路

2）简易家用气体报警

家用气体报警器通常采用高品质气敏元件，结合先进电子技术及精良工艺而制成，微处理器控制，具有现场声、光报警、触发远程联网报警系统、通风或关闭气源联动装置等功能，可靠性高、误报率低。简易的家用气体报警器电路，一般采用直热式气敏传感器 TGS109，当室内可燃性气体浓度增加时，气敏器件接触到可燃性气体而电阻值降低，这样流经测试回路的电流增加，可直接驱动蜂鸣器报警。对于丙烷、丁烷、甲烷等气体，报警浓度一般选定在其爆炸下限的 1/10，通过调整电阻来调节。家用气体报警器用以检测室内外危险场所的有害气体泄漏情况，是保证生产和人身安全的重要仪器。当可燃气体浓度超过报警设定值时发生声光报警信号提示，人员可及时采取安全措施，避免燃爆事故发生[14]。

3.4.2 微型传感器

1. MEMS 微机电系统与微型传感器

1）MEMS 传感器简介

微机电系统（microelectromechanical system，MEMS）技术的出现为实现低能耗、设备小型化、大规模设备生产以及新型功能（如无线监控）开辟了新的选择。微机电系统是指通过将微型执行器、微型传感器等结构组合在一起形成完整功能的微型器件或系统。它具有一定的集成特性以及可以批量生产的特点。MEMS 传感器就是综合使用微电子和微机械加工技术所加工出来的新型传感器。现阶段，MEMS 工艺已经发展得非常成熟，比较有代表性的是硅的加工（表面微加工和体微加工）。表面微加工主要是通过在硅表面沉积薄膜再使用光刻以及化学刻蚀等工艺，在薄膜上继续构造结构，最后洗去牺牲层从而留下目标结构。体微加工技术是指在竖直方向加工硅基片（包括湿法刻蚀和干法刻蚀）。除了上述两种微加工技术以外，MEMS 制造还有很多特殊的加工方法，例如微立体光刻、软光刻、电镀、溅射与微模铸等。

2）MEMS 气体传感器的特点

MEMS 传感器最直观的特点就是微型化。MEMS 传感器的尺寸极小，甚至可以用毫米来计量，而体积的减小反而带来更高的比表面积，这种提高可以有效增强传感器表面的敏感程度。微型化结合 MEMS 加工工艺的优势，就带来了另一个特点，那就是低能耗。通过一系列加工工艺，MEMS 传感器的加热区域可以控制在 $100\sim300~\mu m$ 的直径范围内，而且通过悬臂梁设计可以大大降低传感器的功耗，新型 MEMS 气体传感器的功耗仅相当于涂覆金属氧化物半导体传感器功耗的 6%～10%，非常适合物联网对低功耗的要求。而发展成熟的 MEMS 工艺也带来了器件生产效率与一致性方面的飞跃，它可以在大范围内通过精确的加工生产出尺寸规格几乎完全相同的传感器，这使得传感器的一致性得到了保证，而且传感器的生产效率也远超涂覆金属氧化物半导体传感器。现在，我们可以把多个 MEMS 气体传感器集成在一起，形成复杂的传感器阵列芯片，仿佛人的嗅觉细胞，通过算法实现人工嗅觉功能。这种集成式传感器仿佛当年的集成电路那样给传感器的发展打开了新的视野。在万物互联的今天，MEMS 传感器必将是物联网发展的中流砥柱[15]。

2. 常用微型传感器

1）压阻式微加速度计

压阻式微加速度计是较早提出和开发的一种微加速度计类型，其由悬臂和质量块以及沉积在悬臂上的压阻材料构成，由于悬臂发生形变时其固定端一侧变形量最大，所以以压阻薄膜材料通常被沉积在悬臂固定端一侧。该结构在外加加速度作用下，悬臂在质量块受到的惯性力牵引下发生变形，使得固体膜的耐压性也随之发生变形，其电阻值就会由于耐压效应而发生变化，导致耐压试验电压值两端的电阻值发生改变，通过确定的数学模型便可推导出加速度量值与输出电压值的关系，从而得到加速度量值。

2）微型硅谐振梁式压力传感器

微型硅谐振梁式压力传感器的结构示意图如图 3.15 所示。它由单晶硅压力膜和单晶硅梁谐振器组成。二者通过硅硅键合成一整体，梁紧贴膜片，其间只留有空隙，供梁振动。硅梁封装于真空（10^{-3} Pa，绝压传感器）或非真空（差压传感器）之中，硅膜另一边接待测压力源。膜四周与管座刚性连接，可近似看成四边固支矩形膜。当压力作用于压力膜时，膜两侧存在压差，膜感受到压力 p，将发生形变，膜内产生应力。与膜紧贴的梁也会感受轴向应力，这个应力将改变梁的固有谐振频率。在一定范围内，固有谐振频率的改变与轴向应力以及外加压力三者之间有很好的线性关系。所以，通过检测梁的固有谐振频率，就可达到检测压力的目的[16]。

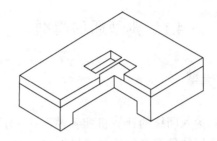

图 3.15　微型硅谐振梁式压力传感器的结构示意图

参 考 文 献

[1]　赛迪顾问股份有限公司. 2021 赛迪顾问工业智能传感器白皮书[R]. 2021.6.

[2]　李晓莹，张新荣，任海果，等. 传感器与测试技术. 2 版[M]. 北京：高等教育出版社，2019.

[3]　冯文灏. 工业测量中传感器的集成技术[J]. 测绘信息与工程，2005，30（4）：1-4.

[4]　孙辉，韩玉龙，姚星星. 电阻应变式传感器原理及其应用举例[J]. 物理通报，2017（5）：82-84.

[5]　陈瑞. 自感式电感传感器的参数优化和性能实验[D]. 济南：山东大学，2019.

[6]　赵瑞林. 互感式传感器在智能控制中的应用[J]. 价值工程，2011，30（5）：181-182.

[7]　邬少华. 基于电涡流传感器的覆层测厚系统的设计[J]. 电子测试，2015（9）：4-7.

[8]　XIN L，QIN L，PANG S，et al. High-temperature piezoresistive pressure sensor based on implantation of oxygen into silicon wafer[J]. Sensors and Actuators：A. Physical，2012，179：277-282.

[9]　LI C，XIE J B，FRANCISCO C，et al. Design，fabrication and characterization of an annularly grooved membrane combined with rood beam piezoresistive pressure sensor for low pressure measurements[J]. Sensors and Actuators：A. Physical，2018，279：525-536.

[10]　吴建平. 传感器原理及应用[M]. 北京：机械工业出版社，2009.

[11]　郭诗琴. 电磁流量计的使用与维护[J]. 电工技术，2022（6）：105-107.

[12]　寻艳芳. 光电传感器的原理及应用[J]. 科技资讯，2012（36）：117.

[13]　徐艳华，张建平，苏燕，等. 关于半导体气敏传感器的原理及应用[J]. 科技创新导报，2016，13（35）：79-80.

[14]　祝诗平，张星霞. 传感器与检测技术. 2 版[M]. 北京：科学出版社，2022.

[15]　仝伟光. 基于 MEMS 技术的金属氧化物半导体 p-n 异质结乙醇微型传感器[D]. 北京：北京化工大学，2020.

[16]　陈德勇，崔大付，王利，等. 微型硅谐振式压力传感器的研制[J]. 传感器技术，2001（2）：49-51.

4.1 典型通信模型

4.1.1 开放系统互连参考模型

一个计算机网络系统中，接入网络的计算机和各种设备，可能由不同的厂家生产，其型号也可能各不相同。由于硬件和软件存在的差异会给网内各站之间的通信带来很大不便，甚至无法进行，因而信息传送需要有一系列的控制、管理及转换的手段和方法，彼此需要遵守公认的一些规则，这就是网络协议的概念。为了便于网络的标准化，国际标准化组织对于开放系统互连（open systems interconnection，OSI）制定了一个层次结构，它适用于任何类型的计算机网络。

1977 年，国际标准化组织成立了一个专门研究计算机网络体系结构标准化问题的分委员会。该分委员会推出了一个网络系统结构参考模型，即开放系统互连参考模型（open systems interconnection reference model，OSI-RM）。到目前为止，7 层参考模型已逐渐为世界各国所承认，并成为研究和开发计算机网络的基础。图 4.1 所示为开放系统互连参考模型的分层结构。

图 4.1　OSI-RM 的分层结构示意图[1]

OSI-RM 是基于层次结构的原理。每个系统实体由一系列的逻辑层次所组成。每个层次执行一套必要的功能，并为它上面的层次提供规定的服务，同时又要求和利用比它低的层次为它服务。每个层次有效地把出现在它下面的层次的实现细节与它上面的层次相隔离。这种层次隔离保证了一个层次特性的改变不影响其他层次。例如，数据链路层的一个面向链路的字符协议可以被一个面向二进制位的协议代替，而对网络层等层次没有影响。

不同系统但处于同一层的两个用户可以使用该层相应的协议（称为同等层协议）来进行相互通信。除最下面一层外，其余的同等层之间的通信都是通过较低的层次来实现的虚拟通信。

在 OSI 参考模型中，每个层与相邻的层间都有接口，通过这些接口传送服务要求、数据、参数及控制信息。当网络设计者确定了网络中包含的层数及每层的任务后，就会面临一个重要的设计问题，即对层间的接口关系下明确的定义，以便使其精确地实现各自的功能。在对网络进行分层时，应使通过层次的信息量最少，并使层间的界限十分清晰。

OSI-RM 7 层结构中，每个层次给出了标识该层的功能的名字，自下而上依次为物理层、数据链路层、网络层、传输层、会话层、表示层以及应用层。层次通常也用层次编号来称呼，其范围为最低的第 1 层到最高的第 7 层。下面简单介绍 7 层结构中各层的主要功能。

1）物理层

物理层表示数据终端设备和数据电路端设备之间的传统的接口。物理层协议提供连接接口的电气和机械特性以及功能和过程的要求。电气特性要求是指对信号波形的表示方法，电压、电流和负载阻抗大小以及传送速率等的规定。机械特性规定传输介质的连接长度和分界点以及连接器的类型和尺寸。功能要求指出接口连接的针脚安排，并精确地说明每个互换电路的作用及操作要求。过程要求是指为提供一个高层服务，给出所必需的控制功能的顺序规则。例如，通过一个交换网络建立一个呼叫过程的顺序。物理层为数据链路层提供建立、维持和拆除形成通信能力的物理电路的服务。物理层的典型协议包括 EIA（Electronic Industry Association，美国电子工业协会）的 RS-32 和 RS-449、CCITT（国际电报电话咨询委员会）的 X21 等协议。

2）数据链路层

网络上进行通信时，由于传输介质存在着衰减、延迟和干扰，因而会产生误码和噪声，影响传输的质量。设置数据链路层的主要目的是能够在这种传输介质上可靠地传送数据块。数据链路层指出信息在通信线路上的传递规则，包括形成传输块的格式（或帧格式）、差错的检验和恢复（对正确的信息进行接收，对出错的信息请求再次传送）、顺序控制（对传送的信息块进行编号以免重复接收或丢失）、存取控制（确定哪个站可以进行发送，哪个站可以进行接收）、超时控制（信息流不能正常传送时采用哪些措施）、全连接控制（如何建立、维持和拆除连接）等规则。

数据链路层有两大类：一类是面向字符的协议，例如二进制同步通信（binary synchronous communication，BSC）；另一类是面向位的协议，例如 ISO 的高级数据链路控制（high-level data link control，HDLC）。

3）网络层

网络层提供网络的各系统之间进行数据交换的方法，在系统间建立和维持一条逻辑电路（也称虚拟电路），并进行有关的路径选择和信息交换的相关操作。网络层还能通过"信关"功能，把 2 个不同的网络系统互联起来。

网络层最有代表性的协议是 CCITT 的 X.25 建议。它适用于包交换（或称分组交换），规定了如何对包交换公用数据网进行存取，如何建立虚拟电路，如何传送数据等。

4）传输层

传输层与其他较低层一起提供一个与所采用的物理介质无关的服务，即提供一个透明的通用数据传输机构，使得会话层不必关心究竟用什么方法来达到可靠、经济的端点—端点之间的数据传送，不同的用户要求有特定的服务等级和质量，而传输层负责以最佳的方式使用通信资源。

5）会话层

会话是把两个合作的用户结合在一起形成一个临时关系，在进行数据交换的各种应用进程间建立起逻辑的通信路径。会话层提供两个合作关系之间连接的建立和释放，并控制实际的数据交换以及对两个通信用户之间的操作进行同步。

6）表示层

表示层向应用层提供的主要服务有数据变换（对代码和字符组的变换）、数据格式化（对输入的数据按一定的格式加以组织和变换）以及语法选择。它对应用层送入的命令和数据内容加以解释，并赋予各种语法应有的含义，使从应用层送来的各种信息具有明确的意义表示，使一个应用进程适应于另一个应用进程的信息处理特征，提供与机器性能无关的服务。表示层协议有文件传送协议、输入输出规格、加密标准等。

7）应用层

应用层是 OSI-RM 结构的最高层，直接面向用户，为用户提供一个 OSI 的工作环境。用户向通信系统提供特性参数，通过应用层进入 OSI 环境，使所有关于交换信息的语法说明被其他用户所理解。应用层的目的是在通信用户之间形成一个窗口，用户通过这个窗口互相交换信息，应用层负责系统管理和应用管理以及应用层的管理。

总之，OSI-RM 为通信设计者、实现者和用户的使用提供了一个强有力的工具，它的骨架给那些不受控制激增的网络结构带来某种规范。OSI-RM 是一个参考模型，并不是一个具体的解决方案。除了作为规范的因素外，它的重要性在于工业界把它作为一个参考标准，对沿着明确定义线进行分割的各部分进行描述、计划和开发，使得有关标准能相互配合，然后结成一个整体，满足用户的要求。目前，参考模型中的物理层和数据链路层的服务和协议，在国际上已取得了一致意见，特别是 HDLC 已经得到世界主要国家的认可。

4.1.2　TCP/IP 协议簇

TCP/IP 协议簇并不是单纯的 TCP 与 IP 这两个协议合并而产生的合称，而是指网络技术的整个 TCP/IP 协议簇，由于保障数据可靠传输的两个最基本的协议是 TCP 协议和 IP 协议，故称为"TCP/IP 协议"。IP 协议的功能是将数据链路层所封装的"帧"统一转换为"IP 数据报"，使得数据可以在网络上进行三层路由转发，所以 IP 协议使各种计算机网络都能在因特网上实现互通。TCP 协议的功能是把数据切割为若干个数据包，并给每个数据包加上 TCP 包头，每一个包头都有源端口、目的端口以及各自的编号，数据的接收端可以根据包头中的编号来确定自己是否接收到所有的数据包。然后 IP 协议在 TCP 数据包封装 IP 报文头部，头部信息包含数据的发送端和接收端的 IP 地址，有了接收端的 IP 地址，网络就知道这个数据包想要去的目的地。如果在数据的传输过程中发生了数据丢失或失真等情况，TCP 协议会根据包头中的编号请求数据重新传输，接收到重传的报文后再重组数据。总之，IP 协议保证数据能传送到正确的目的地，TCP 协议保证数据传输过程中不出现丢失或破损。

　　TCP 协议是面向连接的协议,一个完整的 TCP 连接建立过程如图 4.2 所示。为了在连接方和响应方之间可靠地传输数据,必须先在连接方和响应方之间通过三层握手的方式建立一条 TCP 连接。TCP 连接的建立过程大致为:首先,连接方发送一个 SYN 标志位的 TCP 报文给响应方,SYN 报文中的信息包括连接方所使用的源端口号和响应方的目的端口号,以及该 TCP 连接的初始序列号 X;然后,响应方在接收到该 SYN 报文后,返回一个 SYN 标志位和 ACK 标志位的报文,该报文的序列号为 X;最后,连接方也返回一个用于确认的 ACK 标志位的报文给响应方,该报文的序列号为 X+1。至此,一个 TCP 连接建立成功。

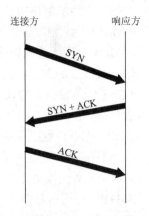

图 4.2　TCP 连接的三层握手机制[2]

　　IP 协议是 TCP/IP 协议族中的核心协议之一,它提供无连接的数据传输服务,它的主要功能有路由选择、寻址、分段以及组装。传输层将报文分成若干个数据包,每一个数据包首先在源头的网关上进行路由匹配,然后一级一级地穿越若干个三层转发设备,最终送到目标主机。数据包在传输的过程中,由于物理层最大传输单元长度的要求,可能会被切割成若干小段,每一个小段都包含有完整的 IP 报文头部,但其中只有第一个小段包含 TCP 头部。IP 协议接收来自更底层发来的数据包,然后把数据包传递给更高的一层 TCP 层(传输层)。

　　同样,IP 层也会接收来自 TCP 层的数据包,并传递给更底层。由于 IP 协议是无连接的,其无法确认数据是否有丢失或破损,所以 IP 数据包是不可靠的。

　　TCP/IP 协议簇是一组完整的网络协议,对照 OSI 参考模型,TCP/IP 协议簇的体系结构如图 4.3 所示。TCP 对应传输层,它保证信息的可靠传输。IP 提供网络层服务,完成节点的编址、寻址和信息的分拆和打包。

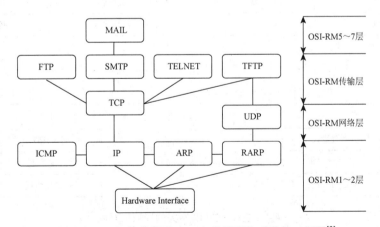

图 4.3　TCP/IP 协议簇和 OSI 参考模型体系结构对照图[3]

　　(1)其中网络层的主要功能如下:

　　IP——网间协议,负责主机间数据传输的路由及网络数据的存储,同时为 ICMP、TCP、UDP 提供分组发送服务;

ARP——地址解析协议，将网络地址（IP 地址）映射到物理地址（网卡地址）；

RARP——逆地址解析协议，将网卡地址映射到 IP 地址；

ICMP——网间控制报文协议，用于网关和主机间的差错和传输控制。

（2）传输层的主要功能如下：

TCP——传输控制协议，向用户进程提供可靠的全双工面向流的连接，并对传输正确性进行检查；

UDP——用户数据报协议，为用户进程提供无连接的传输，不保证数据包可靠传输。

（3）高层应用层的主要功能如下：

FTP——文件传输协议，提供用户端点之间文件传输；

SMTP——简单邮件传送协议，端点之间传送电子函件；

TELNET——远程登录协议，该协议为用户提供了在远程主机中完成本地主机工作的能力，使本地主机成为远程主机的一个终端；

TFTP——简单文件传送协议，它是 FTP 的简化。

TCP、UDP 和 IP 协议是网络操作系统的内核，对用户应用程序是透明的，用户可通过 TCP/IP 的编程界面调用这些内核程序，从而开发应用程序。编程界面有两种形式，一种是由网络操作系统内核为用户应用程序提供系统功能调用；另一种就是所谓的套接字。套接字本质上就是一种函数调用（函数库），用户通过这些函数编写 TCP/IP 应用程序。Windows 提供的编程界面就是 WinSock。

使用 TCP/IP 协议可以实现异构计算机的互联，也可以实现异构局域网的互联。网络通过网关发送数据，该网关将异构网络协议转换为 TCP/IP 环境，实现互通互联，TCP/IP 成为事实上的网络互连标准。现在各种网络操作系统均嵌入了 TCP/IP 协议，完成异构网络间的互相通信。它们之间的互联如图 4.4 所示。

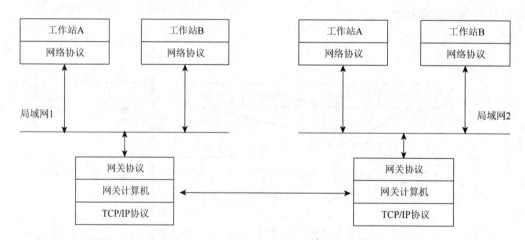

图 4.4　通过 TCP/IP 网关的局域网互联[3]

4.1.3　现场总线通信模型

现场总线是连接现场智能设备和自动化控制设备的双向串行、数字式、多节点通信网络[4]。从应用上，现场总线是将自动化最底层的现场控制器和现场智能仪表设备互连的实时控制通信网络。

专用的、封闭的现场总线是由各家控制系统公司、计算机公司、科研院所、大专院校自行研制的现场总线控制系统。往往是针对某一具体项目定向设计，适应面比较窄，在它们自己的范围内都可以做得很好，效果很理想，效率也是最高的，但是在相互连接时各项指标就显得参差不齐，推广与维护都比较难以协调。

专用的现场总线近年来逐渐向三个方向发展：第一是走向封闭的系统，以保持市场份额；第二是走向开放，建立独立的现场总线系统；第三是过渡到开放系统乃至标准的现场总线系统，如子模块通过标准现场总线接口连接，成为整体系统的一个子系统，这是一个相当有前途的发展方向。

开放的现场总线中有一些是无条件开放的，例如 Modbus，相对比较简单，无条件使用。另一些（大部分）是有条件开放，仅对成员开放，这类现场总线主要有 FF、PROFIBUS、Lon Works、Word FIP、DeviceNet、CC-LINK、AS-I、InterBus 等。生产商必须成为该现场总线组织的成员，产品须经该组织的测试、认证方可以在该现场总线系统中应用。

1）现场总线的技术特点

标准的现场总线模型如图 4.5 所示。其技术特点如下[5]。

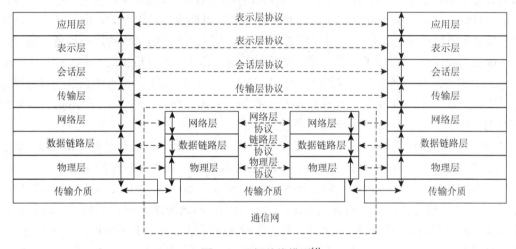

图 4.5　现场总线模型[4]

（1）现场总线是一个全数字化的现场通信网络。现场总线是用于过程自动化和制造自动化的现场设备或现场仪表互连的现场数字通信网络，利用数字信号代替模拟信号，其传输抗干扰性强，测量精度高，极大提高了系统的性能。

（2）现场总线网络是开放式互联网络。用户可以自由集成不同制造商的通信网络，通过网络对现场设备和功能块统一组态，把不同厂商的网络及设备有机地融合为一体，构成统一的 FCS（field bus control system，现场总线控制系统）。

（3）所有现场设备直接通过一对传输线（现场总线）互连。一对传输线互连 N 台仪表，双向传输多个信号，可大大减少连线的数量，使得安装费用降低、工程周期缩短、易于维护。与 DCS（distributed control system，集散式控制系统）相比，现场总线减少了专用的 I/O 装置及控制站，降低了成本，提高了可靠性。

（4）增强了系统的自治性，系统控制功能更加分散。智能化的现场设备可以完成许多先进的功能，包括部分控制功能，促使简单的控制任务迁移到现场设备中来，使现场设备既有检测、变换功能，又有运算和控制功能，一机多用。这样既节约了成本，又使控制更加安全和可靠。FCS 废除了 DCS 的 UO 单元和控制站，把 DCS 控制站的功能块分散到现场设备，实现了彻底的分散控制。

2）常用现场总线的种类

常用的几类现场总线包括 FF 总线、HART 总线、LonWorks 总线等。

（1）FF 总线。FF 是现场总线基金会为适应自动化系统，特别是过程自动化系统在功能、环境与技术上的需要而专门设计的。早期它分低速（FF-H1）和高速（FF-H2）两部分。近年，FF 总线发生了重大变革，它放弃了原来规划的 H2 总线（速率 1 Mb/s 或 2.5 Mb/s）的高速总线标准，取而代之的是 2000 年 3 月公布的基于以太网（Ethernet）的高速总线（high speed bus，HSB）技术规范。它迎合了用户对可互操作性、节约成本、高速互连的总线要求。HSB 充分利用低成本和商业化的以太网技术，并以 100 Mb/s～1 Gb/s 或更高的速度运行。HSB 支持所有的 FF 总线 H1 部分的功能，例如功能模块和设备描述语言，并支持 H1 设备与基于以太网的设备通过链接设备连接。与链接设备连接的 H1 设备的点对点通信，无需主机系统的干涉。而且，与一个链接设备相连的 H1 设备可以直接和与另一个链接设备相连的 H1 设备通信，也无需主机干涉。

（2）HART 总线。鉴于目前现场总线的国际标准在短期内还难以统一，而正在大量使用着的 4～20 mA 模拟现场设备也不可能在短时间内改造为适合于现场总线的现场设备，所以，美国的 Rosemount 公司又提出了一套过渡性的临时标准，即 HART（highway addressable remote transducer，可寻址远程传感器高速通道）协议。它具有与现场总线类似的体系结构及总线式数字通信功能。由于 HART 协议是在模拟信号上叠加了 FSK（frequency-shift keying，频移键控）数字信号，因而，模拟和数字通信可以同时进行。

HART 以 1200 Hz 信号表示逻辑 1，2200 Hz 信号表示逻辑 0，通信速率 1200 b/s，单台设备最大通信距离 3000 m，多台为 1500 m，采用双绞线通信，最大节点数为 15。

（3）LonWorks 总线。LonWorks（local operating network）由美国 Echelon 公司提出，采用了 OSI 的 7 层通信协议，采用面向对象的设计方法，通过网络变量把网络通信设计简化为参数设置，使得硅片、通信收发机及 PC 接口软件等所有制造商处于平等地位。目前已有 100 多家公司提供了与 LonWorks 兼容的产品。但是，其应用范围主要集中在升降机、快餐加工用冷藏业。

LonWorks 最高通信速率为 1.25 Mb/s（有效距离为 130 m）。最大通信距离为 27 000 m（通信速率 78 Kb/s），节点数可以达到 32000 个，介质可以是双绞线、同轴电缆、光纤等。

4.2　工业基础通信总线

4.2.1　RS-232 总线

RS-232 是 EIA 制定的一种串行物理接口标准，在这之前还有 RS-232B、RS-232A。它是在 1970 年由 EIA 联合贝尔系统公司、调制解调器厂家及计算机终端生产厂家共同制定的用于串行通信的标准。RS-232 对电气特性、逻辑电平和各种信号线功能都作了规定[6]。

在 TxD 和 RxD 上：逻辑 1（MARK）= –3～–15 V；逻辑 O（SPACE）= +3～+15 V。

在 RTS、CTS、DSR、DTR 和 DCD 等控制线上：信号有效（接通，ON 状态，正电压）= +3～+15 V；信号无效（断开，OFF 状态，负电压）= –3～–15 V。

以上规定说明了 RS-232 标准对逻辑电平的定义。对于数据（信息码）：逻辑"1"的电平低于–3 V，逻辑"0"的电平高于+3 V；对于控制信号：接通状态（ON）即信号有效的电平高于+3 V，断开状态（OFF）即信号无效的电平低于–3 V，也就是当传输电平的绝对值大于 3 V 时，电路可以有效地检查出来，介于–3～+3 V 的电压无意义，低于–15 V 或高于+15 V 的电压也认为无意义，所以，实际工作时，应保证电平在±（3～15）V。

RS-232 规定标准接口有 25 条线（见表 4.1），4 条数据线、11 条控制线、3 条定时线、7 条备用和未定义线，其中常用的有 9 根，具体介绍如下。

表 4.1 RS-232 25 针引脚意义[6]

引脚序号	名称	作用	备注
1	SHIELD（Shield Ground）	保护地线	必连
2	TxD（Transmitted Data）	串口数据输出	必连
3	RxD（Received Data）	串口数据输入	必连
4	RTS（Request to Send）	发送数据请求	必连
5	CTS（Clear to Send）	允许发送	必连
6	DSR（Data Send Ready）	数据发送就绪	必连
7	GND（System Ground）	地线	必连
8	DCD（Data Carrier Detect）	数据载波检测	必连
9	RESERVED	保留	必连
10	RESERVED	保留	
11	STF（Select Transmit Channel）	选择传输通道	
12	SCD（Secondary Carrier Detect）	第二载波检测	
13	SCTS（Secondary Clear to Send）	第二清除发送	
14	STXD（Secondary Transmit Data）	第二数据输出	
15	TCK（Transmission Signal Element Timing）	发送时钟	
16	SRXD（Secondary Receive Data）	第二数据输入	
17	RCK（Receiver Signal Element Timing）	接收时钟	
18	LL（Local Loop Control）	本地回环控制	
19	SRTC（Secondary Request to Send）	第二发送请求	
20	DTR（Data Terminal Ready）	数据终端就绪	
21	RL（Remote Loop Control）	远端回环控制	
22	RI（Ring Indicator）	铃声指示	
23	DSR（Data Signal Rate Selector）	速率选择	
24	XCK（Transmit Signal Element Timing）	传送时钟	
25	TI（Test Indicator）	测试指示	

1）联络控制信号线

数据发送就绪（data send ready，DSR）——有效时（ON）状态，表明 MODEM 处于可以使用的状态。

数据终端就绪（data terminal ready，DTR）——有效时（ON）状态，表明数据终端可以使用。

这两个信号有时连到电源上，加电就立即有效。这两个设备状态信号有效，只表示设备本身可用，并不说明通信链路可以开始通信了，能否开始通信要由下面的控制信号决定。

发送数据请求（request to send，RTS）——用来表示 DTE 请求 DCE 发送数据，即当终端要发送数据时，使该信号有效（ON 状态），向 MODEM 请求发送。它用来控制 MODEM 是否要进入发送状态。

清除发送（clear to send，CTS）——用来表示 DCE 准备好接收 DTE 发来的数据，是对请求发送信号的响应信号。当 MODEM 已准备好接收终端传来的数据，并向前发送时，使该信号有效，通知终端开始沿发送数据线发送数据。

请求发送和允许发送这对 RTS/CTS 请求应答联络信号用于半双工 MODEM 系统中发送方式和接收方式之间的切换。在全双工系统中，因配置双向通道，故不需要 RTS/CTS 联络信号，使其更高效。

数据载波检测（data carrier detect，DCD）——用来表示 DCE 已接通通信链路，告知 DTE 准备接收数据。当本地的 MODEM 收到由通信链路另一端（远地）的 MODEM 送来的载波信号时，使 DCD 信号有效，通知终端准备接收，并且由 MODEM 将接收下来的载波信号解调成数字数据后，沿接收数据线 RxD 送到终端。

铃声指示（ring indicator，RI）——当 MODEM 收到交换台送来的振铃呼叫信号时，使该信号有效（ON 状态），通知终端已被呼叫。

2）数据发送与接收线

串口数据输出（Transmitted Data，TxD）——通过 TxD 终端将串行数据发送到 MODEM。

串口数据输入（Received Data，RxD）——通过 RxD 终端接收从 MODEM 发来的串行数据。

3）地线

有两根线 SG、PG——信号地和保护地信号线，无方向。

上述控制信号线何时有效、何时无效的顺序表示了接口信号的传送过程。例如，只有当 DSR 和 DTR 都处于有效（ON）状态时，才能在 DTE 和 DCE 之间进行传送操作。若 DTE 要发送数据，则预先将 DTR 线置成有效（ON）状态，等 CTS 线上收到有效（ON）状态的回答后，才能在 TxD 线上发送串行数据。这种顺序的规定对半双工的通信线路特别有用，因为半双工的通信才能确定 DCE 已由接收方向改为发送方向，这时线路才能开始发送。

4.2.2　RS-422/485 总线

1. RS-422 串行通信接口标准

RS-422 的标准全称是"平衡电压数字接口电路的电气特性"，它定义了接口电路的特性。

典型 RS-422 接口的引脚定义如表 4.2 所示，实际上还有一根信号地线，共 5 根线，采用全双工、差分传输、多点通信的数据传输协议[6]。硬件构成上，RS-422 相当于两组 RS-485，即两个半双工的 RS-485 构成一个全双工的 RS-422。

表 4.2　RS-422 引脚定义[7]

名称	作用	备注
TXA	发送正	TX+ 或 A
RXA	接收正	RX+ 或 Y
TXB	发送负	TX- 或 B
RXB	接收负	RX- 或 Z

由于接收器采用高输入阻抗和发送驱动器比 RS-232 更强的驱动能力，故允许在相同传输线上连接多个接收节点，最多可接 10 个节点。即一个主设备（Master），其余为从设备（Slave），从设备之间不能通信，所以 RS-422 支持点对多的双向通信。接收器输入阻抗为 4 kΩ，所以发送端最大负载能力是 10×4 kΩ + 100 Ω（终接电阻）。RS-422 四线接口由于采用单独的发送和接收通道，所以不必控制数据方向，各装置之间任何必须的信号交换均可以按软件方式（XON/XOFF 握手）或硬件方式（一对单独的双绞线）实现。

RS-422 的最大传输距离为 1219 m，最大传输速率为 10 Mb/s。其平衡双绞线的长度与传输速率成反比，在 100 kb/s 速率以下，才可能达到最大传输距离。只有在很短的距离下才能获得最高速率传输。一般长 100 m 的双绞线上所能获得的最大传输速率仅为 1 Mb/s。

2. RS-485 串行通信接口标准

RS-485 是一个定义平衡数字多点系统中的驱动器和接收器的电气特性的标准，该标准由 TIA（Telecommunications Industry Association，美国通信工业协会）和 EIA 定义。使用该标准的数字通信网络能在远距离条件下以及电子噪声大的环境下有效传输信号。RS-485 使得连接本地网络以及多支路通信链路的配置成为可能。

RS-485 是从 RS-422 基础上发展而来的，所以 RS-485 的许多电气规定与 RS-422 相仿。例如都采用平衡传输方式、都需要在传输线上接终接电阻等。RS-485 可以采用二线与四线方式：采用四线连接时，与 RS-422 一样，只能实现点对多的通信，即只能有一个主设备，其余为从设备，但它比 RS-422 有改进，无论四线还是二线连接方式，总线上可最多接 32 个节点；而采用二线制时（引脚定义如表 4.3 所示），RS-485 采用半双工工作方式，可实现真正的多点双向通信，此时任何时候只能有一点处于发送状态，因此发送电路须由使能信号加以控制。

表 4.3　RS-485 引脚定义[7]

名称	作用	备注
DATA-/B	差分信号负端	485-
DATA+ /A	差分信号正端	485+

RS-485 总线标准规定了总线接口的电气特性标准，发送端：正电平在 2~6 V，表示逻辑状态"1"；负电平在 -2~-6 V，则表示逻辑状态"0"；接收器：(V+)-(V-)≥0.2 V，表示信号

"0"；(V+)−(V−)≤0.2 V，表示信号"1"。

RS-485 与 RS-422 的共模输出电压不同。RS-485 是−7～+12 V，而 RS-422 在−7～+7 V，RS-485 接收器最小输入阻抗为 12 kΩ，RS-422 是 4 kΩ。由于 RS-485 满足所有 RS-422 的规范，所以 RS-485 的驱动器可以在 RS-422 网络中应用。

数字信号采用差分传输方式，能够有效减少噪声信号的干扰。但是 RS-485 总线标准对于通信网络中相关的应用层通信协议并没有作出明确的规定，因此对于用户或者相关的开发者来说，都可以建立对于自己的通信网络设备相关的所适用的高层通信协议标准。同时，由于在工业控制领域应用 RS-485 总线通信网络的现场中，经常是以分散性的工业网络控制单元的数量居多，并且各个工业设备之间的分布通常较远，这会造成在现场总线通信网络中存在各种各样的干扰，导致整个通信网络的通信效率可靠性不高，而在整个网络中，数据传输的可靠性将会直接影响整个现场总线通信系统的可靠性。

RS-485 采用平衡发送和差分接收，因此具有抑制共模干扰的能力。加上总线收发器具有高灵敏度，能检测低至 200 mV 的电压，故传输信号能在千米以外得到恢复。在要求通信距离为几十米到上千米时，广泛采用 RS-485 串行总线标准。

4.2.3 I²C 总线

I²C（inter-integrated circuit）是 Philips 公司推出的芯片间串行传输总线。它以两根连线实现了完善的全双工同步数据传送，可以方便地构成多机系统和外围器件扩展系统。I²C 总线采用器件地址的硬件设置方法，通过软件寻址完全避免了器件的片选线寻址方法，从而使硬件系统具有简单灵活的扩展方法。由于具有严格完整的规范与独立的系统结构，I²C 总线器件的编程操作变得更加简便。

1. 基本原理

I²C 总线数据传输时序如图 4.6 所示。I²C 数据传输时有一个 START 条件和一个 STOP 条件，并且每来一个时钟传输一个数据。

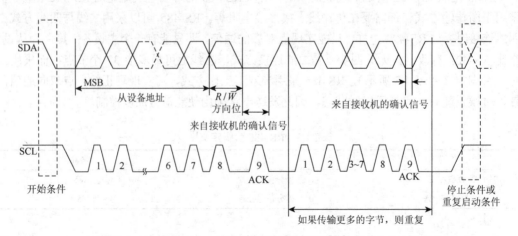

图 4.6 I²C 总线数据传输时序图[8]

主机产生一个 START 条件启动一次新的与从机之间的数据传输。SCL 保持高电平期间，SDA 由高电平到低电平的跳变将产生一个 START 条件。主机产生一个 STOP 条件以终止与从机之间的数据传输。SCL 保持高电平期间，SDA 由低电平到高电平的跳变将产生一个 STOP 条件。重复 START 条件同普通 START 条件一样，该条件通常表示对一个特定的存储地址反复读写。

写位时，SDA 的跳变只能发生在 SCL 的低电平期间，在整个 SCL 脉冲为高电平以及所要求的建立、保持时间内，SDA 上的数据必须保持有效且不变。读位时，主机应在读数期间释放 SDA 总线，并在 SCL 的下一个上升沿之前保持适当的建立时间，在前一个 SCL 脉冲的下降沿，器件将每一位数据通过 SDA 移出，并在当前 SCL 脉冲的上升沿保持数据位有效。

ACK 为应答信号，接收数据的器件在第 9 位期间发送 0 表示正确接收到数据（读操作期间的主机或者是写操作期间的从机），同时主机应在读取最后一个字节后发送 NACK，终止通信，使从机将 SDA 的控制权交还给主机。

2. 电气结构

I^2C 总线的时钟线和数据线都是双向传输的。当总线空闲时，SDA 和 SCL 都必须保持高电平，只有关闭 I^2C 总线时才使 SCL 钳位在低电平，所以这两条线路都要通过一个电流源或上拉电阻连接到正的电源电压，并且连接到总线的器件输出级必须是漏极开路或集电极开路，才能执行线与的功能。

4.2.4　TTL 总线

TTL（transistor-transistor logic）即晶体管晶体管逻辑。TTL 电平信号规定，+5 V 等价于逻辑 "1"，0 V 等价于逻辑 "0"（采用二进制来表示数据时）。这样的数据通信及电平规定方式，被称作 TTL 信号系统，这是计算机处理器控制的设备内部各部分之间通信的标准技术。TTL 接口属于并行方式传输数据的接口，采用这种接口时，不必在液晶显示器的驱动板端和液晶面板端使用专用的接口电路，而是由驱动板主控芯片输出的 TTL 数据信号经电缆线直接传送到液晶面板的输入接口。由于 TTL 接口信号电压高、连线多、传输电缆长，所以电路的抗干扰能力比较差，而且容易产生电磁干扰。在实际应用中，TTL 接口电路多用来驱动小尺寸（15 in 以下）或低分辨率的液晶面板。一般的电子设备用的多是 TTL 电平，但是它的驱动能力和抗干扰能力很差，不适合作为外部的通信标准。

4.3　板卡式通信总线

4.3.1　PXI 和 PXIe 总线

1. PXI 总线

自 1986 年美国国家仪器有限公司（National Instruments，NI）推出虚拟仪器（virtual instruments，VI）的概念以来，VI 这种计算机操纵的模块化仪器系统在世界范围内得到了广泛的认同与应用。1997 年 9 月 1 日，NI 发布了一种全新的开放性、模块化仪器总线规范——PXI（PCI extensions for Instrumentation，面向仪器系统的 PCI 扩展），它将 Compact PCI 规范定义的 PCI 总线技术发展成适合于试验、测量与数据采集场合应用的机械、电气和软件规范，从而形成了新的虚拟仪器体系结构[9]。制订 PXI 规范的目的是将台式 PC 的性价比优势与 PCI 总线面向仪器领域的必要扩展完美地结合起来，形成一种主流的虚拟仪器测试平台。

PXI 这种新型模块化仪器系统是在 PCI 总线内核技术上增加了成熟的技术规范和要求形成的。它通过增加用于多板同步的触发总线和参考时钟、用于进行精确定时的星形触发总线，以及用于相邻模块间高速通信的局部总线来满足试验和测量用户的要求。PXI 规范在 Compact PCI 机械规范中增加了环境测试和主动冷却要求以保证多厂商产品的互操作性和系统的易集成性。

PXI 系统的硬件由机箱（含电源）、背板和插入式模板组成。模板有两种尺寸：3 U（100 mm×160 mm）和 6 U（233.35 mm×160 mm）。3U 模板上有 2 个 110 对接点的 IEC 标准连接器 J1 和 J2。J1 主要有 32 位 PCI 信号线，J2 上有 64 位 PCI 信号线。此外，它还包含有 Compact PCI 和 PXI 定义的各种信号线。6U 模板上除了 J1 和 J2 连接器外，还增加了 J3、J4、J5 连接器，留待将来 PXI 总线进一步扩展使用。

目前比较常用的 PXI 总线设计方法是使用 PCI 接口芯片，最常用的是 PLX 生产的 PCI9052、PCI9054 等芯片，其中 PCI9052 是支持 Compact PCI 的专用接口芯片，因此选择 PCI9052 来实现 PXI 接口电路的设计。PCI9052 具有数据传输量大、数据传输速率高等特点，PCI9052 本地总线可以设置为 8 bit/16 bit/32 bit 的复用模式或者非复用模式，能够完成数据从本地总线到上位机的高速传输。PCI9052 主要由 PCI 总线接口逻辑、本地总线逻辑、EEPROM 接口逻辑三部分组成。PCI9052 芯片可以从 PCI 主控设备直接访问本地总线上的设备，本地总线有两种数据传输模式：一种是内存映射的突发模式；另一种是 IO 映射的单周期模式。此外，通过软件设置，可以完成局部数据总线输出改变输入数据顺序的功能。

2. PXIe 总线

PXIe（PXI Express）不仅是 PXI 的发展，也是 PCI Express 在仪器测量领域应用的扩展。随着计算机技术的发展，因为对总线带宽的不断追求，使得 PCI 发展到 PCI Express，其总线带宽得到大幅的提升。为了满足更多的应用需求，PCI Express 也被整合到 PXI 标准之中，使得 PXI 可以更广泛应用于各种控制测试领域中。总线结构上，PCI Express 采取了根本性的变革，主要体现在两个方面：一是由并行总线变为串行总线；二是采用点到点的互连。一条链路中包含多条通路，可选择的通路数为 x1、x2、x4、x8、x12、x16 或 x32。每条通路有 4 条信号线，每一信号方向上都有一对差分信号，可同时发送和接收数据，实现两个设备间双单工的、串行的、差分数据传送。PXI 适时地将 PCI Express 总线技术引入到 PXI 标准中，相应地制定了 PXIe 总线规范。加快了 PXI 平台对最新 PCI Express 总线技术的融合，促进更高性能 PXIe 产品的出现。

应用 PXIe 总线技术后，系统背板将 PXI 测试系统的可用传输带宽从 132 MB/s 提升到 6 GB/s，这为仪器测试系统提供了易于实现的新的解决方案，而不必依赖于昂贵的专用硬件。同时 PXIe 规范中采用 100 MHz 的差分信号取代 PXI 的 10 MHz 单端信号，提高了机箱中不同模块之间信号的传输率，使得基于 PXIe 的测试仪器触发达到皮秒级，而且极大地改善了同步功能，大幅提升了 PXIe 测试系统的测量精度。更重要的是，在 PXIe 规范中，硬件保持了对 PXI 的兼容，软件仍然使用 PXI 规范中定义的标准软件框架，这些都为测试系统的可持续开发提供了保障。

引入 PCI Express 后，公布的 PXIe 规范在 PCI Express 规范的基础上增加了自动测试系统所需要的机械、电气等多方面的专业特性。PXIe 硬件规范结构如图 4.7 所示[10]。

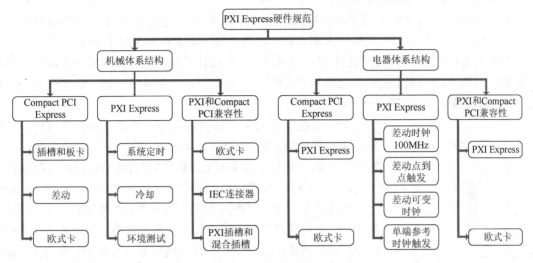

图 4.7　PXIe 硬件规范

PXIe 硬件规范以 PXI 硬件规范为基础，也是 Compact PCI 的扩展。PXIe 在其机械体系结构中制定了优秀的机械整合特性，使基于 PXIe 的硬件模块能够满足自动测试设备快速装卸的需求；在 Compact PCI 基础上，增加了环境测试以及主动冷却装置。

电气特性是 PXIe 最重要的一个特性，这种特性继承于 Compact PCI Express 规范，从 Compact PCI Express 规范中获得提升的 PXIe 电气特性主要有如下几点[11]。

（1）串行传输。串行传输设备引脚很少，降低了芯片板卡的设计成本和复杂性。

（2）点对点互连。点对点互连电气负载有限，收发频率可扩展到更高，独享总线带宽。

（3）差分信号传送。差分信号传送提高了信号的抗噪能力。

4.3.2　VXI 总线

VXI 总线诞生于 20 世纪 80 年代，由 HP、Tekronix 等 5 家仪器公司成立了 VXIbus 联合体，初衷是为完成美国军方提出的"大大缩小电子仪器体积的单卡仪器标准"的方案，来统一各个仪器制造商生产的插卡式仪器。1987 年，VXI 规范的第一个版本由 VXIbus 联合体成员发布，经过修改和完善后，于 1992 年被 IEEE 批准为 IEEE-1155-1992 标准。

VXI 总线标准明确规定了背板引线、功率、冷却、电气干扰等指标，极大地提高了 VXI 仪器的标准化程度，加速了 VXI 仪器在各领域，尤其是军事领域的应用。然而，随着集成电路的发展，核心处理器的处理速度越来越快，使得人们对总线传输速率的要求也越来越高，VXI 总线的数据吞吐率开始制约整个仪器系统的性能，VXI 标准经历了 3 个版本的更新，从最初的 40 MB/s 增加到 160 MB/s，但仍然远远跟不上处理器和 A/D 采集的速率，所以 VXI 总线开始走向没落，逐步被新兴的总线替代。目前，VXI 总线最大的应用领域依旧是军事领域。与工业、商用领域不同，武器装备对总线的传输速度并不敏感，但对可靠性却有着极强的需求。

VXI 总线面市较早，又有着极其严格的总线规范，恰恰符合武器装备的需求，加之 VXI 总线在军工领域已经有大量的装备，所以 VXI 总线在军工领域仍占有重要的地位。我国很多型号的武器系统依旧大量使用 VXI 总线。

在未来的发展中，VXI 总线依赖其极高的稳定性与易用性，还会在较长一段时间内有应用，但 VXI 总线毕竟已经走到了发展的末期，VXI 总线仪器会逐步转向 VXI 设备。

VXI 总线系统是一种计算机控制的功能系统，一般由计算机 VXI 主机箱和 VXI 模块组成。组成 VXI 总线系统的基本逻辑单元称为"器件"。一般来说，一个器件占据一块 VXI 模块，也允许在一块模块上实现多个器件或者一个器件占据多块模块。

图 4.8 外部主计算机的 VXI 总线系统结构

VXI 总线系统的主计算机可以分为外部和内嵌式两种。采用外部主计算机的系统结构如图 4.8 所示[12]，图中计算机接口首先把程序中的控制命令转换为接口链路信号，接着通过接口链路进行传输，最后 VXI 总线接口再把接收到的信号转变成 VXI 总线命令。

器件是 VXI 总线系统中的基本逻辑单元，根据其本身的性质、特点和它支持的通信规程可分为寄存器基器件、消息基器件、存储器器件和扩展器件。在一个 VXI 系统中最多可有 256 个器件，每个器件有唯一的逻辑地址，逻辑地址编号从 0 到 255。在 VXI 系统中可用 16 位、24 位和 32 位三种不同的地址线统一寻址。在 16 位地址空间的高 16 k 字节中，系统为每个器件分配了 64 个字节的空间，器件便可利用这 64 个字节的可寻址单元和系统通信。这 64 个字节的空间就是器件基本的寄存器，其中包含每个 VXI 器件必须具备的配置寄存器，而器件的逻辑地址就是用来确定这 64 个字节寻址空间位置的。

VXI 总线系统定义了一组分层的通信协议来适应不同层次的通信需要，如图 4.9 所示。分层通信协议中，最上层均为器件特定协议，这些协议都是由器件设计者决定；最下层是配置寄存器，这是任何 VXI 器件都必须具备的。字串行协议与器件特定协议之间有两种联系方式，一种是直接联系，另一种是通过 488-VXI 总线协议和 488.2 协议与器件特定协议联系。此外配置寄存器还支持一种共享存储器协议，这种方式是利用共享的存储器进行存、取，这不但明显提高了速度，还有利于节约成本[11]。

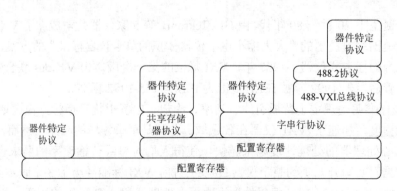

图 4.9 VXI 总线系统的分层通信协议

4.3.3 PCI 和 PCIe 总线

1. PCI 总线

PCI 总线是外围部件的互连总线,能够通过微处理器实现对系统存储器的快速访问,以及对适配器间的相互访问。PCI 总线结构如图 4.10 所示,是穿插在 CPU 和系统总线的一级总线,通过桥接电路完成对它的管理工作,保证上下接口的协调性,并对数据进行传输。PCI 总线结构分为北桥和南桥。北桥也可称为 Host/PCI 桥,将 CPU 和基本的 PCI 总线连接起来,当然 AGP 接口和存储器管理部件也包括在内,能够实现 PCI 总线部件和 CPU 的同时运行。南桥即 PCI/ISA 桥,将 PCI 总线连接到 ISA 或者 EISA 总线中,其中包含 IDE 控制器、中断控制器、DMA 控制器及 USB 主控制器。能够将 PCI 总线变为标准总线,例如 EISA、ISA 等,这样可以将打印机、扫描仪等低速设备挂接到标准总线[12]。

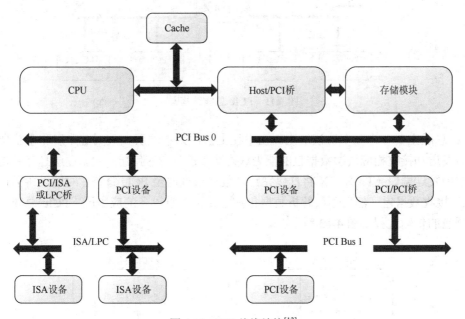

图 4.10　PCI 总线结构[13]

2. PCIe 总线

PCIe 总线技术发展至今,有三个版本的规范广泛应用于当前的 PCIe 设备之中。其中 1.0 规范提供了单通道 5 GT/s 的链路传输速度,而于 2007 年上半年提出的 PCIe2.0 规范则在此基础上做了很多功能的升级,对链路带宽进行了翻倍。2010 年,PCI-SIG 组织公布了 PCIe 协议 3.0 规范,采用更加高效的 128B/130B 编解码机制,实现了单通道 8 GT/s 链路传输速率。相比于 PCIe2.0 规范,PCIe3.0 规范所提出的编码方式将有效数据传输带宽提高了 20%,链路带宽的浪费率仅为 1.54%,最终实现了 8 GT/s 的有效数据的传输速率。2017 年 10 月,PCI-SIG 组织正式公布了 PCIe4.0 协议规范,将总线的频率和带宽都进行了翻倍,分别达到了 16 GHz 和 64 GB/s,为日后高性能计算平台的数据传输提供了保障。

PCIe 总线作为处理器系统中的局部总线，能够实现处理器与外部设备的连接，对于不同的处理器系统而言，其具体实现也存在差异。图 4.11 所示是 Intel 的 X86 体系结构中 PCIe 总线的典型拓扑结构，主要包括交换开关设备（switch）、根复合体（root complex，RC）设备、PCIe-to-PCI 桥设备以及端点（endpoint，EP）设备。

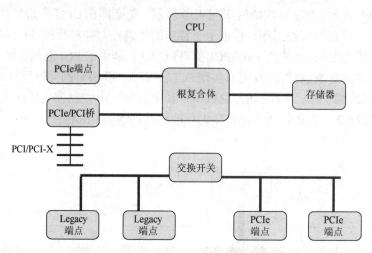

图 4.11　PCIe 总线结构[14]

PCIe 总线主要分为三个协议层次。由下往上依次为物理层、数据链路层和事物层，每一层都具有发送和接收相应层次数据包的能力。数据在设备的应用层产生，逐层打包并传输至设备物理层的发送端口（TX），TX 将打包完整的数据帧推送至 PCIe 链路，对端设备通过接收端口（RX）接收数据包，然后逐层解析数据包并上传至对端设备的应用层。PCIe 总线分层结构以及数据包的传输过程如图 4.12 所示[15]。

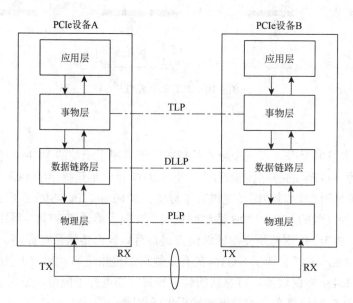

图 4.12　PCIe 总线层次结构图

4.4 工业高级通信总线

4.4.1 GPIB 总线

GPIB（general-purpose interface bus，通用接口总线），也称为 IEEE488 总线。该总线具有高速、可靠、系统组建方便的特点，已广泛应用于仪器仪表。多用于智能化仪器程控操作，是目前广泛使用的一种总线[16]。

20 世纪 70 年代早期，HP 公司推出了一种标准总线（HP-IB）用于自己的实验室测量设备生产线，1975 年，被 IEEE 采用并作为 IEEE 标准 IEEE488-1975。后来 GPIB 比 HP-IB 的名称更广泛地被使用和熟知，后续推出的 IEEE488 标准便继续使用 GPIB 的名称，同时在此基础上更新了 IEEE488.1 标准和 IEEE488.2 标准。

GPIB 总线的推出在当时就很好地解决了不同仪器之间的通信问题，使得不同系统之间的兼容性得到了很好的处理。总线上的最大并行传输速率可以达到 8 Mb/s，完全满足仪器之间的数据通信需求。并且可以很好地支持 Windows 和 MAC 等系统，使得通过个人计算机可以方便快捷地实现对仪器的控制[14]。

IEEE488 标准分为 IEEE488.1 和 IEEE488.2 两部分。IEEE488.1 标准的内容是总线的机械、电器和物理特性方面的规范；IEEE488.2 标准的内容是关于编程代码、格式、通用命令等。

IEEE 在 1987 年 6 月添加了 IEEE488.2 的增补内容，扩充和加强了程序设计代码、格式、通用命令，准确定义了控制器如何与仪器进行通信。1990 年，在 IEEE488.2 中又加入了可编程仪器标准命令（standard commands for programmable instruments，SCPI），让同类仪器定义相同的指令，实现了仪器间的互通[17]。

1. 技术简介

GPIB 总线接口的设计规范在 IEEE488 中规定。在 GPIB 总线系统中，每台仪器必须配备 GPIB 接口卡并通过 GPIB 电缆连接。其中 GPIB 线缆的接口连接器是公母结合的形式，一端连接仪器，另一端用于扩展连接，可以方便地将多个仪器构建成一个系统[18]。GPIB 电缆连接器的外部结构如图 4.13 所示。连接器的引脚与信号线的对应关系如表 4.4 所示。

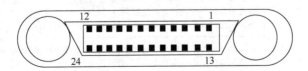

图 4.13 GPIB 电缆连接器的外观图

表 4.4 引脚功能说明

引脚	信号线	引脚	信号线
1	DIO1	13	DIO5
2	DIO2	14	DIO6
3	DIO3	15	DIO7

续表

引脚	信号线	引脚	信号线
4	DIO4	16	DIO8
5	EOI（24）	17	REN（24）
6	DAV	18	Gnd.（6）
7	NRFD	19	Gnd.（6）
8	NDAC	20	Gnd.（6）
9	IFC	21	Gnd.（6）
10	SRQ	22	Gnd.（6）
11	ATN	23	Gnd.（6）
12	SHIELD	24	Gnd.LOGIC

GPIB 总线采用 TTL 逻辑电平。传输期间在字节内执行并行通信，并且在字节数据流之间使用串行通信。总线有 24 个引脚，除 8 条地线外，有 8 条负责传输数据的数据线，5 条负责数据接口的接口线，剩余的 3 条是负责控制传输的数据传输控制线。GPIB 总线构成及说明如表 4.5 所示。

表 4.5　GPIB 总线构成及说明

类别	名称	说明
数据线	DIO1~DIO8	8 位双向数据总线，用于传送消息和数据
数据传输控制线	DAV	数据有效线（data valid），指示数据线上的信息是否可用。由输出数据的讲者控制。当讲者将 DAV 线设置为低电平（逻辑 1）时，数据接收者就可以从总线上接收数据
	NRFD	接收设备未准备好接收数据（not ready for data）：指示接收设备是否准备好接收数据。当系统中只有一个数据接收时：若未准备好接收数据，数据接收者将 NRFD 设置为低；当数据接收者准备好接收数据时，NRFD 设置为高
	NDAC	接收器件尚未接收完数据（not data accepted）：指示设备是否接收完数据。只要一个数据接收者未收到数据，数据接收者就会将 NDAC 设置为低。只有当所有数据接收者都接收到数据时，才能将 NDAC 设置为高电平
数据接口管理线	REN	远程控制使能线（remote enable）：由控制器进行操作，与其他消息联合使用，用来使总线上的器件进入或者脱离远程控制状态。当控制器远程将使能线设为低电平时，设备处于远程控制状态，并且设备面板上的操作不起作用；当该线电平为高时，设备返回本地操作
	ATN	监视线（attention）：由系统控制器管理，以区分数据线上的接口消息和数据。当 ATN 为 1 时，所有设备必须从数据线上读取指令；当 ATN 为 0 时，数据发送者发送的数据在数据线上传输，并且数据接收者以三线挂钩的方式从数据线读取数据
	IFC	接口清零线（interface clear）：由系统控制器对该线进行管理。当该线上的有效低电平持续 100 μs 时，所有设备必须停止操作，回到系统的初始状态
	SRQ	服务请求线（service request）：表示设备需要中断当前操作并向控制器发送服务消息。当该线为 0 电平时，表示没有器件需要服务；当该线为 1 电平时，表示总线上的器件需要请求控制服务
	EOI	结束或识别线（end or identify）：此线路和 ATN 线路一起指示多字节传输序列的结束，或用于识别特定设备。当 ATN 线为 0 电平且 EOI 线为 1 电平时，表示数据发送者已完成数据传输；当 ATN 线路为 1 电平且 EOI 线路为 1 电平时，表示控制器发送的数据传输结束

（1）数据线。总线上使用 8 行（DIO1～DIO8）在仪器之间传输信息（数据和指令），一次仅传输一个字节。

（2）数据传输控制线。共 3 根线，通过握手协议实现控制器或者讲者传输数据给听者。

DAV：数据有效。

NRFD：未准备好接收数据。

NDAC：未接收完数据。

（3）数据接口管理线。共 5 根线，用来控制和协调总线的活动。用于监控和管理总线的操作，使信息有序循环。

REN：远程控制使能。

ATN：监视。

IFC：接口清零。

SRQ：服务请求。

EOI：结束或识别。

（4）地线。共 8 根线，用于屏蔽和信号回传。1 根用于屏蔽，1 根用于普通信号接地，6 根分别用于 ATN、SRQ、IFC、NDAC、NRFD 和 DAV 的逻辑接地。

2. GPIB 系统总线器件的工作模式

GPIB 总线系统内各个设备一般有 4 种工作模式。

（1）听者。听者可以通过接口消息对仪器进行寻址，而且可以从总线接收数据并从总线上的其他仪器接收消息。

（2）讲者。讲者可以通过接口消息寻址仪器并通过总线将数据发送到其他仪器，但是在发送数据时总线上只能有一个数据发送者。

（3）控制器。控制器仪器此时可以通过总线控制其他仪器，并分配每个仪器的模式，监控总线状态。总线上的其他仪器可以是控制器，但一次只能有一个控制器工作。

（4）闲置。当仪器空闲时，不会执行任何操作。

GPIB 总线相连的仪器可以是上面任意一种状态。

4.4.2　CAN 总线

CAN 是控制器局域网（controller area network）的简称，是由以研发和生产汽车电子产品著称的德国 BOSCH 公司开发的，并最终成为国际标准，是国际上应用最广泛的现场总线之一。在北美和西欧，CAN 总线协议已经成为汽车计算机控制系统和嵌入式工业控制局域网的标准总线。

CAN 控制器采用串行通信，通过 CAN 总线将数据广播到整个网络中。发送端将需要发送的信息按 CAN 协议要求的结构发送到总线，接收端按位进行接收，通过总线仲裁，实现一对一、一对多通信，保证了通信的高效性和及时性。由于不同节点可能采用不同厂商的芯片，所以要实现不同节点之间的通信，就要求各节点之间必须相互兼容，必须遵循相同的协议规范。

CAN 总线协议自诞生以来，产生了多个规格，目前使用最为广泛的是 CAN2.0 协议。这主要是由于 CAN 2.0 控制器具有较好的灵活性和兼容性[19]。

1. 分层结构

如图 4.14 所示，CAN 系统采用多种工作模式，这种广播式的通信方式，决定了有发送需求的 CAN 控制器通过发送 ID 进行仲裁，赢得总线竞争的 CAN 控制器成为主机，其他 CAN 控制器成为从机。而为了实现 CAN 控制器之间的通信，需要根据 OSI 参考模型，将 CAN 总线的通信划分为下列层次，如图 4.15 所示。

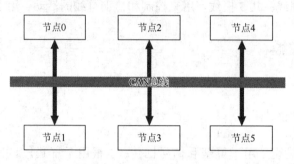

图 4.14　CAN 节点广播方式

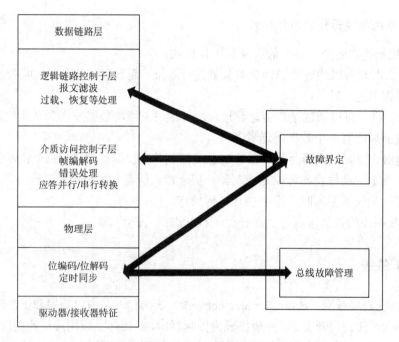

图 4.15　CAN 的 OSI 参考模型分层结构

CAN 总线的分层使得设计结构更加清晰，相同的设计标准使得各节点之间的 CAN 控制器能够更好地通过 CAN 总线进行沟通，对应的产品在技术性和实用性上都有更好的前景。

物理层一般是定义信号，主要通过对 CAN 控制器的位编解码、定时及同步等进行设计。

数据链路层包括介质访问控制子层和逻辑链路控制子层。介质访问控制子层负责数据的帧的编解码、错误处理、接收和发送过程中的串并行的转变。逻辑链路控制子层负责报文滤波、过载、恢复等处理[20]。在此过程中产生的错误信号传输到故障界定模块处理。

2. CAN 总线信号

CAN 总线上的信号通过双绞线传送，采用的是不归零码，即每次传输后不需要复位。但是这也产生了一个问题，由于数据传输过程中没有设置专门的同步位，所以发送端和接收端之间的同步主要取决于在数据跳变沿进行位时序同步，这就要求总线不能长时间处于同一状态，因此需要位填充。如图 4.16 所示，CAN 总线设计在 5 个连续相同位后，插入一个相反位，产生跳变沿，用于同步，从而消除累积误差。

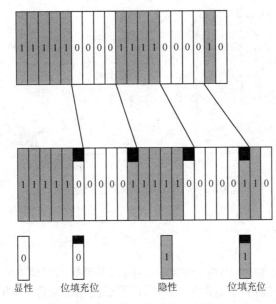

图 4.16　位填充编码示意图

如图 4.17 所示，CAN 总线采用差分电信号，以保证能够有效提升传输距离，以及信号在复杂情况下的可靠程度。在总线上，"0"代表显性信号，"1"代表隐性信号，当多个发送端口

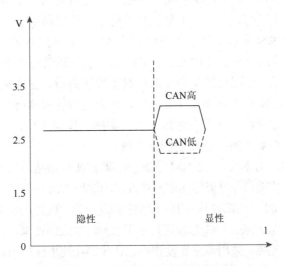

图 4.17　CAN 总线电气特性示意图

同时向总线发送数据时，发送的"0"能够掩盖"1"，使得在接收端接收到的数据为"0"，这种特性能够帮助总线在仲裁阶段完成仲裁，也就是说，ID 编码较小的数据发送时能够获得更好的优先级，在帧结构的设计中，也利用了这种特性。

如图 4.18 所示为 CAN 总线传输速度与距离的关系，传输速度与距离呈负相关。当 CAN 总线传输速度为 50 kb/s 时，其传输距离最远可达 1.3 km；当其传输速度达到 1 Mb/s 时，传输距离为 40 m，能够满足汽车电子中对 CAN 总线传输距离的要求。

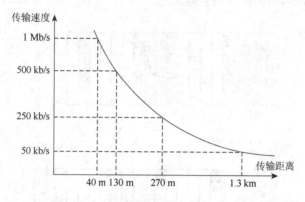

图 4.18　CAN 总线传输速度与传输距离

4.4.3　LXI 总线

LXI（LAN eXtension for instrumentation）总线技术将以太网技术运用到测量仪器中，在不增加成本的情况下，有效解决了远距离、离散点测试测量的难题。同时，PTP、IVI、VXI-11 等规范的引入使得 LXI 仪器与传统的各种总线相比，具有更加健全的同步触发机制和更好的仪器互换性[21]。

LXI 总线技术作为新一代仪器接口规范，为测试仪器开发和组建网络化自动测试系统提供了极大的高效性和便捷性。所以以 LXI 总线为基础所构建的测试仪器和自动测试系统将会是测试仪器行业发展的一个重要方向。以 LXI 总线技术构建的仪器利用了当前非常成熟和高效的以太网技术，作为当前计算机体系中标准的网络通信接口，它在底层通信上采用成熟的 TCP/IP 协议规范，相比于其他总线，它在硬件要求、通信距离以及通信速率上都略胜一筹[22]。正因为这些特点，LXI 总线在降低测试总线复杂性的同时实现了高效、便捷的快速测量，所以它一经推出就逐步应用到多种自动化测试系统中。同时，作为通用的仪器接口标准，它不但能够通过以太网的方式来单独操控仪器，还可以通过与其他类别的仪器总线，如 GPIB、USB、VXI 等相结合，来共同组建更为复杂的综合自动测试系统。

LXI 规范中定义了 A、B 和 C 三类 LXI 仪器。C 类 LXI 仪器是最基本的一种，标准中规定此类仪器应该具有 LAN 通信接口并且能够实现网络发现功能和 Web 网页的访问；而 B 类仪器不仅包含了 C 类仪器所规定的功能，还需要具备 IEEE1588 触发能力；此外，A 类仪器在前两者功能的基础之上，还增添了硬件触发总线。LXI 总线通过使用成熟的以太网技术，使其在进行数据通信时可以保持较高的传输速率。通常，采用该总线设计的 LXI 仪器在使用操控中具有 B/S 模式和 C/S 模式两种工作状态。B/S 模式即浏览器-服务器模式，在这种模式下，使用者可以通过 Web 网页的形式对 LXI 仪器进行操控，通过对相应的网页进行操作就可以获取设备的相关信息并对设备进行控制。C/S 模式即客户端-服务器端模式，在这种模式下，使用者可以按照规定的协议要求来设计上位机或者通过第三方客户端软件，例如 I/O Library 和 NI-Max 等，来完成此模式下对仪器的操控[23]。

安捷伦公司（2013 年拆分，电子测量事业部独立成立是德科技有限公司，KEYSIGHT Technology）与 VXI Technology 公司于 2004 年成立了 LXI 联盟，旨在推广一种新型的开源总线标准。目前，LXI 联盟的注册成员近 50 家，遍布世界各地，其主要成员包括是德科技、Pickering 公司、罗德与施瓦茨公司等世界顶级仪器设计制造厂商。这些成员共同推动着 LXI 总线协议的发展。LXI 联盟已于 2017 年 3 月发布了最新版本的 LXI 设备规范 1.501 版[24]。LXI 规范详细说明了使用以太网作为设备之间主要通信手段的 LXI 设备的技术要求。

LXI 标准受 LXI 联盟管理，它为测试测量应用方提供了必要的规范，可以帮助联盟发展、搭建分布式测量设备。同时在分布式系统中，符合 LXI 规范的仪器可以在同一类别仪器中进行互换，极大地增强了仪器的适应性和灵活性。LXI 标准为实现长生命周期仪器提供了一个基础，使得它不受带宽、软件或计算机相关架构的限制。

4.4.4　USB 总线

USB（universal serial bus，通用串行总线）是一种通用串行外部总线。首先，USB 是一种"总线"，它与计算机内部的总线（如 PCI 总线）不同，CPU 不能通过访问内存指令或者 I/O 指令直接访问连接在 USB 上的设备，而要通过一个 USB 控制器，间接地连接在 USB 上的设备，USB 总线存在于计算机的外部，所以说是外部总线。其次，USB 信号线一共只有两条，线上的信号是串行的，所以是"串行外部总线"。至于说"通用"，那是因为 USB 总线的设计从一开始就考虑到了许多不同种类的外部设备，只要带有 USB 接口（USB 鼠标、键盘、摄像头、硬盘等）就都可以连接到 USB 总线上，并且可以在计算机带电的条件下即插即用。

USB 由 Intel、IBM、Microsoft 等多家公司在 1996 年联合推出后，由于其具有支持热插拔、接口标准统一、携带方便、支持同时连接多个外部设备等特点，已成功替代串行端口成为个人计算机的必配接口。USB 版本经历了多年的发展，到如今已经发展为 USB 3.1 版本。最初的 USB1.0，速率只有 1.5 Mb/s，到如今 USB 3.0 应用已经非常广泛，其最高理论速率达到了 5.0 Gb/s[25]。速率的极大提升，使得 USB 接口总线技术能应用于各类高速数据传输与通信场合。而在 USB 协议基础上为测试测量类仪器制定的 USBTMC 标准，在发布之初便受到了各大仪器软硬件厂商的高度关注，加入了对 USBTMC 协议的研究队伍中，并相继推出了支持 USBTMC 协议接口的产品或仪器。例如，NI 公司的 LabView，Agilent 公司的 U2500 系列示波器、E5061B ENA 系列网络分析仪以及 Agilent 公司自主研发的 I/O 软件库，Tektronix 公司 DPO4000/MSO4000 系列示波器。国内的仪器生产厂商，例如普源精电的 MSO5000 系列、DS1000Z-E 系列数字示波器、DG4000 系列任意波形发生器、RSA5000 系列频谱分析仪等。这些仪器通过 USB 总线与计算机连接，计算机接发符合 USBTMC 规格的特定格式的数据包便可与之通信。随着测试测量类仪器以及软件工具的需求量越来越大，业已成熟的 USBTMC 协议必将更加趋于完善，会被更深入地研究以及迎来更大范围内的应用。

USB 总线与外部设备相连接，形成一种星形结构。USB 主机可以直接和 USB 设备连接，也可以通过 USB 集中器的分叉连接到其他外部设备。每个 USB 电缆的长度是 5 m，通过集中器级连时最多可以穿越 5 个集中器。USB 设备都带有 USB 通信控制器，里面实际上包括 1 个微处理器，USB 信息的传递由控制器来完成。USB 总线有根集中器，通常与主控制器集成在同一芯片中。USB 是一种主/从结构的星形网络，信息在 USB 上的传输只能由主机启动，而不能由设备启动，设备永远处于被动的地位。USB 通过具有一定格式的"信包"按照一定的"流程"传输信息，USB 传输类型可分为 4 类。

1. 控制型

主要用于设备的"配置"与控制。控制型包的传递是带有检错并须由接收方加以确认的"可靠"传递，如果发现传输出错就要重发。在 USB 的整个宽带中，有 10%的宽带是为这种信息保留的。

2. 等时型

主要用于实时的音频和视频信号。这种信息是周期的，又是实时的，对信息传递是否及时有很高的要求，但是对误码率却比较可以容忍。等时型信息的传递不带检错，也不需要确认，包的长度较大，最高可达 1023 Byte。常见的设备有 USB 摄像头。

3. 中断型

用于对 USB 设备的周期性查询。USB 设备不存在主动向主机发送"中断请求"的能力，只能被动地接受主机通过 USB 总线查询。中断型信息的传递既有时间上的要求，也必须是可靠传递，包大小与控制型包相同。中断型和等时型信息合在一起不能超过 USB 总线宽带的 90%。常见的设备有 USB 鼠标、键盘。

4. 成块型

用于信息量相对较大，没有很强的时间要求，但是要求可靠传递信息的场合。信包最大为 1023 Byte。没有保留宽带，即只有执行完前三种传输以后还有时间剩余时才来执行成块型传输。常见设备有可移动硬盘、U 盘。

4.4.5 工业以太网

工业以太网是指在工业环境的自动化控制及过程控制中应用以太网的相关组件和技术，工业以太网采用 TCP/IP 协议，和 IEEE802.3 标准兼容，通过在应用层加入特有的协议，以应用于不同的环境。以太网在工业程序的应用需要体现实时性，而许多以太网技术可以使以太网适用在工业应用之中，通过利用标准以太网，可以提升工厂内部不同设备之间的互联性[26]。

工业以太网的通信架构通常都以主、从站的方式进行搭建，且通过标准的硬件接口以实现设备互连。但这样的方式通常受限于不兼容的通信协议，即主、从站都需要使用相同的通信协议才能通信，并且不同的工业环境及设备对通信传输性能的需求也不同，常用的工业以太网通信协议包括以下几种。

1. ProfiNet IRT

ProfiNet 提供了三个不同的版本，按照其实现和对应用的实时性支持能力可分为 ProfiNet

CbA、ProfiNet RT、ProfiNet IRT。其中 ProfiNet CbA 建立在 Soft IP 基础上，采用交换机连接方式，由于交换机所带来的时间延迟，所以无法支持较快的同步速度；ProfiNet 并不具备很高的实时性，RT 也无法满足高速运动控制的需求；而 ProfiNet IRT 则是设计为更快速的运动控制应用，因此采用了专用的芯片来实现，这使得其速度得到了大幅度的提高，可以达到 100 个伺服 100 μs 的数据刷新能力，系统抖动为 1 μs。

2. Ethernet POWERLINK

采用轮询方式，由主站 MN 和 CN 构成，系统由 SoC 开始启动等时同步传输，由主站为每个 CN 分配固定时间槽。通过这一机制来实现实时数据交换，同时也通过多路复用和节点序列方式来优化网络的效率。支持标准的 Ethernet 报文，应用层采用 CANopen、Ethernet POWERLINK，无需专用的芯片，并且可运行在多种 OS 上。

3. SERCOSIII

通过主从结构的设计来实现数据交换，在一个 SERCOSIII 的数据中，主站与从站之间的数据包传输 M/S 同步数据交换与 CC 直接交叉通信数据以及 Safety 数据，由 Sync 同步管理机制来控制各种数据传输方式的进行。

4. EtherCAT

采取一种所谓"数据列车"的方式设计，"边传输边处理"的方式按照顺序将数据包发送到各个从节点，然后再回到主站，因此，任务的处理将在下一个周期完成。主节点通常采用 PC，而从节点背板间采用 LVDS 传输方式，可以达到非常高的数据交换。但是，这同时也意味着从站需要特殊的硬件，例如 ASIC 或 FPGA。由于 EtherCAT 有 ASIC，所以其并不主推 FPGA 方案。由于采用集束帧的方式，该数据传输方式只能采用环形冗余或星形冗余方式，所以在拓扑结构上会受到一定的限制。另外，由于其传输是一个循环，而处理是另一个循环，这就使得它通常需要两个周期才能完成一次交换，其效率较低，通常对于小数据量的系统比较快速，而当大数据量节点数较多时该网络速度反倒较低。

5. Ethernet/IP CIP

采用消费者与生产者模式运行整个过程。Ethernet/IP CIP 基于原有的 Rockwell AB 的 DeviceNet、ControlNet 控制和信息协议，在 OSI 的会话层和表示层修改。作为一种软件形式的协议，它显然具有较高的数据通过率，适用于大块的数据通信，因此更适合作为网关和交换设备的应用，其实时性受到一定的限制。但是，它完全兼容标准以太网，因此具有很好的与工厂和企业的 IT 层互联的能力。

4.5 无 线 通 信

4.5.1 蓝牙技术

所谓蓝牙技术，实际上是一种短距离无线通信技术。蓝牙技术使得现代一些便携的移动通信设备和计算机设备不必借助电缆就能联网,并且能够实现无线上因特网。其实际应用范围还可以拓展到各种家电产品、消费电子产品和汽车等信息终端,组成一个巨大的无线通信网络。

蓝牙技术主要面向网络中各类数据及语音设备(例如 PC、拨号网络、笔记本计算机、打印机、数码相机、移动电话和高品质耳机等),通过无线方式将它们连成一个微微网(piconet),多个微微网之间也可以互联形成分散网(scatternet),从而方便、快速地实现各类设备之间的通信。它是实现语音和数据无线传输的开放性规范,是一种低成本、短距离的无线连接技术。其无线收发器是一块很小的芯片,大约有 9 mm×9 mm,可方便地嵌入到便携式设备中,从而增加了通信选择项。蓝牙技术实现了设备的无连接工作,提供了接入数据网的功能,并且具有外围设备接口,可以组成一个特定的小网。蓝牙技术的特点包括:采用跳频技术,抗信号衰落;采用快跳频和短分组技术,减少同频干扰,保证传输的可靠性;采用前向纠错(forward error correction,FEC)编码技术,减少远距离传输时的随机噪声影响;使用 2.4 GHz 的 ISM 频段,无须申请许可证;采用 FM 调制方式,降低设备的复杂性。该技术的传输频率设计为 1 MHz,以时分方式进行全双工通信,其基带协议是电路交换和分组交换的组合。1 个跳频频率发送 1 个同步分组,每个分组占用 1 个时隙,也可扩展到 5 个时隙。蓝牙技术支持 1 个异步数据通道,或 3 个并发的同步话音通道,或 1 个同时传送异步数据和同步话音的通道。每 1 个话音通道支持 64 kb/s 的同步话音;异步通道支持最大速率 721 kb/s、反向应答速率为 57.6 kb/s 的非对称连接,或者是 432.6 kb/s 的对称连接[27]。

蓝牙 4.0 协议版本在蓝牙 3.0 高速版本基础上增加了低能消耗协议部分。由于蓝牙 4.0 协议拥有极低的运行和待机功耗,使用 1 粒纽扣电池甚至可持续工作数年之久;同时还有低成本、跨厂商互操作性、2 ms 低延迟、AES-128 加密等诸多特色,可以广泛应用于计步器、心律监视器、智能仪表、传感器、物联网等众多领域,大大扩展了蓝牙技术的应用范围。所以,目前很多蓝牙厂商也都推出了符合蓝牙 4.0 版本的低功耗协议的蓝牙芯片。

4.5.2 ZigBee 技术

ZigBee(蜂舞协议)技术是一种新型的短距离低功耗的无线通信协议。该技术主要应用于短距离、低功耗和传输速度要求较低的场景。ZigBee 技术具有三个工作频段,分别为全球流行的 2.4 GHz、欧洲流行的 868 MHz 和美国流行的 915 MHz。ZigBee 技术在这些频段上分别具有最高 250 kb/s、20 kb/s 和 40 kb/s 的传输速率。ZigBee 技术的原始通信距离为 10~75 m,可以通过中继设备进行距离拓展。随着物联网技术的发展,ZigBee 技术逐渐成为一种主流的物联网通信协议。

相比于传统的无线通信技术,ZigBee 技术的特点主要体现在低功耗、低速率、低延迟、大容量、低成本、高安全性和免许可频段几个方面。ZigBee 节点的功耗很低,使用两节 5 号干电池可以实现 6~24 个月的续航。ZigBee 技术是一个低速传输协议,传输速度一般稳定在 20~250 kb/s。ZigBee 技术的延迟性很低,睡眠到工作状态切换仅需要 15 ms,通信时延为 30 ms。ZigBee 支持的网络节点容量很大,最多可以支持 65535 个节点。ZigBee 协议免收专利费,占用的频段是不收费的,硬件部分电路也较简单,所以成本很低[28]。ZigBee 使用了 AES-128 加密算法,该算法为 ZigBee 网络提供安全性较高的数据完整性检查和身份验证功能。

ZigBee 技术中由一个主节点扮演路由器的角色,通过管理其他子节点来管理整个网络,将 ZigBee 协议转换成 Internet 协议。目前,实现了最多用 65000 个 ZigBee 模块搭建出一个无线网络数据传输平台，其中每个 ZigBee 模块都可以互相通信。ZigBee 采用了碰撞避免措施，提高了技术的可靠性。发送方发出数据后，需要等待接收方消息收到的确认回复，如果没有收到回复消息，意味着消息在传递过程中发生冲突，传递失败，会再重新传一次。并且 ZigBee 系统的安全级别有三级，不同的应用有不同的安全级别，非常灵活。在第三安全级别中，采用了高级加密标准，可以有效保护用户数据安全[29]。

在 ZigBee 网络中，主要定义了三种类型的网络节点。第一种是协调器，第二种是路由器，第三种是终端设备。这三种类型的网络节点在 ZigBee 网络中各司其职，发挥着巨大的作用。这三种类型的节点特性如下所述。

（1）协调器。协调器在整个网络中处于核心地位，负责整个网络的选频。在完成网络初始化后，可以开启睡眠模式，此时网络依然正常运行。ZigBee 有三种网络拓扑，在任何拓扑结构下都只能有且只有一个协调器节点。

（2）路由器。路由器的主要作用是转发节点之间的信息，从而实现网络节点的增加。路由器对于整个网络的拓展具有重要的作用。在 ZigBee 网络当中可以有多个路由器。

（3）终端设备。终端设备是指众多的 ZigBee 子节点。终端设备的主要作用是完成信息的收发。终端设备的特性是在暂停收发数据后，可以开启睡眠模式，从而延长电量的使用周期。

4.5.3 Wi-Fi 技术

WLAN（wireless LAN，无线局域网）是一种利用无线技术进行数据传输的系统，该技术的出现能够弥补有线局域网络的不足，以达到网络延伸的目的。Wi-Fi 是 WLAN 的一个标准，主要采用 802.11b 协议。

Wi-Fi 技术通常使用的频率有两种：2.4 GHz 或 5 GHz。2.4 GHz 频段的穿墙能力比较好，即抗衰减能力强，特别适合室内使用，但是有很多其他无线通信技术也共用这个频段，造成频段拥堵，易受到干扰。5 GHz 频段不易受到干扰，但是穿墙能力差许多。Wi-Fi 协议体系遵循 OSI 参考模型[30]。

4.5.4 LoRa 技术

LoRa 是由 Semtech 公布的一种扩频调制技术，工作在非授权频段，适用于远距离、低功耗、大连接的通信场景。LoRaWAN 是由 LoRa 联盟发布的一种 MAC 层协议，其物理层使用 LoRa 技术[31]。

LoRa 适用于有能力自主建立网络的用户，长期使用成本更低，具有低功耗、长距离传输的优势。该技术是由位于美国的 Semtech 公司发布的一种基于 Chirp 扩频技术发展而来的扩频调制技术，工作在 1 GHz 以下的 ISM 频段。在欧洲主要为 863～870 MHz，在中国则可使用 470～510 MHz、779～787 MHz 等多个频段[32]。

LoRaWAN 是由 LoRa 联盟推出的一种基于 LoRa 技术的低功耗广域网规范。在该规范中规定，网络采用星形的拓扑结构，网关充当中继角色，传递终端设备和网络服务器之间的信息。终端设备和网关之间采用 LoRa 技术无线连接。在 LoRaWAN 中，终端设备能够选择在三种工作模式下工作，以满足不同应用场景中的通信需求。

1）Class A（双向终端）

任何 LoRaWAN 终端设备均必须符合该要求。A 类终端提供双向通信功能，但不能自发地接收下行数据。终端的上行链路传输可以在任何时刻进行，而后会打开两个下行链路接收窗口。这是一种 ALOHA 类型的协议。只要没有定期唤醒的需求，终端就可以进入低功耗睡眠模式，这使得 A 类是功耗最低的工作模式。缺点是必须等待终端进行一次上行传输，才能实现下行传输。

2）Class B（确定下行链路延迟的双向终端）

B 类终端接收周期性信标与网络同步，这样才能在确定的时刻打开若干个接收窗口。两个信标之间的时间是固定的，被称作一个 BCN 周期，一个周期内接收窗口的数量也是固定的。这使得网络能够以确定的时延发送下行数据，但是显然会增加终端的功耗，但是额外的功耗仍然很低，仍然适用于电池供电的终端。

3）Class C（延迟最低的双向终端）

除了紧跟上行链路的两个下行链路窗口之外，C 类终端始终打开接收窗口，以进一步降低下行链路的延迟。然而这会导致终端的功率高达 50 MW，因此 C 类终端适用于能够获得持续供电的场景。

随着物联网的快速发展，物联网设备的数量迅猛增加。在应对大量终端接入时，LoRaWAN 网络的吞吐性能难以满足需要。在 LoRaWAN 中，终端使用 ALOHA 机制接入信道，可以随时发送上行数据。当网络中存在大量终端同时发送上行数据时，数据之间的碰撞将变得非常严重，导致信道利用率较低，最高为 18.6%。

参 考 文 献

[1]　曹根宝. 局部网络——第二讲 开放系统互连参考模型及局部网的有关标准[J]. 测控技术，1989（4）：51-54.

[2]　陈昱琦. 网络安全之 TCP/IP 协议[J].科技风，2021（16）：77-78.

[3]　狄博. TCP/IP 协议分析及通信应用编程[J]. 计算机与现代化，2006（3）：37-39.

[4]　吴瑞金，齐然，刘海伟. 现场总线的现状及发展[J]. 通用机械，2005（2）：5.

[5]　王征. 现场总线通信技术的研究与实现[D]. 大庆：大庆石油学院，2004.

[6]　包建东，朱建晓. 虚拟仪器及工程应用[M]. 北京：北京理工大学出版社，2016.

[7]　李永忠. 现代微机原理与接口技术[M]. 西安：西安电子科技大学出版社，2013.

[8]　钟小敏，王小峰. I^{2}C 总线接口协议设计与 FPGA 实现[J]. 现代导航，2016，7（4）：291-294.

[9]　左令. 基于 FPGA 的通用 PXI 高速仪器总线控制器及应用研究[D]. 哈尔滨：哈尔滨工业大学，2022.

[10]　李海南. 基于 PXIe 总线的高速串行背板设计[D]. 成都：电子科技大学，2013.

[11]　张勇，毛凯，杨光，等. VXI 总线及其接口技术[J]. 计算机测量与控制，2006（8）：1072-1074.

[12]　樊江锋，陈帅，叶波，等. PCI 总线技术的发展[J]. 电子测试，2017（11）：88-89，71.

[13]　张磊. 基于 PCI 总线的 FPGA 硬件资源虚拟化研究[D]. 保定：河北大学，2018.

[14]　张小琴，林建辉. LabVIEW 环境下的 GPIB 总线虚拟仪器开发[J]. 中国测试技术，2004（1）：53-55.

[15]　柴磊. 基于 PCIe 总线的高速数据传输技术研究[D]. 西安：西安电子科技大学，2018.

[16]　李春沅. GPIB 及其应用[J]. 仪器技术，2001（4）：3.

[17]　王学伟，张未未. USB-GPIB 控制器 VISA 函数库的开发及在 Visual C++中的应用[J]. 电测与仪表，2006，43（11）：5.

[18]　张金，王伯雄，张力新. 基于 LabVIEW 的 GPIB 总线独立仪器集成测试平台[J]. 仪表技术与传感器，2010（9）：13-15.

[19]　于海生. CAN 总线工业测控网络系统的设计与实现[J]. 仪器仪表学报，2001，22（1）：5.

[20]　岳鹏，余芳. CAN 总线位定时参数的确定[J]. 电脑知识与技术，2009，5（2）：482-483，492.

[21]　王明帅，刘岩，程鹰，等. LXI 总线概述及其相关技术研究[J]. 自动化与仪器仪表，2016（1）：75-77.

[22] 胡龙飙，尹洪涛，付平. LXI 数字多用表设计[J]. 电子测量技术，2014，37（8）：46-50.

[23] 程进军，肖明清. 基于 LXI 的多总线融合的自动测试系统[J]. 微计算机信息，2008（1）：130-132.

[24] 刘浩，于劲松，周振彪，等. LXI 仪器的通用平台研究[J]. 电子测量与仪器学报，2012，26（2）：95-100.

[25] 王宝珠，杨永，林永峰，等. 基于 USB 接口的数据采集系统设计[J]. 电子技术应用，2010（1）：67-70.

[26] 殷海成，陈凤霞，秦宝祥，等. 单对以太网技术发展及其布线标准综述[J]. 光纤与电缆及其应用技术，2021（2）：19-21，29.

[27] 周进波，张磊，张敏，等. 基于 Android 系统蓝牙开发的研究与实现[J]. 光学仪器，2013，35（1）：34-36.

[28] 吕宏，黄钉劲. 基于 ZigBee 技术低功耗无线温度数据采集及传输[J]. 国外电子测量技术，2012，31（2）：58-60.

[29] 赵景宏，李英凡，许纯信. ZigBee 技术简介[J]. 电力系统通信，2006，27（7）：54-56.

[30] 张天保. WIFI 技术的应用与展望[J]. 产业与科技论坛，2014，13（3）：98-99.

[31] 赵静，苏光添. LoRa 无线网络技术分析[J]. 移动通信，2016，40（21）：50-57.

[32] 叶方跃，郑伟南. 基于 LORA 无线通信的数字开关量数据传输[J]. 工业仪表与自动化装置，2020（1）：102-105.

5.1 探 针

随着半导体集成电路日益广泛应用，对其质量的要求也相应提高。与此同时，作为集成电路测试器中的关键部件，测试探针在其结构设计、材料组成、生产制造的方方面面都有大量研究。研究的共同目标是逐步提高测试探针的测试精度，为半导体行业的发展提供助力。测试探针是用于测试线路板的一种常见的探针，表面镀金，内部有平均寿命 3 万～10 万次的琴钢线制作成的高性能弹簧探针，其实是一种高端精密型电子元件。测试探针相当于一个媒介，测试时可用探针的头部接触待测物，另一端则用来传导信号，进行电流的传输。探针有多种不同的头型，可以用来应对不同的测试点，例如尖头型、锯齿型、平头型等。测试探针的结构设计影响着探针的稳定性、细微化、信号传导的精确度等方面，值得更深入地研究。

5.1.1 测试探针结构

探针根据不同的应用分为多种类型，最常用的探针类型包括弹性探针、悬臂式探针和垂直式探针，以下对有代表性的探针结构进行详细分析[1-3]。

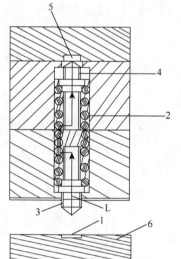

图 5.1 基本型弹性探针

1. 导体；2. 螺旋弹簧；3. 柱塞；4. 柱塞；
5. 导体；6. 待测物；L. 导电路径

1. 基本型弹性探针

如图 5.1 所示为基本型弹性探针，螺旋弹簧 2 的两端分别套接在柱塞 3 和 4 上，螺旋弹簧 2 的中间部分紧密缠绕，两端部分稀疏缠绕。检测集成电路时，信号依次沿着导体 1、柱塞 3、螺旋弹簧中间的紧密缠绕部分、柱塞 4、导体 5 传输形成导电路径 L，从而完成对待测物 6 的检测。该探针结构使得信号仅仅沿螺旋弹簧 2 的紧密缠绕部分传输，防止了高频信号进入具有附加电感和附加电阻的螺旋弹簧 2 的稀疏缠绕部分。

2. 基本型悬臂探针

如图 5.2 所示，基本型悬臂探针由基板 1 及其支撑的电连接器 4 组成。电连接器 4 包括电连接至基板 1 上导电区域 2 的柱 3，以及电连接至柱 3 的梁元件 5、针尖结构 7。层叠 8 中的凸起都可由相同或不同的导电材料形成。顶部凸起 6 由具有足够硬度的材料制成，可破坏待测试器件典型接触焊盘上的氧化层。该探针的针尖结构容易制造且成本低。

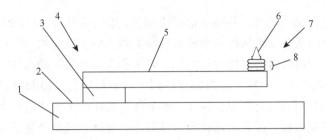

图 5.2 基本型悬臂探针

1. 基板；2. 导电区域；3. 柱；4. 电连接器；5. 梁元件；6. 顶部凸起；7. 针尖结构；8. 层叠

3. 基本型垂直探针

基本型垂直探针（图 5.3）中的测试连接器 1 包括上平行保持板 2 和下平行保持板 3，上平行保持板 2 和下平行保持板 3 之间以空气间隔 9 分开，探针 6 保持在上平行保持板 2 的通孔 4 和下平行保持板 3 的通孔 5 中。空气间隔 9 允许探针 6 的针尖 7 与待测试对象的接触焊盘接触时探针 6 发生变形或倾斜。

5.1.2 探针台结构

探针台（图 5.4）可以将电探针、光学探针或射频探针放置在硅晶片上，从而可以与测试仪器/半导体测试系统配合来测试芯片/半导体器件。这些测试可以很简单，例如连续性或隔离检查；也可以很复杂，包括微电路的完整功能测试。可以在将晶圆锯成单个管芯之前或之后进行测试。晶圆级别的测试中，允许制造商在生产过程中多次测试芯片器件，由此获知是哪些工艺步骤将缺陷引入最终产品。制造商还可以在封装之前测试管芯。探针台还可以用于研发、产品开发和故障分析等。

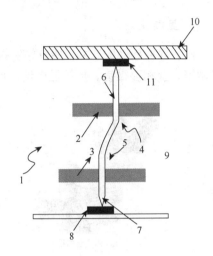

图 5.3 基本型垂直探针

1. 测试连接器；2. 上平行保持板；3. 下平行保持板；
4. 通孔；5. 通孔；6. 探针；7. 针尖；8. 接触焊盘；
9. 空气间隔；10. 电路板；11. 接触焊盘

图 5.4 探针台

探针台可以固定晶圆或芯片，并精确定位待测物。手动探针台的使用者将探针臂和探针安装到操纵器中，并使用显微镜将探针尖端放置到待测物上的正确位置。一旦所有探针尖端都被设置在正确的位置，就可以对待测物进行测试。对于带有多个芯片的晶圆，使用者可以抬起压盘，压盘将探针头与芯片分开，然后将工作台移到下一个芯片上，使用显微镜找到精确的位置，降低压板后下一个芯片可以进行测试。半自动和全自动探针台系统使用机械化工作台和机器视觉来自动完成这个移动过程，提高了探针台测试效率。探针台是整个测试系统的基础，没有探针台，就相当于医生没有手术台，在普通的病床上给病人做手术，将极大地增加手术风险。探针台可按实现目标功能的不同划分成三部分：显微镜、承载平台和精密移动组件。

1. 显微镜

没有显微镜（图5.5），所有精密操作将无从谈起。目前行业内最常见的配置有三种：体视显微镜、金相显微镜、单筒显微镜。前两种用得最多。

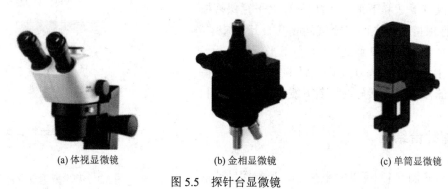

(a) 体视显微镜　　　　　　(b) 金相显微镜　　　　　　(c) 单筒显微镜

图5.5　探针台显微镜

2. 承载平台

承载平台构成了探针台骨架，可分为显微镜支架、定位器平台和样品台。不同的显微镜，其支架会有所不同，通常有立柱安装和龙门安装两种配置。定位器平台用于放置定位器（探针座），形状和尺寸根据测试应用不同会有不同的设计形式。样品台（图5.6）用于承载待测样品，通常根据晶圆尺寸设计，常用的尺寸为2～12 in（1 in = 2.54 cm）。除了承载样品的功能外，样品台还可根据测量需求，设计为带测量通路和带精密控温的形式。

(a) 样品台实例1　　　　　　　　　　　(b) 样品台实例2

图5.6　样品台

3. 精密移动组件

以上承载平台都配套了相应的精密移动组件，具有移动定位功能，可方便用户对显微镜、待测样品及定位器进行精密地移动。通常有 X、Y、Z、R、T 这些方向的移动功能。

5.2 连接器接口

连接器泛指各种电子组件间的连接单元。虽然根据连接器的定义无法明确其涵盖的范围，但通常不包括高电压、大电流的电器或电气连接器，电开关也不包括在内。在日本，大部分业界人士都直接用 Connector 的音译，有时也称为连续件。就应用而言，大部分电子连接器都用于计算机、电信、航空、汽车及各种仪表仪器等领域。

连接器主要用于电气、电子产品中，起到电子或组件之间的连接作用，是一种多元组合或组装的产品，涵盖金属材料、表面处理、精密加工与塑料成形等关键技术。作为电气、电子信号的传输与连接部件，连接器若发生故障，将会导致电气、电子组件甚至整个设备失效。影响连接器品质的主要因素有材料的选用、电镀与冲模的良好与否等。

连接器是电路线束的中继站，应具有安装方便、接线准确等特点。在使用连接器时，最为常见的故障是接触不良，这将导致网络信号传输中断，从而直接影响整个系统或设备的正常运行。连接器的形式和结构是千变万化的，随着应用对象、频率、功率、应用环境等因素的变化，应选用不同形式的连接器。无论如何，连接器都应保证信号顺畅、连续且可靠地传输。

广义上讲，连接器所接通的不局限于电流。在光电子技术迅猛发展的今天，光纤系统中传递信号的载体是光，玻璃和塑料替代了普通电路中的导线，但光信号通路中也需要使用连接器，其作用与电路的连接器是基本相同的。

5.2.1 连接器的选用

连接器是连接电气线路的基础元件，所以连接器自身的电气参数是选择连接器时首先要考虑的问题。正确选择和使用连接器是保证电路可靠性的一个重要方面[4]。

连接器广泛应用于各种电气线路中，起着连接或断开电路的作用。由于连接器的种类繁多，应用范围广泛，所以正确选择连接器也是提高其可靠性的一个重要方面。只有制造者和使用者双方共同努力，才能最大限度地发挥连接器应有的功能。

下面主要讨论低频连接器（频率为 3 MHz 以下）的选择方法。连接器的选用要考虑环境因素，以及额定电压、额定电流、接触电阻、屏蔽性等因素。

1. 额定电压

额定电压主要取决于连接器所使用的绝缘材料、触点之间的间距大小。事实上，连接器的额定电压应理解为生产厂商推荐的最高工作电压。原则上说，连接器在低于额定电压下都能正常工作。应根据连接器的耐压（抗电强度）指标，按照使用环境、安全等级要求来合理选择额定电压。换句话说，根据不同的使用环境和安全要求，相同耐压指标的连接器可使用到不同的工作电压。

2. 额定电流

同额定电压一样，通常在低于额定电流情况下，连接器都能正常工作。连接器在设计过程中，是通过对连接器的热设计来满足额定电流要求的。当触点有电流流过时，由于存在导体电阻和接触电阻，触点将会发热。当其发热超过规定极限时，将破坏连接器的绝缘，造成触点对表面镀层的软化，从而导致故障出现。所以，要限制额定电流，事实上是限制连接器内部的温升不超过设计的规定值。

3. 接触电阻

在选用接触电阻时要注意两个问题。首先，连接器的接触电阻指标指的是触点电阻，它包括接触电阻和触点导体电阻。通常，触点导体电阻较小，因此触点电阻在很多技术规范中被称为接触电阻。其次，在连接小信号的电路中，要注意接触电阻指标的测试条件。由于接触表面会附着氧化层、油污或其他污染物，所以两个接触件表面会产生膜层电阻。当膜层厚度增加时，电阻迅速增大，使膜层成为不良导体。但膜层在高接触压力下会发生机械击穿，或在高电压、大电流下发生电击穿。

4. 屏蔽性

在现代电气电子设备中，由于元器件的密度及它们之间相关功能的日益增加，对电磁干扰的防护也提出了严格的要求。因此，连接器往往用金属壳体封闭起来，以阻止内部电磁能辐射或受到外界电磁场的干扰。在低频时，只有磁性材料才能对磁场起明显屏蔽作用，此时，对金属外壳的电连续性，也就是外壳接触电阻，有一定的规定。

5. 安全参数

（1）绝缘电阻主要受绝缘材料、温度、湿度、污损等因素的影响。连接器样本上提供的绝缘电阻值一般都是在标准环境下的标称值。在某些环境条件下，绝缘电阻值会有不同程度的下降。另外要注意绝缘电阻的试验电压值，在连接器的试验中，施加的电压一般有 10 V、100 V、500 V 三挡。

（2）耐压主要受触点间距、爬电距离、几何形状、绝缘体材料，以及环境温度、湿度和大气压力的影响。

（3）燃烧性。任何连接器在工作时都离不开电流，这就存在发生火灾的危险性。因此，不仅要求连接器能防止引燃，还应根据使用情况选用阻燃型或采用自熄性绝缘材料的连接器。

6. 机械参数

连接器中接触压力是一个重要指标，它直接影响接触电阻的大小和接触对的磨损量。在大多数结构中,直接测量接触压力是相当困难的,因此往往通过单脚分离力来间接测算接触压力。对于圆形针孔接触对,通常是用有规定砝码重量的标准插针来检验阴接触件夹持砝码的能力,通常标准插针的直径是阳接触件直径的下限减 5 μm,总分离力通常是单脚分离力上限之和的 2 倍。总分离力超过 50 N 时,人工插拔已经相当困难了。对一些测试设备或某些特殊要求的场合,可选用零插拔力连接器、自动脱落连接器等。

7. 机械寿命

通常规定连接器的机械寿命为 500～1000 次。当达到规定的机械寿命时,连接器的接触电阻、绝缘电阻和耐压等指标不应超过规定值。严格地说,所谓的机械寿命是一种模糊的概念。机械寿命应该与时间存在一定的关系,显然 10 年用完 500 次与 1 年用完 500 次的情况是不一样的,但目前尚无一种更经济、更科学的方法来衡量。

8. 触点数目和针孔性

可根据电路的需要来选择触点的数目,同时要考虑连接器的体积和总分离力的大小。通常,触点数目越多,连接器的体积越大,总分离力相对也越大。在空间足够的情况下,可采用两对触点并联的方法来提高连接的可靠性。在连接器的插头、插座中,插针(阳接触件)和插孔(阴接触件)一般都能互换装配。在实际使用时,可根据插头和插座两端的带电情况来选择。常带电的可选择带插孔的插座,因为带插孔的插座,其带电接触件“埋”在绝缘体中,人体不易触摸到带电接触件,相对来说比较安全。

9. 振动、冲击、碰撞

要考虑连接器在规定频率和加速度条件下振动、冲击、碰撞时触点的电连续性,触点在此动态应力下会发生瞬时断路的现象。规定的瞬断时间一般有 1 μs、10 μs、100 μs、1 ms 和 10 ms。要注意的是,判断触点发生瞬断故障的方法,通常认为,当闭合触点两端电压降超过电源电动势的 50% 时,可判定闭合触点发生故障。也就是说,判断是否发生瞬断有两个条件,即持续时间和电压降,二者缺一不可。

10. 连接方式

连接器一般由插头和插座组成,其中插头又称为自由端连接器,插座也称为固定连接器。通过插头、插座的插合和分离来实现电路的连接和断开,因此就产生了插头和插座的各种连接方式。对圆形连接器来说,主要有螺纹式连接、卡口式连接和弹子式连接三种方式。其中螺纹式连接最常见,它具有加工工艺简单、制造成本低廉、适用范围广泛等优点,但连接速度较慢,不适用于需频繁插拔和快速接连的场合。卡口式连接由于其三条卡口槽的导程较长,因此连接的速度较快,但其制造较复杂,成本较高。弹子式连接是三种连接方式中连接速度最快的一种,它不需旋转运动,只需直线运动就能实现连接、分离和锁紧的功能,但由于它属于直推拉式连接方式,所以仅适用于总分离力不大的连接器,通常用于小型连接器。

11. 安装方式和外形

连接器的安装有前安装和后安装两种方式,安装固定方式有铆钉、螺钉、卡圈或连接器本身卡销快速锁定等。还有一种插头和插座均是自由端连接器，即所谓的中继连接器。

连接器的外形多种多样，通常是从直形、弯形、电线或电缆的外径，以及外壳的固定要求、体积、质量、是否需连接金属软管等方面加以考虑，对在面板上使用的连接器还要从美观、造型、颜色等方面加以考虑。

端接方式是指连接器的触点与电线或电缆的连接方式。合理选择端接方式和正确使用端接技术是使用和选择连接器的一个重要方面。

（1）焊接。焊接方式中最常见的是锡焊连接。锡焊连接方式中最重要的是要保证焊锡料与被焊接表面之间形成金属的连续性。因此，对连接器来说重要的是可焊性。最常见的连接器焊接端镀层是锡合金、银或金，簧片式触点焊接端常见的是焊片式、冲眼焊片式和缺口焊片式，而针孔式触点焊接端常见的是钻孔圆弧缺口式。

（2）压接。压接是为使金属在规定的限度内压缩或位移，从而将导线连接到触点上的一种技术。好的压接连接能产生金属互熔流动，使导线和触点材料对称变形。这种连接类似于冷焊连接，能得到较好的机械强度和电连续性，可以承受较恶劣的环境条件。目前普遍认为采用正确的压接连接比锡焊连接要好，特别是在大电流场合必须使用压接方式。压接时必须采用专用压接钳或自动/半自动压接机。应根据导线截面正确选用触点的导线剪。注意，压接连接是永久性连接，无法完美断开再次连接。

（3）绕接。绕接是将导线直接缠绕在带棱角的触点绕接柱上。绕接时，导线应在张力受控的情况下进行缠绕，然后压入并固定在触点绕接柱的棱角处，以形成气密性接触。绕接的工具包括绕枪和固定式绕接机。

（4）刺破连接。刺破连接又称为绝缘位移连接，是美国在 20 世纪 60 年代发明的一种新颖端接技术，具有可靠性高、成本低、使用方便等特点，目前已广泛应用于各种 PCB 连接器中。它适用于带状电缆的连接，仅需简单的工具即可，但必须选用规定线规的电缆。连接时不需要剥去电缆的绝缘层，借助连接器的"U"形接触簧片的尖端刺入绝缘层中，使电缆的导体滑入接触簧片的槽中并被夹持住，从而使电缆导体和连接器簧片之间形成紧密的电气连接。

（5）螺钉连接。螺钉连接是采用螺钉式接线端子的连接方式，选用时要注意允许的连接导线的最大/最小截面面积，以及不同规格螺钉允许的最大锁紧力矩。

5.2.2 普通单双排插针

普通单双排插针描述如下：

双排单塑插针 2.54 mm，2×14P，隔两排抽两排，针长 16.5 mm
①名称　　②脚间距　③引脚数　　④类型　　　⑤针长

①名称为单排单塑插针、双排单塑插针、双排双塑插针。

②脚间距一般为 2.54 mm 或 2 mm。

③引脚数＝排数×单排引脚数。

④类型指如抽针、个别针加长等情况的说明，无特殊情况的可不写。

⑤针长。针长表示针两头之间的长度。若 PC = 3 mm，默认不写，此时，对单塑插针，只需要写出针长；对双塑插针，则需要写明针长和 PA 面长度。

几种代表性的普通单双排插针如图 5.7 所示。

(a) 单排单塑插针2.54 mm，1×17P，PC = 5 mm；针长11.5 mm

(b) 双排单塑插针2.54 mm，2×16P，针长18 mm

(c) 双排双塑插针2.54 mm，2×15P，针长27 mm，PA = 9 mm

图 5.7　普通单双排插针

5.2.3　普通单双排插座

普通单双排插座描述如下：

<u>双排插座</u>　<u>2.54 mm</u>，<u>2×14P</u>，<u>隔两排抽两排</u>，<u>塑高 8.5 mm</u>
　①名称　　②脚间距　③引脚数　　　④类型　　　　⑤塑高

①名称为双排插座、单排插座。
②脚间距一般为 2.54 mm 或 2 mm。
③引脚数 = 排数×单排引脚数。
④类型指如抽针等情况需说明，无特殊情况的可不写。
⑤塑高表示焊接后的插座高度，也就是塑壳高度。通常间距为 2.54 mm 的，塑高为 8.5 mm；间距为 2 mm 的，塑高为 4.3 mm。默认 PC = 3 mm，不写。

几种代表性的普通单双排插座如图 5.8 所示。

(a) 单排插座2.54 mm，1×40P，塑高8.5 mm

(b) 双排插座2.54 mm，2×10P，塑高8.5 mm

(c) 双排插座2.54 mm，2×14P，隔两排抽两排，塑高8.5 mm

图 5.8　普通单双排插座

5.2.4　其他插针插座

1. 蜈蚣插座

蜈蚣插座描述如下：

<u>双排蜈蚣插座</u>　<u>2.54 mm</u>，<u>2×5P</u>，<u>塑高 5 mm</u>
　　　①名称　　　②脚间距　③引脚数　④塑高

①名称为双排蜈蚣插座。

②脚间距一般为 2.54 mm。

③引脚数 = 排数×单排引脚数。

④塑高一般为 5 mm。

一种代表性的蜈蚣插座如图 5.9 所示。

图 5.9　蜈蚣插座（双排蜈蚣插座 2.54 mm，2×10P，塑高 5 mm）

2. 圆孔插座

圆孔插座描述如下：

<u>单排圆孔插座</u>　<u>2.54 mm</u>，<u>1×40P</u>，<u>总高 7.43 mm</u>
　　①名称　　　②脚间距　③引脚数　　④总高

①名称为单排圆孔插座、双排圆孔插座。
②脚间距一般为 2.54 mm。
③引脚数＝排数×单排引脚数（单排圆孔插座可整形成其他小于本身芯数的插座）。
④总高是包括针在内的高度，目前用到的有 13.3 mm 和 7.43 mm。
一种代表性的圆孔插座如图 5.10 所示。

图 5.10　圆孔插座（单排圆孔插座 2.54 mm，1×22P，总高 13.3 mm）

3. 双列直插芯片插座

双列直插芯片插座描述如下：

<u>双列直插芯片插座</u>　<u>2.54 mm</u>，<u>14P</u>
　　①名称　　　②脚间距　③引脚数

①名称为双列直插芯片插座。
②脚间距一般为 2.54 mm。
③引脚数指总芯数（双列直插芯片插座不写排数，默认双排）。
一种代表性的双列直插芯片插座如图 5.11 所示。

图 5.11　双列直插芯片插座（双列直插芯片插座 2.54 mm，8P，深圳联颖）

4. 弯针

弯针描述如下：

单排单塑弯针 2.54 mm，1×3P，PA = 6 mm，中空 1 针，参见 CZ12
　①名称　　②脚间距　③引脚数　④针尺寸　　⑤类型　　⑥图样编码

①名称为单排单塑弯针。

②脚间距一般为 2.54 mm 或 2 mm。

③引脚数 = 排数×单排引脚数（单排弯针可整形成其他小于本身芯数的弯针）。

④针尺寸指针 PC、PA 面长度，PC = 3 mm 的默认不写。

⑤类型指如抽针、个别针加长等情况的说明，无特殊情况的可不写。

⑥图样编码是指弯针入库时，均需要带图样，按入库先后次序依次编码。

一种代表性的弯针如图 5.12 所示。

图 5.12　弯针（单排单塑弯针 2.54 mm，1×12P）

5.2.5　线对板连接器

1. 单排针座连接器

单排针座连接器描述如下：

单排针座 2.54 mm，XHC3-6AW
　①名称　②脚间距　　③型号

①名称为单排针座。

②脚间距一般为 2.54 mm 或 2 mm。

③型号由连接器类型和引脚类型组成。连接器类型包括 XHC3、PH、CH、5264 等，引脚类型包括芯数（如此例中"6A"表示六芯）和针形状（"W"表示 90°弯座，不写表示直座）。

几种代表性的单排针座连接器如图 5.13 所示。

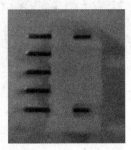

(a) 单排针座2.54 mm，5264-2A

(b) 单排针座2.54 mm，XHC3-5A

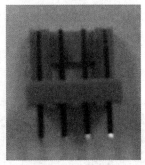

(c) 单排针座2.54 mm，CH-4A

图 5.13 单排针座连接器

2. 简牛针座

简牛针座描述如下：

<u>双排简牛针座</u> <u>2.54 mm</u>，<u>2×8P</u>，<u>针长 11.6 mm</u>
　　①名称　　②脚间距 ③引脚数　　④针长

①名称为双排简牛针座。

②脚间距一般为 2.54 mm。

③引脚数 = 排数×单排引脚数。

④针长表示针两头之间的长度。

一种代表性的简牛针座如图 5.14 所示。

图 5.14　简牛针座（双排简牛针座 2.54 mm，2×5P，针长 11.6 mm）

3. 牛角针座

牛角针座描述如下：

牛角针座　2.54 mm，2×13P，针长 16 mm
①名称　　②脚间距　③引脚数　　④针长

①名称为牛角针座。

②脚间距一般为 2.54 mm。

③引脚数＝排数×单排引脚数。

④针长表示针两头之间的长度。

一种代表性的牛角针座如图 5.15 所示。

图 5.15　牛角针座（牛角针座 2.54 mm，2×13P，针长 16 mm）

5.2.6　USB 接口

USB 接口描述如下：

USB 接口　A 型母口，　6 脚，　立式，　L＝15
①名称　　②接口类型　③引脚数④安装方式⑤附件参数

①名称为 USB 接口、Mini-USB 接口。

②接口类型主要包括 A 型母口、B 型母口、A 型公口、B 型公口。

③引脚数指总引脚数。

④安装方式有卧式、立式、贴片卧式、贴片立式等。

⑤附件参数如高度等信息，描述不清的可带图样入库，此处写明图样编号。

几种代表性的 USB 接口如图 5.16 所示。

(a) USB接口A型母口，6脚，立式

(b) USB接口A型母口，6脚，卧式

(c) USB接口B型母口，6脚，卧式

(d) Mini-USB接口母口，7脚，立式，深圳联颖

图 5.16　USB 接口

5.2.7 其他类型连接器

1. 柔性印制电路板连接器

利用柔性印制电路板（flexible printed circuit，FPC）及与之相配的 FPC 连接器，可减少空间，减轻重量，降低装配成本。代表性的 FPC 连接器如图 5.17 所示。

图 5.17　FPC 连接器（贴片 FPC 连接器 0.5 mm，40P，上接）

2. 凤凰端子

代表性的凤凰端子如图 5.18 所示。

图 5.18　凤凰端子（凤凰端子 5.08 mm，两芯，PCB 接线座，螺钉连接）

3. PS2 插座

代表性的 PS2 插座如图 5.19 所示。

图 5.19　PS2 插座（PS2 插座 6P 母座）

4. DF12 系列连接器

代表性的 DF12 系列连接器如图 5.20 所示。

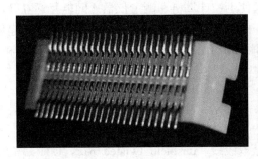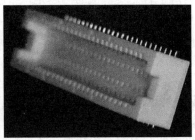

图 5.20 DF12 系列连接器（连接器 DF12(3.0)-50DP-0.5 V）

5. RJ45 模块化插孔

代表性的 RJ45 模块化插孔如图 5.21 所示。

图 5.21 RJ45 模块化插孔（RJ45 模块化插孔 8P8C，无灯，无屏蔽，直角，灰色）

6. IC 卡座

代表性的 IC 卡座如图 5.22 所示。

图 5.22 IC 卡座（IC 卡座 ZX-F11（常开，导线长度 80 mm））

5.3 通 信 线 缆

工业测量中首先要解决的问题是，如何使主控计算机和测量仪器之间能互通互联，以保证各种测试指令和测量结果准确无误地传递。此时就由标准接口总线来承担信息的传递任务，而这些总线的通信介质就是通信线缆。工业测量中常用的通信线缆包括双绞线、同轴线和光纤等。本节主要介绍这些通信线缆的分类和特点。

5.3.1 双绞线的分类及特点

计算机局域网中的双绞线可分为非屏蔽双绞线（unshield twisted pair，UTP）和屏蔽双绞线（shield twisted pair，STP）两大类：STP 外面由一层金属材料包裹，以减小辐射，防止信息被窃听，同时具有较高的数据传输速率，但价格较高，安装也比较复杂；UTP 无金属屏蔽材料，只有一层绝缘胶皮包裹，价格相对便宜，组网灵活。除某些特殊场合（例如受电磁辐射严重、对传输质量要求较高等）在布线中使用 STP 外，通常情况下都采用 UTP。现在使用的 UTP 可分为三类、四类、五类和超五类四种。其中，三类 UTP 适应以太网（10 Mb/s）对传输介质的要求，是早期网络中重要的传输介质；四类 UTP 因标准的推出比三类 UTP 晚，而传输性能与三类 UTP 相比并没有提高多少，所以一般较少使用；五类 UTP 因价廉质优而快速成为以太网（100 Mb/s）的首选介质；超五类 UTP 主要用于千兆位以太网（1000 Mb/s）[5]。

双绞线常见的有一类线、二类线、三类线、四类线、五类线、超五类线，以及最新的六类线，前者线径细而后者线径粗。

（1）一类线。一类线主要用于语音传输（一类标准主要用于 20 世纪 80 年代初之前的电话线缆），不同于数据传输。

（2）二类线。二类线的传输频率为 1 MHz，用于语音传输和最高传输速率为 4 Mb/s 的数据传输，常见于使用 4 Mb/s 规范令牌传递协议的旧的令牌网。

（3）三类线。三类线指目前在 ANSI 和 EIA/TIA568 标准中指定的电缆，该电缆的传输频率为 16 MHz，用于语音传输及最高传输速率为 10 Mb/s 的数据传输，主要用于 10BASE-T。

（4）四类线。四类线电缆的传输频率为 20 MHz，用于语音传输和最高传输速率为 16 Mb/s 的数据传输，主要用于基于令牌的局域网和 10BASE-T/100BASE-T。

（5）五类线。五类线电缆增加了绕线密度，外套一种高质量的绝缘材料，传输频率为 100 MHz，用于语音传输和最高传输速率为 10 Mb/s 的数据传输，主要用于 100BASE-T 和 10BASE-T 网络。这是最常用的以太网电缆。

（6）超五类线。超五类线衰减小，串扰少，并且具有更高的衰减串话比（attenuation-tocrosstalk ratio，ACR）和信噪比（signal-to-noise ratio，SNR）、更小的时延误差，性能得到很大提高。

（7）六类线。六类线电缆的传输频率为 1～250 MHz，六类布线系统在 200 MHz 时综合衰减串话比应该有较大的余量，它提供两倍于超五类的带宽。六类布线的传输性能远远高于超五类标准，最适用于传输速率高于 1 Gb/s 的应用。六类线与超五类线的一个重要的不同点在于：改善了串扰以及回波损耗方面的性能，对于新一代全双工的高速网络应用而言，优良的回波损耗性能是极重要的。六类标准中取消了基本链路模型，布线标准采用星形的拓扑结构，要求的布线距离为：永久链路的长度不能超过 90 m，信道长度不能超过 100 m。

5.3.2 同轴线的分类及特点

自从美国贝尔实验室 1929 年发明同轴电缆以来，已经过了数十年的历史。在这期间，同轴线通过了多次改进。第一代电缆采用实心材料作为填充介质，由于它对高频衰减大，通常用于传输视频信号。后来人们把聚乙烯采用化学方法发泡作为填充介质，其发泡度可达 30%，高频传输特性有所提高，称之为第二代电缆。20 世纪 80 年代，第三代纵孔藕芯电缆出现，它的高频衰减达到目前新型电缆的水平。但化学发泡电缆和纵孔藕芯电缆的防潮特性都不好。20 世纪 90 年代初，市场上推出了竹节电缆和物理发泡电缆，称之为第四代电缆。竹节电缆虽然能防潮，且高频损耗低，但介质具有不均匀性，在高频有反射点，后来渐渐退出应用。物理发泡电缆的发泡度可达 80%，介质的主要成分是氮气，气泡之间是相互隔离的。所以，它具有防潮和低损耗的特点，是目前综合特性最好的同轴电缆[6-7]。

同轴电缆的结构和场分布如图 5.23 所示，在中心内导体外包围一定厚度的绝缘介质，在介质外是管状外导体，外导体表面再用绝缘塑料保护。它是一种非对称传输线，电流的去向和回向导体轴是相互重合的。在信号通过电缆时，所建立的电磁场是封闭的，在导体的横切面周围没有电磁场。因此，内部信号对外界基本没有影响。电缆内部电场建立在中心导体和外导体之间，方向呈放射状。而磁场则是以中心导体为圆心，呈多个同心圆。这些场的方向和强弱随信号的方向和大小变化。

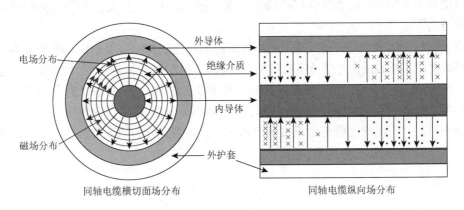

图 5.23 同轴电缆的结构和场分布

同轴电缆的主要特征如下。

（1）特性阻抗。同轴电缆的主体是由内、外两导体构成的，对于导体中的电流存在着电阻和电感，对导体间的电压存在着电导和电容，这些特性是沿线路分布的，称为分布常数。由于在制造中尺寸精度和介质材料纯度不均匀，在有线电视系统中尽管要求使用的同轴电缆特性阻抗为 75 Ω，但通常实际使用的同轴电缆的特性阻抗为（75±5）Ω。因此，为防止产生信号能量反射，达到最好的传输效果，终端负载阻抗也应尽量等于电缆的特性阻抗。

（2）衰减特性。同轴电缆的衰减特性通常用衰减常数表示，即单位长度（如 100 m）电缆对信号衰减的分贝数。衰减常数和信号的工作频率 F 的平均方根成正比，即频率越高，衰减常数越大；频率越低，衰减常数越小。

（3）电缆的使用限期。任何电缆都有一定的使用寿命，电缆在使用一段时间后，由于材料老化，导体电阻变大，绝缘介质的漏电流增加，当电缆的衰减常数比标称值增加 10%～15%时，该电缆就应该更新。根据质量和使用场合的不同，一般电缆的使用寿命为 7～20 年。

（4）屏蔽特性。屏蔽特性是衡量同轴电缆抗干扰能力的一个参数，也是衡量同轴电缆防泄漏的一个重要参数。如果电缆屏蔽不好，传输信号不仅会受到外来杂波的串扰，从而使有线电视信号质量受影响，还会泄漏出去干扰其他信号，被非有线电视用户接收，严重影响有线电视的正常入户，收到邻居的有线信号就是这个原因。

同轴电缆通常用于传输有线电视信号、视频信号、数字信号和其他各种高频信号。根据用途不同，选用电缆的标准也有差异。质量好的电缆从外观上看结构紧密、挺实、外护套光滑柔韧、编织网丝粗、密度大，屏蔽层编织角小于 45°。但有些厂家为了节省材料，将电缆的编织角做成大于 70°的，这会使电缆的屏蔽特性变差。工艺差的电缆的中心导体或绝缘部分都能从中拉出。四芯屏蔽电缆外导体的铝箔分搭接和黏接两种。搭接是在电缆物理发泡绝缘体上裹上一层铝箔，接头处重叠一部分，一般为 3 mm。黏接比是铝箔与物理发泡绝缘体黏在一起。黏接比搭接屏蔽性能更好。好的四芯屏蔽电缆都采用黏接。

5.3.3　光纤的分类及特点

光纤通信中常用的光纤是由石英玻璃或塑料或其他导光材料组成的圆柱形线性导光纤维。通信光纤横截面非常小，是柔软性好的细长纤维。光纤具有约束光信号和确保光信号实现长距离传输的能力[8-9]。

光纤是圆柱介质光波导。光纤基本结构是由纤芯、包层和涂覆层组成。图 5.24 为光纤基本结构的横截面图。纤芯是由光学透明材料制成（例如 $SiO_2 + GeO_2$ 等）。包层也是由光学透明材料制成（例如 $SiO_2 + F$ 等）。为了使光纤获得所需要的光波导能力，确保大部分光信号被约束在纤芯中传播，纤芯的折射率 n_1 应该稍微高于包层折射率 n_2。涂覆层的作用是，通过在光纤包层外涂覆塑料层，在保护光纤免遭机械损伤的同时，增强光纤的柔软性，以便后续的成缆和工程使用。

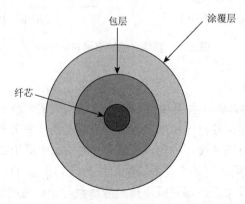

图 5.24　光纤基本结构

目前，国际电信联盟（ITU）和国际电工委员会（IEC）规定多模光纤的纤芯直径分别为 50 μm 或 62.5 μm，单模光纤的纤芯直径为 4～10 μm，而两类光纤的包层直径都是 125 μm。现在大多数通信光纤是石英玻璃光纤。从光纤波导理论获悉，通过调整光纤结构的参数，使用不同折射率的材料，形成不同的折射率分布结构，可以制造出不同传输性能的光纤。

光纤的分类如下。

（1）按制造光纤所用的材料可分为石英玻璃光纤、聚合物光纤、掺稀土元素光纤。

石英玻璃光纤的基础材料是高纯度的二氧化硅（SiO_2）。通过在纤芯基础材料 SiO_2 和包层基础材料 SiO_2 中掺杂微量提高折射率的原材料（GeO_2）和降低折射率的原材料（F），形成满足传输性能要求的纤芯/包层折射率分布。石英玻璃具有良好的物理性能和化学性能，被广泛用于制造光纤、光电子器件、光源和光学仪器。石英玻璃光纤以低衰减、高强度和高可靠性等性能特点，被广泛应用在光纤通信中。

聚合物光纤（polymer optical fiber，POF）又称塑料光纤，是指纤芯和包层都是塑料制成的光纤。POF 原材料包括高度透明的有机玻璃材料、聚甲基丙烯酸甲酯（polymethyl methacrylate，PMMA）、聚苯乙烯、聚碳酸酯等。不同的聚合物材料可以制造出不同传输性能和使用温度的 POF。

掺稀土元素光纤是在石英玻璃光纤的纤芯中掺稀土元素（铒、镨等）制成的具有放大特殊波长光信号功能的光纤。例如，在工作波长为 980 nm 或 1480 nm 泵浦激光器的激励下，掺铒光纤中的铒离子吸收泵浦光能量，通过受激辐射形式将光纤中传输的 1550 nm 的光信号直接放大，光纤的光传输和光纤放大器的光放大构建的全光传输给光纤通信带来了革命性的变化。

（2）按光在光纤中的传输模式可分为单模光纤和多模光纤。

多模光纤：中心玻璃芯较粗（50 μm 或 62.5 μm），可传多种模式的光。但其模间色散较大，这就限制了传输数字信号的频率，而且随着距离的增加会更加严重。例如：600 Mb/km 的光纤在 2 km 时则只有 300 Mb 的带宽了。因此，多模光纤传输的距离就比较近，一般只有几千米。

单模光纤：中心玻璃芯很细（9 μm 或 10 μm），只能传一种模式的光。因此，其模间色散很小，适用于远程通信，但还存在着材料色散和波导色散，这样单模光纤对光源的谱宽和稳定性有较高的要求，即谱宽要窄，稳定性要好。后来又发现在 1.31 μm 波长处，单模光纤的材料色散和波导色散一为正、一为负，大小也正好相等。这就是说在 1.31 μm 波长处，单模光纤的总色散为零。从光纤的损耗特性来看，1.31 μm 处正好是光纤的一个低损耗窗口。所以，1.31 μm 波长区就成了光纤通信的一个很理想的工作窗口，也是现在实用光纤通信系统的主要工作波段。

（3）按折射率分布情况可分为阶跃型光纤和渐变型光纤。

阶跃型光纤：光纤的纤芯折射率高于包层折射率，使得输入的光能在纤芯与包层的交界面上不断产生全反射而前进。这种光纤纤芯的折射率是均匀的，包层的折射率稍低一些。光纤中心芯到玻璃包层的折射率是突变的，只有一个台阶，所以称为阶跃型折射率多模光纤，简称阶跃型光纤，也称突变光纤。这种光纤的传输模式很多，各种模式的传输路径不一样，经传输后到达终点的时间也不相同，因而产生时延差，使光脉冲得以展宽。所以这种光纤的模间色散高，传输频带不宽，传输速率不会太高，用于通信不够理想，只适用于短途低速通信，例如工控。但单模光纤由于模间色散很高，所以单模光纤都采用突变型。这是研究开发较早的一种光纤，现在已逐渐被淘汰了。

渐变型光纤：为了解决阶跃型光纤存在的弊端，人们又研制、开发了渐变折射率多模光纤，简称渐变型光纤。光纤中心芯到玻璃包层的折射率是逐渐变小的，可使高次模的光按正弦形式传播，这能减少模间色散，提高光纤带宽，增加传输距离，但成本较高，现在的多模光纤多为渐变型光纤。渐变型光纤的包层折射率分布与阶跃型光纤一样，为均匀的。渐变型光纤的纤芯折射率中心最大，沿纤芯半径方向逐渐减小。由于高次模和低次模的光线分别在不同的折射率层界面上按折射定律产生折射，进入低折射率层中，所以光的行进方向与光纤轴方向所形成的角度将逐渐变小。同样的过程不断发生，直至光在某一折射率层产生全反射，使光改变方向，朝中心较高的折射率层行进。这时，光的行进方向与光纤轴方向所构成的角度，在各折射率层中每折射一次，其值就增大一次，最后达到中心折射率最大的地方。和上述完全相同的过程不断重复进行，由此实现了光波的传输。

5.4　3D 打印技术

近年来，3D 打印技术逐渐走入人们的日常生活，尤其在工业设计、模具开发等领域，3D 打印技术表现突出。同时，3D 打印技术在医疗、建筑、制造及食品等行业的应用前景也非常广阔。在工业界也得到广泛使用，在工业测量中，3D 打印可以进行各种特定夹具或者基座的制作，针对不同的元器件或者芯片所需的夹具和基座都能进行定制，提高了测量的准确性、稳定性。

5.4.1　3D 打印技术介绍

3D 打印技术，是 20 世纪 80 年代中期发展起来的一种高新技术，是造型技术和制造技术的一次重大突破，它从成形原理上提出一个分层制造、逐层叠加成形的全新思维模式，即将计算机辅助设计（computer-aided design，CAD）、计算机辅助制造（computer aided manufacturing，CAM）、计算机数控（computer numerical control，CNC）、激光、精密伺服驱动和新材料等先进技术集于一体，对计算机上构建的工件三维设计模型进行分层切片，得到各层截面的二维轮廓信息，3D 打印设备的成形头按照这些二维轮廓信息在控制系统的调度下，选择性地固化或切割各层的成形材料，形成指定的截面轮廓，并逐步有序地叠加形成三维工件。这种高自由度、个性化的制作方式解决了以往传统制造中工程设计的难题，能够轻松制造出具有空洞与复杂细节的高精度零件和产品。更高的制造自由度为工程师的创新提供了帮助，推进了整个制造业的转型与升级[10]。

3D 打印技术是先进制造技术的重要组成部分。尽管 3D 打印技术包含多种工艺方法，但它们的基本原理都相同，其运作原理类似于传统喷墨打印机。传统喷墨打印机是将计算机屏幕上的一份文件或图形，通过打印命令传送给打印机，喷墨打印机即刻将这份文件或图形打印到纸张上。而 3D 打印技术的基本原理是：首先，设计出所需产品或零件的计算机三维模型（如 CAD 模型）；其次，根据工艺要求，按照一定的规则将该模型离散为一系列有序的二维单元，一般在 Z 轴方向将其按一定厚度进行离散（也称为分层），把原来的三维 CAD 模型变成一系列的二维层片；再次，根据每个层片的轮廓信息进行工艺规划，选择合适的加工参数，自动生成数控代码；最后，由成形系统接受控制指令，将一系列层片自动成形并将它们连接起来，得到一个三维物理实体。必要时，可对完成的三维产品进行后处理，例如深度固化、修磨、着色等，使之达到原型或零件的要求。3D 打印技术的基本原理如图 5.25 所示。

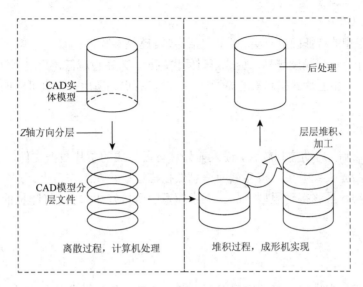

图 5.25　3D 打印技术基本原理示意图

5.4.2　3D 打印流程

3D 打印的加工过程包括前处理、分层制造和后处理三个阶段，其中，前处理是获得良好成形产品的关键所在。

1. 前处理

前处理包括三维模型的构建（可通过计算机建模、CT 扫描、光学扫描等方式）、三维模型的网格化处理（网格化处理中往往会有不规则曲面出现，需要对模型进行近似处理）、三维模型的分层切片。在打印前准备打印文件，主要包括三维造型的数据源获取以及对数据模型进行分层处理。

1）三维建模

由于 3D 打印系统是由三维 CAD 模型直接驱动的，所以首先要构建所加工工件的三维 CAD 模型。该三维 CAD 模型可以利用计算机辅助设计软件（例如 Creo、Solidworks、UG 等）直接构建，也可以将已有产品的二维图样进行转换而形成三维模型，或对产品实体进行激光扫描、CT 断层扫描，得到点云数据，然后利用反求工程的方法来构造三维模型。目前，所有的商业化软件系统都有 STL 文件的输出数据接口。

2）模型导入与数据处理

将建模输出的 STL 格式文件导入专门的分层软件，并对 STL 文件进行校验和修复。由于产品往往有一些不规则的自由曲面，加工前要对模型进行近似处理，以方便后续的数据处理工作。STL 格式文件简单、实用，目前已经成为 3D 打印领域的标准接口文件。STL 是用一系列小三角形平面来逼近原来的模型，每个小三角形用三个顶点坐标和一个法向量来描述，三角形平面的大小可以根据精度要求进行选择。STL 数据校验无误后，就可以摆放打印模型位置。摆放时要考虑到安装特征的精度、表面粗糙度、支撑去除难度、支撑用量以及功能件受力方向的强度等。

3）模型切片处理

根据被加工模型的特征确定分层参数，包括层厚、路径参数和支撑参数等。层厚一般取 0.05～0.5 mm。层厚越小，成形精度越高，但成形时间也越长，效率也越低，反之则精度低，效率高。分层完成后得到一个由层片累积起来的模型文件，将其存储为所用打印机可以识别的格式。

2. 分层制造

打印设备开启后，启动控制软件，读入前处理阶段生成的层片数据文件，在计算机控制下，相应的成形头（激光头或喷头）按各截面信息做扫描运动，在工作台上一层一层地堆积材料，然后将各层相黏结，最终得到原型产品。三维模型的质量好坏与 3D 打印机的制造精度有很大的关系。

3. 后处理

打印完成的模型有许多支撑，模型表面粗糙，带有许多毛刺或多余熔料，甚至会出现模型部分结构的打印发生偏差，这时要对模型进行适当的修整，清除打印支撑、修剪突出的毛刺、打磨粗糙表面以及固化处理增强强度等，最终获得所需制作。

5.4.3　3D 打印建模软件

1. 实体建模软件

实体建模是指将绘制的二维草绘图创建成三维实体，并应用其他特征最后生成所要的模型的过程。常用的方式有拉伸、扫掠、混合、旋转及布尔运算等。实体建模是一种易于理解的建模方式，多采用模拟现实制造的方式进行建模。实体建模是建模方式中最接近物理实际的，其方法类似于搭积木，也是建模初学者必学的建模方法。常用的实体建模软件如图 5.26 所示。

图 5.26　常用的实体建模软件

2. 曲面建模软件

曲面建模也称为 NURBS 建模，是由曲线组成曲面，再由曲面组成立体模型的过程。曲面建模主要使用的领域有船舶设计、汽车造型设计、产品造型设计等。

曲面建模的最大特点是，可以在调节很少点的情况下做出特别平滑的曲面，但生成一条有棱角的边是很困难的。根据这一特点，我们可以用它做出各种复杂造型和表现特殊的效果，例如人的面貌、流线型的跑车等。常用的曲面建模软件如图 5.27 所示。

图 5.27 常用的曲面建模软件

3. 多边形建模软件

多边形建模是将一个对象转化为可编辑的各种子对象进行编辑和修改，从而实现建模的过程。子对象一般有三种模式：节点、边、多边形面。多边形从技术角度来讲比较容易掌握，在创建复杂表面时，细节部分可以任意加线，在结构穿插关系很复杂的模型中能体现出它的优势。不同于曲面建模，多边形建模的调节点是模型本身的点。常用的多边形建模软件如图 5.28 所示。

图 5.28 常用的多边形建模软件

5.4.4 模型要求

3D 打印前端数据输入，包括三维模型的设计及导出为 STL 格式文件。STL 格式将复杂的数字模型以一系列三维三角形面片来近似表达。STL 格式的模型是一种空间封闭的、有界的、正则的、唯一表达的物体模型，具有点、线、面的几何信息，能够输入给快速成型设备，用于快速制作实物样品。

1. 物体模型必须为封闭的

3D 软件建模的模型必须是完整封闭的，导出为 STL 文件时可检测是否存在烂面、坏边。如图 5.29 所示，左边的模型是封闭的，右边的模型不封闭。

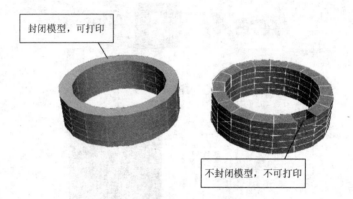

图 5.29　封闭与不封闭模型对比

2. 物体需要厚度，不能是片体

在计算机图形学领域，一些模型通常都是以面片的形式存在的，但是现实中的模型不存在零厚度，因此必须要给模型增加厚度，实体模型与片体模型的对比如图 5.30 所示。

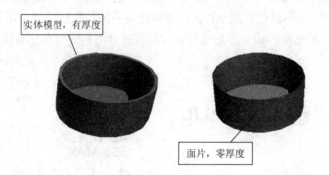

图 5.30　实体模型与片体模型对比

3. 物体模型必须为流形

流形的完整定义请参考数学定义。对于两个以上相邻的模型，一个网格数据中存在多个面共享一条边，那么它就是非流形的。如图 5.31 所示两个立方体只有一条共同的边，此边为四个面共享，此模型为非流形的。

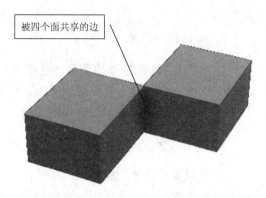

图 5.31 共享边实体模型

4. 正确的法线方向

模型中所有的面法线需要指向一个正确的方向。如果模型中包含错误的法线方向，打印机就不能够判断出是模型的内部还是外部，如图 5.32 所示。

5. 物体模型的最大尺寸

物体模型最大尺寸是根据 3D 打印机可打印的最大尺寸而定的。当模型的尺寸超过 3D 打印机的打印范围时，模型就不能完整地被打印出来。在 Cura 软件中，当模型的尺寸超过了设置机器的尺寸时，模型就显示为灰色。

6. 物体模型的最小厚度要求

打印机的喷嘴直径是一定的，打印模型的壁厚设计要考虑打印机能打印的最小壁厚，否则就会出现失败或者错误的模型。熔融挤压成型一般最小厚度为 1 mm。

图 5.32 错误的模型法线方向

7. 45°原则

如图 5.33 所示，任何超过 45°的突出物都需要额外的支撑材料或是很高的建模技巧来完成模型打印，而 3D 打印的支撑结构比较难做，添加支撑既耗费材料，又难处理，且处理之后会破坏模型的美观。

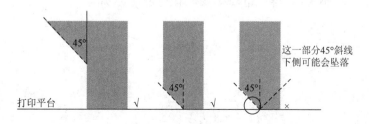

图 5.33 支撑 45°原则

图5.34 设计打印底座支撑

8. 设计打印底座

用于3D打印的模型底面最好是平坦的（图5.34），这样既能增加模型的稳定性，又不需要增加支撑。可以直接用平面截取底座获得平坦的底面，或者添加个性化的底座。

9. 预留容差度

对于需要组合装配的模型，在部件与部件之间预留足够的空间是十分重要的。设计软件中的完全贴合并不意味着打印后模型的完全贴合，部件之间保持约0.4 mm的距离是必要的，如图5.35所示。

未组装   剖面图   已组装

图5.35 预留容差度

参 考 文 献

[1] 李晓惠. 测试探针结构的技术发展[J]. 制造业自动化, 2013, 35（21）：97-100.

[2] 日本发条株式会社. 微型接触器探针和电探针单元：CN01811287. 0[P]. 2003-08-13.

[3] 旺矽科技股份有限公司. 具有补强装置的垂直式探针卡：CN200820175763. X[P]. 2009-09-02.

[4] 李东方. 实用接插件手册[M]. 北京：电子工业出版社, 2008.

[5] 时书政. 常用双绞线及特点[J]. 大众科学, 2019（3）：185-186.

[6] 戈弋, 黄华, 袁欢. 温度和机械弯曲引起的同轴电缆相位变化特性[J]. 太赫兹科学与电子信息学报, 2019, 17（4）：621-626.

[7] 简水生. 小同轴综合通信电缆[M]. 北京：中国铁道出版社, 1984.

[8] 高建良, 贺建飚. 物联网RFID原理与技术[M]. 北京：电子工业出版社, 2013.

[9] 胡先志, 杨博. 光纤通信原理[M]. 武汉：武汉理工大学出版社, 2019.

[10] 杨振国, 李华雄, 王晖. 3D打印实训指导[M]. 武汉：华中科技大学出版社, 2019.

第 6 章 电子测试仪器

电子测试仪器是以模拟电路技术、数字电路技术为基础，融合信号与系统、通信原理、软件工程等多门学科来实现测量目的的高精度测试设备和系统。在各领域中，对电特性的定性和定量测量都尤为重要，众多先进技术的攻克都依赖测试仪器来实现。电子测试仪器的发展水平体现了一个国家科技现代化的程度，关联着众多高科技领域，是生产力建设的关键内容，是所有高新技术产业发展的重要基础。随着半导体技术、计算机技术的高速发展，电子测试仪器的变革也日新月异，逐渐迈向自动化、智能化、网络化时代。

6.1 测试信号输出仪器

6.1.1 电源

电源是测试环节必不可少的设备之一，它用于为待测件提供驱动。在电子测试工作中，针对不同的测试场景需要匹配不同类型的电源，所以掌握各类电源的特点和对应的适用场景，可以更好地分析测试过程的问题和测试结果。电源的种类较多，分类方式也很多，按照电流的输出波形，电源可分为直流稳压电源和交流稳压电源两大类。

1. 直流稳压电源的分类及特点

直流稳压电源可分为线性稳压电源、化学电源和开关型稳压电源，它们又分别具有各自不同的类型[1]。

1）线性稳压电源

线性稳压电源的特点是，它的功率器件调整管工作在线性区，靠调整管之间的电压降来稳定输出。由于调整管静态损耗大，需要安装一个很大的散热器给它散热。而且由于变压器工作在工频（50 Hz）上，所以质量较大。

线性稳压电源的优点是稳定性高、纹波小、可靠性高，缺点是体积大、较笨重、效率相对较低。这类稳压电源又有很多种：根据输出性质可分为稳压电源和稳流电源及集稳压、稳流于一身的稳压稳流（双稳）电源；根据输出值可分为定点输出电源、波段开关调整式电源和电位器连续可调式电源三种；根据输出指示可分为指针指示型电源和数字显示式电源等。

2）化学电源

我们平常所用的干电池、铅酸蓄电池、镍镉电池、镍氢电池、锂离子电池均属于这一类，各有其优缺点。随着技术发展又出现了智能化电池。在充电电池材料方面，美国研究人员发现了锰的一种碘化物，用它可以制造出便宜、小巧、放电时间长、多次充电后仍保持性能良好的电源。

3）开关型稳压电源

与线性稳压电源不同的一类稳压电源是开关型稳压电源，它的电路形式主要有单端反激式、单端正激式、半桥式、推挽式和全桥式。开关电源的优点是体积小、重量轻、稳定可靠；缺点是相对于线性电源来说纹波较大，一般≤1%VO（P-P），好的可做到十几毫伏（P-P）或更小。它的功率可自几瓦到几千瓦，价位为 3 元/W 至十几万元/W，下面为几种常见的开关电源。

（1）AC/DC 电源。AC/DC 电源也称一次电源，它自电网取得能量，经过高压整流滤波得到一个直流高压，供 DC/DC 变换器在输出端获得一个或几个稳定的直流电压，功率从几瓦到几千瓦，用于不同场合。属于此类产品的规格型号繁多，据用户需要而定，通信电源中的一次电源（AC220 V 输入，DC48 V 或 24 V 输出）也属此类。

（2）DC/DC 电源。DC/DC 电源在通信系统中也称二次电源，它是由一次电源或直流电池组提供一个直流输入电压，经 DC/DC 变换以后在输出端获得一个或几个直流电压。

（3）通信电源。通信电源实质上就是 DC/DC 变换器式电源，它一般以直流–48 V 或–24 V 供电，并用后备电池作 DC 供电的备份，将 DC 的供电电压变换成电路的工作电压，一般又分中央供电、分层供电和单板供电三种，其中单板供电可靠性最高。

（4）模块电源。随着科学技术的飞速发展，对电源可靠性、容量/体积比要求越来越高，模块电源越来越显示出其优越性，它工作频率高、体积小、可靠性高、便于安装和组合扩容，所以越来越被广泛采用。目前，国内虽有模块电源生产，但因生产工艺未能赶上国际水平，故障率较高。DC/DC 模块电源虽然成本较高，但从产品漫长的应用周期来看，特别是因系统故障而导致的高昂的维修成本及商誉损失来看，选用该电源模块还是合算的。在此值得一提的是罗氏变换器电路，它的突出优点是电路结构简单、效率高，输出电压、电流的纹波值接近于零。

（5）电台电源。电台电源输入 AC 220 V/110 V，输出 DC 13.8 V，功率由所供电台功率而定，从几瓦到几百瓦。为防止 AC 电网断电影响电台工作，需要有电池组作为备份。所以此类电源除输出 13.8 V 直流电压外，还具有对电池充电自动转换功能。

（6）特种电源。高电压小电流电源、大电流电源、400 Hz 输入的 AC/DC 电源等，可归于此类，可根据特殊需要选用。

开关电源的价位一般在 2～8 元/W，特殊小功率和大功率电源价格稍高，可达 11～13 元/W。

2. 交流稳压电源的分类及特点

交流稳定电源能够提供稳定的电压和频率。交流调压器和交流稳压器在工矿企业、交通运输、邮电通信、国防科研、医疗设备、家用电器及建筑大楼等许多方面得到了广泛应用。下面结合市场现有的交流稳压电源简述其分类及特点[2-3]。

1）自耦（变比）调整型

自耦（变比）调整型又称机械调压型，即以伺服电机带动炭刷在自耦变压器的绕组滑动面上移动，改变 V_o 对 V_i 的比值，以实现对输出电压的调整和稳定。该种稳压器的功率可以从几百瓦到几千瓦。它的特点是结构简单、造价低、输出波形失真小；但由于炭刷滑动接点易产生电火花，造成电刷损坏以至烧毁而失效；且电压调整速度慢。该型稳压器优点是电路简单，稳压范围宽（130～280 V），效率高（≥95%），价低。缺点是稳压精度低（±8%～10%），工作寿命短，适用于家庭给空调器供电。

2）参数调整（谐振）调整型

参数调整（谐振）调整型稳压电源稳压的基本原理是 LC 串联谐振，早期出现的磁饱和型稳压器就属于这一类。它的优点是结构简单，无众多的元器件，可靠性相当高，稳压范围相当宽，抗干扰和抗过载能力强；缺点是能耗大、噪声大、笨重且造价高。在磁饱和原理的基础上发育形成的参数稳压器和我国 20 世纪 50 年代流行的"磁放大器调整型电子交流稳压器（614 型）"均属此类原理的交流稳压器。

3）大功率补偿型

大功率补偿型稳压电源采用补偿环节实现输出电压的稳定，易实现微机控制。它的优点是抗干扰性能好，稳压精度高（≤±1%），响应快（40～60 ms），电路简单，工作可靠；缺点是带计算机、程控交换机等非线性负载时有低频振荡现象，输入侧电流失真度大，源功率因数较低，输出电压对输入电压有相移。适用于对抗干扰功能要求较高的单位，在城市应用为宜。计算机供电时，必须选用计算机总功率的 2～3 倍稳压器来使用。该类稳压器因具有稳压、抗干扰、响应速度快、价格适中等优点，所以应用广泛。

6.1.2　信号发生器

信号发生器是一种信号生成仪器，也被称为信号源。信号发生器可以输出用户所需频率和幅度的稳定信号，方便代替实际电路工作信号，广泛应用于科研、生产、研发、维修、计量等领域。在模拟电路领域、数字电路领域以及无线电通信领域，信号发生器一直是常用的基本仪器。在计量校准方面，高端信号发生器经过计量常被用作可信的参考源，用于计量和调校信号频率和幅度测量分析仪器。信号发生器由于用途广泛、种类繁多，其分类方式也有多种，下面按照产生信号类型来做详细介绍[4-6]。

1. 正弦信号发生器的特点和应用

正弦信号发生器是用于产生正弦波信号的发生器。正弦波是电子系统中最基本和最常用的测试信号，频率下限低至微赫，上限为几十吉赫甚至是太赫。正弦信号发生器主要用于测量电路和系统的频率特性、非线性失真、增益及灵敏度等。

2. 函数信号发生器的特点和应用

函数信号发生器是电子实验室配置最多的信号源，它能产生某些特定的周期性时间函数波形（主要是正弦波、方波、三角波、锯齿波和脉冲波等）信号。频率范围可从几毫赫甚至几微赫的超低频直到几十兆赫，输出信号的频率和幅度都可由用户按需设定。函数信号发生器广泛应用于电路功能测试、电子教学、IC 芯片测试、模拟传感器和实际环境信号模拟等。函数信号发生器一般工作频率不高，常见最高工作频率为 2 Hz～20 MHz。可提供多种函数基本波形的信号，通常是不支持调制输出的。现代基于数字电路的函数信号发生器支持提供更多函数波形信号，故而被称为"任意波形发生器"。

3. 扫频信号发生器的特点和应用

在一定的频率范围内反复扫描的正弦信号发生器称为扫频信号发生器，也称扫频源。扫频信号发生器能够产生幅度恒定、频率在限定范围内作线性变化的信号。在高频和甚高频段用低频扫描电压或电流控制振荡回路元件（如变容管或磁芯线圈）来实现扫频振荡；在微波段早期采用电压调谐扫频，用改变返波管螺旋线电极的直流电压来改变振荡频率，后来广泛采用磁调谐扫频，以 YIG 铁氧体小球作微波固体振荡器的调谐回路，用扫描电流控制直流磁场改变小球的谐振频率。

合成式扫频信号发生器（有时也称合成式扫频源）是一种既有合成式信号发生器的各种功能，又具有扫频信号发生器特点的一类信号发生器，扫频方式可以选择模拟方式或频率步进方式，也可以选择数字扫频方式。现今的扫频信号发生器除了可以实现频率扫频外，还可以实现功率扫描，使输出功率在一定范围内按照一定规律变化，功率扫描范围、扫描步进、扫描时间等均可由控制面板控制。

4. 射频信号发生器的特点和应用

射频信号发生器在国内俗称"高频信号发生器"。其特点是支持输出较高的频率，大部分产品都可以最高输出几百兆赫到几吉兆赫频率的信号，高端产品工作频率可高达几十吉兆赫。高频信号发生器主要用来向各种电子设备和电路提供高频能量或高频标准信号，以便测试各种电子设备和电路的电气特性，应用广泛。高频信号发生器主要是产生高频正弦振荡波，故电路主要由高频振荡电路构成。主要用途是测量各种接收机的技术指标。输出信号可用内部或外加的低频正弦信号调幅或调频，使输出载频电压能够衰减到 1 μV 以下。此外，仪器还有防止信号泄漏的良好屏蔽功能。

大部分射频信号发生器提供较大的幅度输出设定范围，很多产品还提供最常用的 AM / FM 模拟信号调制功能，且 AM 调制幅度、FM 调制频偏以及调制音调均可设定。射频信号发生器除了常见的提供较高频率信号输出的机型外，还有一类提供低频率信号的特殊产品，它们输出 30 kHz 低频以下的特低频、超低频、极低频频段信号。

5. 频率合成式信号发生器的特点和应用

频率合成式信号发生器的信号不是由振荡器直接产生，而是以高稳定度石英振荡器作为标准频率源，利用频率合成技术形成所需的任意频率的信号，具有与标准频率源相同的频率准确度和稳定度。输出信号频率通常可按十进位数字选择，最高能达 11 位数字的极高分辨率。频率除用手动选择外还可程控和远控，也可进行步级式扫频，适用于自动测试系统。直接式频率合成器由晶体振荡、加法、乘法、滤波和放大等电路组成，变换频率迅速但电路复杂，最高输出频率只能达 1000 MHz 左右。用得较多的间接式频率合成器是利用标准频率源通过锁相环控制电调谐振荡器（在环路中同时能实现倍频、分频和混频），使之产生并输出各种所需频率的信号。这种合成器的最高频率可达 26.5 GHz。高稳定度和高分辨率的频率合成器，配上多种调制功能（调幅、调频和调相），加上放大、稳幅和衰减等电路，便构成一种新型的高性能、可程控的合成式信号发生器，还可作为锁相式扫频发生器。

6. 脉冲信号发生器的特点和应用

脉冲信号发生器是非常重要的信号发生仪器，随着数字通信技术的发展，脉冲信号发生器的使用越来越广泛。脉冲信号发生器主要由主控振荡器、延时级、脉冲形成级、输出级和衰减器等组成。主控振荡器通常为多谐振荡器之类的电路，除能自激振荡外，主要按触发方式工作。

通常在外加触发信号之后首先输出一个前置触发脉冲，以便提前触发示波器等观测仪器，然后再经过一段可调节的延迟时间才输出主信号脉冲。输出的脉冲信号可按需要设置其重复频率、脉冲宽度、占空比、上升时间和下降时间等参数。脉冲信号发生器除了输出单端口信号，还可以输出数字通信中所需要的双端口差分信号。

7. 噪声信号发生器的特点和应用

噪声信号发生器是专门用于产生随机噪声信号的发生器，其产生的信号具有很宽的均匀频谱。常用于测量接收机的噪声系数，或者是调制到高频或射频载波上作为干扰源。常用的白噪声发生器主要有：工作于 1000 MHz 以下同轴线系统的饱和二极管式白噪声发生器；用于微波波导系统的气体放电管式白噪声发生器；利用晶体二极管反向电流中噪声的固态噪声源（可工作在 18 GHz 以下整个频段内）等。噪声发生器输出的强度必须已知，通常用其输出噪声功率超过电阻热噪声的分贝数（称为超噪比）或用其噪声温度来表示。噪声信号发生器的主要用途是：①在待测系统中引入一个随机信号，以模拟实际工作条件中的噪声而测定系统的性能；②外加一个已知噪声信号与系统内部噪声相比较以测定噪声系数；③用随机信号代替正弦或脉冲信号，以测试系统的动态特性。

8. 伪随机信号发生器的特点和应用

伪随机信号发生器用于生成一串电平随机编码的数字序列信号，因其序列周期相当长（在足够宽的频带内产生相当平坦的离散频谱），有点类似随机信号，故称为伪随机信号。用白噪声信号进行相关函数测量时，若平均测量时间不够长，则会出现统计性误差，这可用伪随机信号来解决。

9. 矢量信号发生器的特点和应用

矢量信号（数字调制）发生器主要用于产生矢量信号，即数字通信中常用的调制信号。矢量信号发生器是内置调制器，提供 I/Q 调制的一类特殊的射频信号发生器，多用于数字信号测试领域。常用的 GSM/EDGE、TD-SCDMA、HSPA/HSPA + /FDD、WiMA、IEEE802.11a/b/g/n/ac、Bluetooth 通信信号以及数字信号 ASK、FSK、MSK、PSK、QAM 都可以由矢量信号发生器产生。

6.2　专用测试仪器

6.2.1　逻辑分析仪

逻辑分析仪是以逻辑信号为分析对象的测量仪器，逻辑分析仪是目前国际上最通用的电子测量仪器之一，其主要功能是测量数字电路中的逻辑波形及逻辑关系。数字电路的开发和测试人员可以用逻辑分析仪对电路的状态、时序进行精确分析，以检测、分析电路设计（硬件设计和软件设计）中的错误，从而迅速地定位、解决问题[7-8]。

1. 逻辑分析仪的基本原理和功能

逻辑分析仪可用于观察总线上的数据或定时关系，解码微处理器的总线信息。使用逻辑分析仪对数字电路进行检测和分析时，逻辑分析仪需要对数字电路的多个通道或线路进行测量，并产生大量的采样数据。在逻辑分析仪的使用过程中，由于逻辑分析仪的存储深度相对有限，所以用户需要为某一特定时刻的数据状态或信号逻辑关系建立判断依据，作为启动逻辑分析仪采集存储的触发事件，使逻辑分析仪采集存储器能够高效地对指定通道触发事件的数据样本进行存储。

逻辑分析仪主要由探头和主机部分构成。主机部分又由输入比较器、存储器、时钟电路、触发电路、控制部分以及键盘、鼠标、显示器等部分组成。根据需要同时测试的信号数量可以选择不同通道数的主机和探头，根据需要测试信号的快慢可以选择不同采样速率的主机和不同带宽的探头。逻辑分析仪的主要结构如图 6.1 所示。

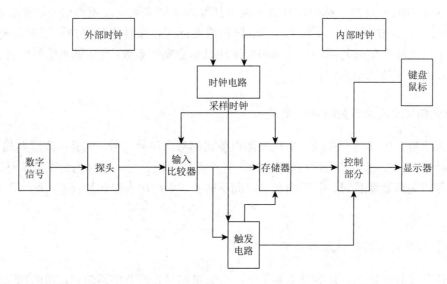

图 6.1　逻辑分析仪的主要结构

（1）探头。探头用于连接被测信号和逻辑分析仪主机，根据具体应用可以配备不同的探头连接器形式。典型的探头有飞线探头、Mictor 探头、Soft touch 等。有单端探头也有差分探头。探头通过电缆连接到逻辑分析仪主机。

（2）输入比较器。输入比较器用于和输入信号比较，产生数字 0、1 的比较结果。输入比较器的比较阈值可调，因此可以适应不同电平标准的电路。

（3）存储器。存储器用于存储输入比较器的比较结果，并送给控制部分作数据处理和显示。存储器越深，一次记录的波形时间越长。存储器的深度通常用点数来表示，一般指每条通道的存储点数，也有些厂家指所有通道总共的存储点数。

（4）时钟电路。时钟电路根据需要选择外部时钟或者内部时钟对输入信号进行采集和存储。根据采样时钟的来源不同，逻辑分析仪可以有两种工作模式。当使用内部时钟时叫 Timing 模式，也叫异步分析，通常用于电路的时序关系分析，Timing 模式通常要求采样时钟是被测信号速率的 5～10 倍才能有比较好的显示效果；当使用外部时钟时叫 State 模式，也叫同步采样，采样时钟一般来源于被测电路的工作时钟，通常用于电路的功能性分析，State 模式下采样时钟一般和被测信号的数据速率一样（也可以双边沿采样）。

（5）触发电路。触发电路根据输入数据的特定信息进行触发，控制数据采集、处理、显示过程的开始和结束。逻辑分析仪的触发可以设置得非常复杂，可以分为很多步，每步可以有分支，步与步之间还可以相互跳转，因此可以做非常复杂的数字电路的调试。

（6）控制部分。控制部分主要由 CPU 系统构成，用于对采集到的数据进行分析、处理和显示。

（7）键盘/鼠标。键盘/鼠标用于操作和控制逻辑分析仪。

（8）显示器。显示器用于显示采集到的原始数据和分析结果。

2. 逻辑分析仪应用

逻辑分析仪从功能上可分为逻辑状态分析仪和逻辑定时分析仪，它是对系统进行实时状态分析，检查在系统时钟作用下总线上的信息状态，用被测系统时钟来控制记录，与被测系统同步工作。

（1）定时分析。定时分析也称为异步时序分析。在逻辑分析仪内部高速采样时钟的驱动下，对输入信号进行异步数据采样，采样的数据用方波的形式进行显示。逻辑分析仪在内部高速时钟的驱动下对信号输入进行异步采样，其测量结果用于分辨相关信号间的时序关系，例如建立时间、保持时间、协议应答等。根据采样定理，内部采样时钟要高于被测信号频率的三倍以上才能得到正确的采样数据，内部采样时钟频率越高，定时分辨率就越高，时序关系就越精准。定时分析模式一般用于硬件系统的测试。

（2）状态分析。状态分析也称为同步时序分析。在外部同步时钟的驱动下，逻辑分析仪对输入信号进行同步数据采样，显示的时候，用二进制码或配合软件用映射图或反汇编成助记符。由于采集到的状态数据与被测信号数据流状态完全一致，所以可以用于直接观测程序的源代码。状态分析模式一般用于对系统软件进行测试。

根据硬件设备设计上的差异，目前市面上逻辑分析仪大致上可分为台式逻辑分析仪和基于 PC 的虚拟逻辑分析仪。台式逻辑分析仪是将所有的测试软件、运算管理元件以及显示部分整合在一台仪器之中；虚拟逻辑分析仪则需要搭配 PC 机一起使用，通过 PC 机来显示结果。相比动辄数 10 万元的台式逻辑分析仪，虚拟逻辑分析仪具有价格便宜、性价比高、分析能力强、用户界面友好、操作简单、体积小巧等优点[9]。

作为先进的测量仪器，逻辑分析仪在数字系统测试领域中得到了越来越广泛的应用。灵活、高效地运用各种强大的触发功能，能够方便地查找硬件故障，及时获取和调整系统软件结构，使硬件和软件运行工作更加顺畅。将逻辑分析仪与数字示波器、码型发生器等数字仪器配合使用，能够增强仪器应用范围，充分发挥仪器测试效能，为数据测试工作提供有力的帮助。

6.2.2　虚拟仪器

所谓虚拟仪器，就是一种以计算机为核心的硬件平台，其功能由用户设计和定义，具有虚拟面板，其测试功能由测试软件实现的计算机仪器系统。计算机总线技术、软件技术及相关技术的发展，使得微机在计算机仪器上的作用远远超出了计算机仪器发展初期用来完成控制的范畴。微机及数字信号处理器的计算能力使得它们在一定的实时性要求下代替了许多原来由硬件完成的功能,标志着"软件即仪器"时代的到来。人们给这样的测试仪器起了一个形象的名字——虚拟仪器。虚拟仪器是指具有虚拟仪器面板的个人计算机仪器,是使用在通用计算机上的一组软件和硬件。虚拟仪器的基本思想是利用计算机来管理仪器、组织仪器系统,进而逐步代替仪器完成某些功能,最终达到取代传统电子仪器的目的。虚拟仪器实质上是软硬结合、虚实结合的产物,它充分利用最新的计算机技术实现和扩展传统仪器的功能[10]。

1. 虚拟仪器的基本原理和功能

虚拟仪器概念的出现,打破了传统仪器由厂家定义,用户无法改变的工作模式,使得用户可以根据自己的需求,设计自己的仪器系统,在测试系统和仪器设计中尽量使用软件代替硬件,充分利用计算机技术实现和扩展传统测试系统和仪器的功能。虚拟仪器实质上是一种创新的仪器设计思想,而非一种具体的仪器。虚拟仪器的形式取决于实际的物理系统和构成仪器数据采集单元的硬件类型。虚拟仪器离不开计算机控制,软件是虚拟仪器设计中最重要和最复杂的部分。

虚拟仪器包括硬件和软件两大部分。硬件主要是获取现实世界的被测信号,提供信号传输的通道。而软件是控制要实现的数据采集、分析、处理、显示等功能,并将其集成为仪器操作与运行的命令环境。虚拟仪器的软件在基本硬件确定以后,就可以通过不同的软件实现不同的虚拟仪器系统功能。其具体结构如图6.2所示。

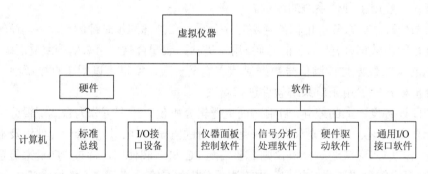

图 6.2　虚拟仪器的主要结构

虚拟仪器有多种分类方法,下面列举两种。按工作领域分类,可分为信号源类虚拟仪器、示波器类虚拟仪器、显示与记录类虚拟仪器、动态信号分析类虚拟仪器、时频分析类虚拟仪器、声学分析类虚拟仪器等类型。按接口总线的不同类型分类,可分为PC总线虚拟仪器、并行接口总线虚拟仪器、串行接口总线虚拟仪器、GPIB虚拟仪器、VXI虚拟仪器、PXI虚拟仪器、USB虚拟仪器和现场总线虚拟仪器等几种类型。此外还有按测量功能分类等分类法,其中最常见的分类法是按虚拟仪器接口总线的不同类型来分类[11]。

2. 虚拟仪器的应用

虚拟仪器是计算机技术介入仪器领域所形成的一种新型的、富有生命力的仪器种类。在虚拟仪器中,计算机处于核心地位。计算机软件技术和测试系统的结合,形成了一个有机整体，使得仪器的结构概念和设计思想等都发生了突破性的变化。从构成和功能上来说，虚拟仪器就是利用现有的计算机，配上相应的硬件和专用软件，形成既有普通仪器的基本功能，又有一般仪器不具备的特殊功能的高档低价新型仪器；从使用上来说，虚拟仪器利用强大的图形化开发环境，建立直观、灵活、快捷的虚拟仪器面板，可以有效地提高仪器的使用效率。

虚拟仪器仅是一种功能意义上的仪器，是具有仪器功能的软硬件组合，它并不强调物理上的实现形式。虚拟仪器相对传统仪器的优势是显而易见的，具体内容可见表 6.1。

表 6.1　虚拟仪器和传统仪器的性能特点对比

性能指标	虚拟仪器	传统仪器
开放性	系统开放、灵活，可与计算机技术同步发展	系统封闭，仪器间的相互配合性较差
集成性	硬件平台为 I/O 接口设备提供了标准化接口，实现软硬件的无缝集成	集成困难，只能连接有限的独立设备
关键部件	软件	硬件
价格	价格低廉，仪器间资源可重复，利用率高	价格昂贵，仪器间一般无法相互利用
功能及升级难度	功能多样强大，用户可以自定义仪器功能，系统性能升级方便	功能单一，仪器功能由厂家定义，用户无法更改，硬件升级困难
开发维护	开发维护时间少，成本低	开发维护时间长，成本高
技术更新周期	技术更新周期短	技术更新周期长
远程监测	通过网络，单台仪器可实现同时对多个对象远程实时监测	单台仪器不可同时对多个对象远程实时监测

虚拟仪器常应用到数据采集中。通常由计算机或者工作站、一定的硬件和应用软件三部分构成，这三部分共同完成数据采集和数据处理。数据采集又称数据获取，是利用一种装置，从系统外部采集数据并输入到系统内部的一个接口。数据采集技术广泛应用在各个领域，例如摄像头、麦克风，都是数据采集工具。由于虚拟仪器是以计算机为核心的信息处理装置，且计算机只能处理数字信号，因此对于随时间连续变化的模拟信号，计算机要处理它们，必须先转化为数字信号。所以虚拟仪器的数据采集部分包括模数转换环节和非电量与电量的转换环节。而被采集数据是已被转换为电信号的各种物理量，例如温度、水位、风速、压力等，可以是模拟量，也可以是数字量。采样方式通常是采集，即隔一定时间（称采样周期）对同一点数据重复采集。采集的数据大多是瞬时值，也可是某段时间内的一个特征值。因此，在设计硬件采集电路时，需根据所设计的虚拟仪器要达到的性能指标和被测信号的特点，设计合理的系统结构。在硬件和软件功能的设计上要尽量使虚拟仪器的结构简单、可靠性高、成本低廉，选用合适的单元器件，尽可能地提高采集卡采集的精度和速度。数据处理是指对数据（包括数值的和非数值的）进行分析和加工的技术过程。包括对各种原始数据进行分析、整理、计算、编辑等加工和处理的过程，比数据分析含义广。随着计算机的日益普及，在计算机应用领域中，数值计算所占比重很小，通过计算机数据处理进行信息管理已成为主要的应用。由于虚拟仪器是建立在通用的计算机之上，所以它具有极强的数据处理能力，在这一

点上，传统的仪器与之无法比拟。传统仪器一般不能或只能进行一些简单的数据处理，而且传统仪器的数据处理与测量过程一般是分离的，需要借助手工或专门的机器才可以分析和处理测得的数据，这种处理数据的方法耗时较多、实时性差。而虚拟仪器的数据处理是以微型计算机为统一的硬件平台通过计算机软件实现的，借助计算机强大的数据处理功能，可以实现对检测数据进行诸如滤波、存储、读取、波形显示、波形分析处理（如傅里叶变换、谱密度计算等）等操作[12]。

　　虚拟仪器相对传统的电子测量仪器有很多优点，目前虚拟仪器已经在国内的各个行业得到了广泛应用。然而，在参数测量方面，从虚拟仪器与传统仪器的性能差别上来分析，虚拟仪器技术主要用于那些测量对象比较复杂、参量较多、分布式测量对象、工作量较大、综合性较强的测量场合；对于一些简易的、零散的、临时的检测场合，传统的检测仪器仍在发挥作用。因此，随着虚拟仪器性能的不断提高，实现对传统仪器的全面取代，包括对简易的、零散的、临时的测量对象的检测，将会成为虚拟仪器未来应用研究的趋势之一。在其他应用方面，目前虚拟仪器主要应用在故障诊断和教学方面。随着虚拟仪器技术的不断成熟和各应用领域需求的增长，未来虚拟仪器将会应用于更广的领域，例如生物医疗、环境监控等领域。

6.3　频域测试仪器

6.3.1　频谱分析仪

　　频谱分析仪是一种频域测量仪器，它可以在频域上显示信号的幅度，将看不见、摸不着的无线电信号以可视化图形方式展现出来。在射频的世界，由于信号频率比较高，所以一般的传统万用表已无法满足测量的要求。在频谱分析仪普及以前，测量频率较高的射频信号幅度主要使用高频毫伏表/超高频毫伏表、射频功率计/射频微功率计、场强仪等仪器进行，频谱分析仪通过频谱图不但能显示信号的幅度/强度，还能显示信号的频谱特性，较传统测量仪器更为直观，而且显示的信息更为丰富。利用频谱分析仪可以观测信号的频率、幅度/功率、占用带宽、频谱特征、杂波散射，现代频谱分析仪基于基本测量功能，结合自动测量和分析软件，具备了对特定制式无线电信号的全自动测量、分析、解码功能，所以频谱分析仪又被射频工程师们誉为"射频万用表"[13]。

1. 频谱分析仪的基本原理和功能

　　频谱分析仪的工作原理并不复杂，与日常使用的收音机、电视机工作原理相似，均为超外差接收方式。图6.3是频谱仪的工作原理框图。如图所示，本振频率在斜波发生器的控制下，将从低到高线性变化。同时斜波发生器产生的斜波电压加到显示器的 X 轴上。混频器输出的中频频率经过中频滤波器后输出到检波器，经过检波器的包络检波，得到1个视频信号，经视频滤波器输出后接到 Y 轴上，视频信号在阴极射线管内垂直偏转，即显示出信号的幅度。由于 X 轴上显示的频率值是斜波发生器电压值的函数，所以可以对应于被测信号的频率值；而 Y 轴上显示的是相对应的信号幅度，因此频谱仪显示器上显示的是输入信号的频谱[14]。

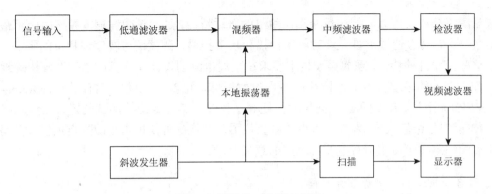

图 6.3　频谱仪工作原理框图

影响信号响应的重要因素为滤波器频宽，滤波器为高斯滤波器，影响其功能的是测量时常见到的分辨率带宽（resolution bandwidth，RBW）。RBW 代表两个不同频率的信号能够被清楚地分辨出来的最低频宽差异，两个不同频率的信号频宽如果低于频谱分析仪的 RBW，此时这两信号将重叠，难以分辨。因此适当的 RBW 是正确使用频谱分析仪的重要前提。

2. 频谱分析仪的应用

频谱分析仪系统主要的功能是在频域里显示输入信号的频谱特性，频谱分析仪依据信号处理方式不同，一般有两种类型：扫频调谐频谱分析仪与实时频谱分析仪。

1）扫频调谐频谱分析仪

扫频调谐频谱分析仪在设计时配有显示装置，其作用是对连续的以及周期性信号的频率特点进行分析。但是其无法显示信号的发出位置，展现的仅仅是信号的振动幅度。扫频调谐频谱分析仪的运作原理是：本地振荡器采用扫频振荡器，在混频器内，其所传送出的信号与目标测量信号之间的频率差值进行转换，这样交换的结果会产生一个中频信号，中频信号经特殊仪器处理会被放大和检波，通过加大视频放大器作示波管的垂直偏转信号，使屏幕上的垂直显示正比于各频率分量的幅值。

2）实时频谱分析仪

实时频谱分析仪的功能为在同一瞬间显示频域的信号振幅，其工作原理是针对不同的频率信号而有相对应的滤波器与检波器，再经由同步的多工扫描器将信号传送到显示屏幕上，其优点是能显示周期性杂散波的瞬间反应，其缺点是价格昂贵且性能受限于频宽范围[15]。

有些目标检测信号停留的时间是短暂的，且过程具有随机性，无法把握其规律，实时频谱分析仪主要用于检测该类信号。同时对于频率过低或者极低的信号，例如频率在 40 MHz 以下的，也可通过实时频谱分析仪显示出其相位和幅度。

6.3.2　网络分析仪

网络分析是指设计制造人员或制造厂家对较复杂系统中所用元器件和电路（以下统称元件）电气性能进行测量的过程。当这些系统传送具有信息内容的信号时，人们最关心的是如何以最高效率和最小失真使信号从一处传到另一处。

矢量网络分析仪可以直接测量两端口网络的微波特性，是射频微波测量领域中应用最广泛的仪器之一。它可以通过测量元件对频率扫描和功率扫描、测试信号幅度与相位的影响，来精确表征这些元器件的特性。现代微波技术要求在微波电路的设计和计算中必须准确快速地测量所设计和生产的微波器件及微波网络的各项参数指标，例如 S-参数、驻波比（standing-wave ratio，SWR）、阻抗、导纳和正反向传输损耗等。目前，集合成源、测试装置、矢量网络分析仪于一体的测试系统，已成为必不可少的测量仪器。网络分析仪技术在故障点定位、多路径消除、不连续性测试等应用中有着非常重要的意义[16-19]。

1. 网络分析仪的基本原理和功能

网络是一个被高频率使用的术语，有很多种现代的定义。就网络分析而言，网络指一组内部相互关联的电子元器件。网络分析仪的功能之一就是量化两个射频元件间的阻抗不匹配，最大限度地提高功率效率和信号的完整性。每当射频信号由一个元件进入另一个元件时，总会有一部分信号被反射，而另一部分被传输。矢量网络分析仪有对有源器件和无源器件，例如放大器、混频器、双工器、滤波器、耦合器和衰减器的特性进行表征，对每个端口的输入特性到其他端口的转移特性进行测量的能力，可以为设计人员在对大型系统配置元件时提供充分的依据。

矢量网络分析仪主要由激励源、信号分离电路、接收部分、处理显示四大部分组成，原理框图如图6.4所示。其基本工作原理是：先将激励源的信号分成两路，一路作为参考信号 R，另一路经过衰减送入测试端口作为被测网络的激励源，并通过定向耦合器取出，经过被测网络的反射信号 A 和传输信号 B 后作为测试信号，再用采样变频法将这两路微波信号中所包含的幅度和相位信息线性地转移到中频或低频上，进行幅度和相位关系的测量。在频率变换过程中，采用系统锁相技术，以保证被测网络的幅度信息和相位信息不被丢失，包含被测网络幅度信息和相位信息的第一中频信号经中频处理电路变成为第二中频信号，由 A/D 转换器转换为数字信号，内部计算机和数字信号处理器（digital signal processor，DSP）从数字信号中提取 DUT 的幅度信息和相位信息，通过比值运算求出 DUT 的 S-参数。

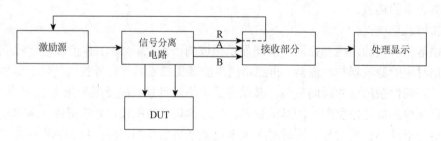

图 6.4　矢量网络分析仪系统原理框图

2. 网络分析仪的应用

矢量网络分析仪在 5 Hz～110 GHz 频率范围内进行测量。设计人员在制造过程中的最终测试常使用网络分析仪，它是全面测量网络参数的一种高精度智能化仪器，能测量和显示电气网络的整体幅度和相位特性，这些特性包括 S-参数、幅度和相位、SWR、插入损耗和增益、衰减、群延迟、回波损耗、反射系数和增益压缩。

1）S-参数的测量

反射系数（G）和传输系数（T）分别对应入射信号中反射信号和传输信号所占的比例，它们代表两个射频信号的比值。现代网络分析基于散射参数或 S-参数扩充了这种思想。S-参数是一种复杂的向量，S-参数包含幅值和相位，在笛卡儿形式下表现为实和虚。S-参数用 S 坐标系表示，X 代表 DUT 被测量的输出端，Y 代表入射 RF 信号激励的 DUT 输入端。图 6.5 示意了一个简单的双端口器件，它可以表征为射频滤波器、衰减器或放大器。S_{11} 定义为端口 1 反射的能量占端口 1 入射信号的比例，S_{21} 定义为传输到 DUT 端口 2 的能量占端口 1 入射信号的比例。参数 S_{11} 和 S_{21} 为前向 S-参数，这是因为入射信号来自端口 1 的射频源。对于端口 2 入射信号，S_{22} 为端口 2 反射的能量占端口 2 入射信号的比例，S_{12} 为传输到 DUT 端口 1 的能量占端口 2 入射信号的比例。它们都是反向 S-参数。

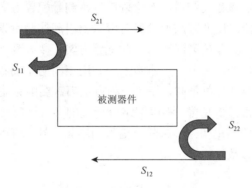

图 6.5　入射信号中的反射信号和传输信号

S-参数可以基于多端口或者 N 端口扩展。例如，射频环形器、功率分配器、耦合器都是三端口器件。可以采用类似于双端口的分析方法测量和计算 S-参数，例如 S_{13}，S_{32}，S_{33}。S_{11}，S_{22}，S_{33} 等下标数字一致的 S-参数表征反射信号，而 S_{12}，S_{32}，S_{21} 和 S_{13} 等下标数字不一致的 S-参数表征传输信号。此外，S-参数的总个数等于器件端口数的平方，这样才能完整地描述一个设备的 RF 特性。表征传输信号的 S-参数，如 S_{21}，类似于增益、插入损耗、衰减等其他常见术语。表征反射信号的 S-参数，如 S_{11}，对应于电压驻波比（voltage standing wave ratio，VSWR）、回波损耗或反射系数。S-参数还具有其他优点，它们被广泛认可并应用于现代射频测量。可以很容易地将 S-参数转换成 H、Z 或其他参数，也可以对多个设备进行 S-参数级联，表征复合系统的 RF 特性。更重要的是，S-参数用比率表示，因此，不需要把入射源功率设置为精确值。DUT 的响应会反映出入射信号的任何微小差别，但通过比率方式表征传输信号或反射信号相对于入射信号的比率关系时，差别就会被消去。

2）精确测量混频器、调谐器和变频器

射频变频元件测量实际上可以针对不同的元件，这些元件共同的特点是利用其非线性使输入/输出信号频率发生变化。常见的变频器包括混频器、处于非线性区的放大器、单独的混频器件、I/Q 调制解调器，以及滤波器和放大器的射频前端电路等。与其他元件一样，对变频器也需要测量其传输/反射特性，如输入/输出端口及本振输入口的匹配特性、传输特性、端口间的信号隔离等参数。与其他元件测量相比，混频器的测量具备以下技术特点。

（1）三端口。混频器包含输入、输出和本振三个端口，测量过程需要更复杂的仪器配置。

（2）传输参数测量。精确地测量混频器的传输特性是混频器测试中的难点，特别是关于其相位参数的测量，需要测量仪器具备频率偏置功能。

（3）校准技术。任何仪器完成测量都会包含仪器的系统误差，网络分析仪测量过程中可以通过校准来消除其系统误差，保证测量精度。对混频器的测量，因为其输入和输出不同频，所以需要采取新的校准方法消除仪器系统误差。

混频器的传输特性（变频损耗）定义为输出信号功率与输入信号功率的比值，该指标与本振的功率有直接关系。从概念上来说，传输相位特性应为元件输出信号与输入信号的相位比值，但对变频器而言，其输出信号与输入信号是不同频率的，不同频率信号进行相位比较是没有意义的。所以对于变频器的相位参数测量必须利用参考混频器来提供参考信号。针对反射参数测量，测量仪器工作在同频状态，网络分析仪可通过端口校准消除仪器的系统误差，可得到 DUT 精确的反射参数。但对传输参数的测量，无论采用哪种测量配置方案，测量结果都会受到参考混频器的影响，需要利用新的校准方法消除参考混频器引起的测量误差。为测量混频器的矢量传输性能，可采用参考混频器和被测混频器并联配置方案，参考混频器和被测混频器工作在相同的变频关系下。测量过程中，两个混频器实际上共用相同的激励和本振信号，这样可以保证相位的相干性。当对混频器进行测量时，任何一种方法都需要中频滤波器来消除混频器不希望的混频分量及射频和本振泄漏的信号。利用网络分析仪的参考接收机和端口 2 接收机分别测量参考混频器和被测混频器的输出信号，这两个信号为同频信号，可以完成相位比较，所以可得到被测混频器的传输相位参数。

6.4　时域测试仪器

6.4.1　数字万用表

数字万用表是目前测量仪器中最常见也是最基础的设备，它具有准确度高、数字显示、读数迅速准确、分辨率高、输入阻抗高、能自动调零、自动转换量程、自动转换及显示极性的优点，同时因为大量芯片技术的应用，使其具有体积小、可靠性高、测量功能齐全、操作简便等优点。利用数字万用表可以精确测量电容、电感、温度等，还可以测试 MOS 管和三极管。由于它小巧便捷，同时内部电路设计合理，简单可靠不易损坏，在各种高精尖测量设备层出不穷的今天，它依然在测量仪器中占有极高的地位。

当然，作为一款便宜又简单的仪器设备，它的缺陷也不少，例如，不能和计算机连接实行编程化的运算，不能动态地反映被测量的连续变化趋势，不能利用其做稳定性试验的测试，脉冲响应的测试也难以胜任，在电桥实验中也不能作为测试的设备。但是，在一些基础的测试中，数字万用表还是具有极佳的用处的。

1. 数字万用表基本原理和功能

1）数字万用表特点

（1）扩展了数字电压表（DVM）的功能，可测试多种物理量，包括直流电压、交流电压、电流、阻抗等。

（2）可以测试多种精度，一般可以设置低、中、高三个档级精度，位数为 3 位半～8 位半。

（3）新型的数字万用表利用了集成电路技术在内部集成了微处理器，增加了数字万用表的功能性和智能性，如开机自检、自动校准、自动量程选择以及简单的测量数据的自动处理等功能。

2）数字万用表的测量原理

数字万用表的多功能性通过内部的转换电路来实现。最基础的是一个电压表电路，通过转换实现电流和电阻功能测试。A/D 转换器将随时间连续变化的模拟电压量变换成数字信号，通过内置的电子计数器对数字量进行计数，然后锁存，译码，最后得到的测量结果由译码显示电路传递到电子显示屏上。下面具体介绍数字万用表的测量原理。

（1）数字万用表测量直流电压原理。

图 6.6 为数字万用表电压测量电路原理图，该电路是由基本表和电阻分压器组成的，把基本量程 200 mV 扩展为 2 V、20 V、200 V 和 1000 V 5 个电压挡。图中与 LCD 相连的深色区域是导电橡胶，保证 LCD 的连接。

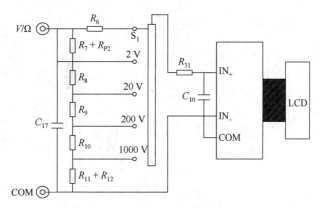

图 6.6　数字万用表电压测量电路原理图

（2）数字万用表测量直流电流原理。

图 6.7 为数字万用表电流测量电路原理图。图中有两个保护二极管 V1 和 V2，当基本表输入 IN$_+$和 IN$_-$两端电压大于 200 mV 时 V1 导通，当被测量电位端接入 IN-时 V2 导通，从而保护基本表的正常工作。$R_3 \sim R_5$、R_c 分别为各挡的取样电阻，共同构成了电流-电压转换装置。测量时，被测电流在取样电阻上产生电压，该电压输入至 IN$_+$ 和 IN$_-$两端，从而得到被测电流的测量值。通过芯片自动选择各电流量程的取样电阻，就能使基本表显示被测电流量的大小。

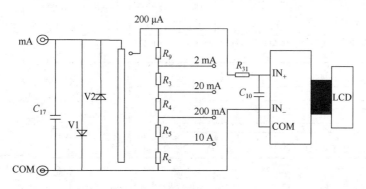

图 6.7　数字万用表电流测量电路原理图

（3）数字万用表测量直流电阻原理。

图 6.8 为数字万用表电阻测量电路原理图。图中标准电阻 R_o 与待测电阻 R_s 串联后接在基本表的 V_+ 和 COM 之间。V_+ 和 V_{REV+}、V_{REV-} 和 IN_+、IN_- 和 COM 两两接通，用基本表的基准电压向 R_o 和 R_s 供电。其中 V_{REV} 为基准电压，V_{RX} 为输入电压。根据设计，当 $R_s = R_o$ 时显示读数为 1000；当 $R_s = 2R_o$ 时溢出显示"OL"，因为 2000 超出其最大显示数字"1999"。一般情况下有

$$V_{RX}/V_{REV} = R_s/R_o$$

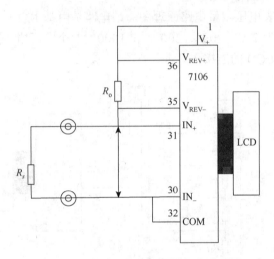

图 6.8　数字万用表电阻测量电路原理图

所以，只要固定若干个标准电阻 R_o，就可实现多量程电阻测量。图 6.9 为实际电阻测量电路图，其中 $R_7 \sim R_{12}$ 均为标准电阻，且与交流电压挡分压电阻共用。

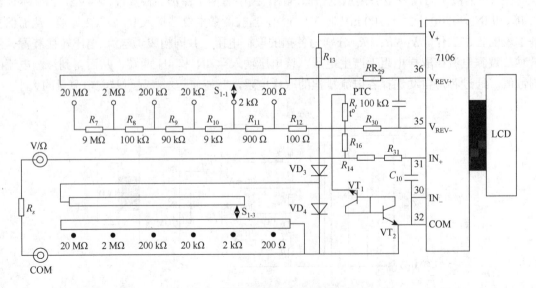

图 6.9　数字万用表电阻测量电路图

2. 数字万用表的应用

1）电压的测量

（1）直流电压的测量，例如微纳器件手机电池、干电池等的电压测量。首先将黑表笔插进"COM"孔，红表笔插进"VΩ"孔。把旋钮打到比估计值大的量程（注意：表盘上的数值均为最大量程，"V–"表示直流电压，"V~"表示交流电压，"A"表示电流），接着把表笔接电源或电池两端，保持接触稳定。数值可以直接从显示屏上读取，若显示为"1"，表明量程太小，需要加大量程后再测量。如果在数值左边出现"–"，则表明表笔极性与实际电源极性相反，此时红表笔接的是负极。

（2）交流电压的测量。表笔插孔与直流电压测量一样，但应该将旋钮打到交流档"V~"处所需的量程。交流电压无正负之分，测量方法与前面相同。无论测交流电压还是直流电压，都要注意人身安全，不要随便触摸表笔的金属部分。

2）电流的测量

（1）直流电流的测量。先将黑表笔插入"COM"孔，若测量大于 200 mA 的电流，则要将红表笔插入"10 A"插孔，并将旋钮打到直流"10 A"档；若测量小于 200 mA 的电流，则将红表笔插入"200 mA"插孔，并将旋钮打到直流 200 mA 以内的合适量程。调整好后，就可以测量了。将万用表串联进电路中，保持稳定，即可读数。若显示为"1"，那么就要加大量程；如果在数值左边出现"–"，则表明电流从黑表笔流进万用表。

（2）交流电流的测量。测量方法与直流电流的测量相同，但档位应该打到交流档位，电流测量完毕后应将红笔插回"VΩ"孔，若忘记这一步而直接测电压，可能会将数字万用表烧毁。

3）电阻的测量

将表笔插进"COM"和"VΩ"孔中，把旋钮打到"Ω"档所需的量程，将表笔接在电阻两端金属部位，测量中可以用手接触电阻，但不要用手同时接触电阻两端，这样会影响测量精确度。读数时，要保持表笔和电阻有良好的接触。注意单位：在"200"档时单位是"Ω"，在"2 K"到"200 K"档时单位为"kΩ"，"2 M"以上的单位是"MΩ"。

4）二极管的测量

数字万用表可以测量发光二极管、整流二极管等。测量时，表笔位置与电压测量一样，将旋钮打到"━"档；用红表笔接二极管的正极，黑表笔接负极，这时会显示二极管的正向压降。肖特基二极管的压降是 0.2 V 左右，普通硅整流管约为 0.7 V，发光二极管为 1.8～2.3 V。调换表笔，显示屏显示"1"则为正常，因为二极管的反向电阻很大；否则二极管会被击穿。

5）三极管的测量

表笔插位同上，原理同二极管。先假定 A 脚为基极，用黑表笔与该脚相接，红表笔分别接触其他两脚：若两次读数均为 0.7 V 左右，则再用红笔接 A 脚，黑笔接触其他两脚，若均显示"1"，则 A 脚为基极；否则需要重新测量，且此管为 PNP 管。集电极与发射极可以利用"h_{FE}"档来判断：先将档位打到"h_{FE}"档，可以看到档位旁有一排小插孔，分为 PNP 和 NPN 管的测量。前面已经判断出管型，将基极插入对应管型"b"孔，其余两脚分别插入"c""e"孔，此时可以读取数值，即 β 值；再固定基极，其余两脚对调。比较两次读数，读数较大的管脚位置与表面"c""e"相对应。

6）MOS 场效应管的测量

利用万用表的二极管档确定 G 级（栅极）：若某脚与其他两脚间的正反压降均大于 2 V，即显示"1"，此脚即为 G 级。交换表笔测量其余两脚，压降小的那次，黑表笔接的是 D 极（漏极），红表笔接的是 S 极（源极）。

6.4.2 示波器

示波器是一种电子图示测量仪器，它可以把电学信号的变化趋势在电子图谱上展现出来，由此可以通过示波器来研究电学参数随时间变化的规律。示波器是万用表的进阶和完善，可以提供更多的电学信息，从而让测试者更加丰富立体地了解被测物理量。此外，通过将电信号转换成具体可见图形，更加方便对电学信号进行全面分析。随着集成电路技术的不断发展，示波器功能也大大提升，除了能对电信号作定性的测量外，还能用来进行一些定量的测定。不仅可以利用它来测定各种电信号的电压值、频率值、相位、功率等，配备数字电路设备后还具有直读数字数据的功能，和计算机结合使用后还能利用 LabVIEW 实现编程控制。目前，电子示波器已成为电学实验室的必备测试设备，同时它还具有普适性，可以与各种功能型设备连用，实现探测、导航、监听、电子对抗、反隐身等功能，因此示波器广泛应用于科学研究、工农业生产、医疗卫生、地质勘探、航空航天等许多领域。

示波器的类型很多，分类方法亦不同。通常有以下两种分类方法：根据其用途及特点，一般可分为通用示波器、多束示波器、取样示波器、记忆示波器及特种示波器等；按其性能和结构，一般可分为单线示波器、双线示波器和多线示波器。

1. 示波器基本原理和功能

1）示波器基本结构

（1）普通示波管。电子示波器的核心是普通示波管 CRT（阴极射线示波管），它是由电子枪、偏转系统和荧光屏 3 部分组成。示波管的基本结构如图 6.10 所示。

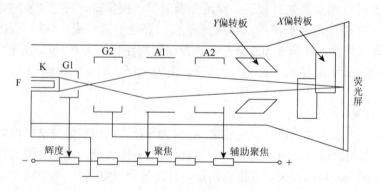

图 6.10 示波管的基本结构

（2）电子枪。示波管的电子枪的作用是产生大量高速运行的电子束流，电子束轰击在荧光屏上，使其在相应部位产生荧光。在图 6.10 中，阴极 K 经灯丝 F 加热后，产生大量电子，通过栅极 G1 对其进行加速，调节 G1 至 K 电位可以改变电子速度从而改变辉度。由于第一阳极 A1 的电位比第二栅极 G2 和第二阳极 A2 低，且 G2 的电位远高于 G1，所以 G1 至 G2 和 A1 至 A2 电子束的主要趋势是聚拢，而 G2 至 A1 电子束的主要趋势是发散，由此才出现如图的轨迹。

（3）偏转系统。偏转系统就是控制该电子束行走轨迹的装置，决定了电子束打到荧光屏的位置。示波管一般至少有一对偏转板：X 偏转板和 Y 偏转板，每对偏转板都由基本平行的金属板构成。每对偏转板上两板之间产生电场，之间的电压必将影响电子运动的轨迹，例如，当两对偏转板上的电位相同时，电子束就会打到荧光屏的正中。Y 偏转板上电位的相对变化只能影响光点在屏上的 Y 位置，而 X 偏转板上电位的相对变化只能影响光点在屏上的 X 位置，两个偏转板共同配合，才决定了任一时刻光点在屏上的坐标。如图 6.11 所示。

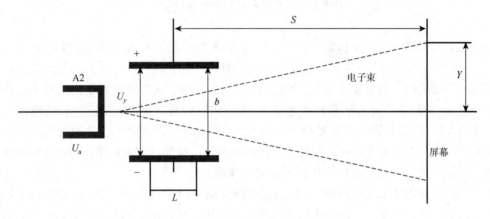

图 6.11　平行板偏转系统的工作原理

（4）荧光屏。荧光屏在示波管一端，通常呈圆形或矩形。它的内壁有一层荧光物质，面向电子枪的一侧常覆盖一层极薄的透明铝膜。高速电子可以穿透铝膜，轰击屏上的荧光物质使其发光。电子束每一瞬间只能击中荧光屏上的一个点，但荧光物质有一定的余辉，同时人眼对观测到的图像有一定的视觉暂留效应，所以我们能够看到光点在荧光屏上移动的轨迹。

当电子束从荧光屏上移去后，光点不会立即消失。从移去电子束到光点辉度下降为原始值的 10%，所延续的时间称为余辉时间。对于不同荧光材料的示波管，余辉时间也不一样。余辉时间小于 10 μs 的为极短余辉；10 μs～1 ms 为短余辉；1 ms～0.1 s 为中余辉；0.1～1 s 为长余辉；大于 1 s 为极长余辉。

不同用途的示波器应选用不同余辉的示波管。测量信号的频率越高，对应示波管的余辉时间越短。一般的示波管用中余辉。应当指出，在使用示波器时要避免过密的光束长期停留在一点上，因为电子的动能在转换成光能的同时，还会产生大量的热能，这不但会减弱荧光物质的发光效率，甚至还可能在荧光屏上烧出一个黑点。

2）示波器基本工作原理

图 6.12 为通用模拟示波器的电路框图。从图中可以看到被测信号①接到 Y 输入端，经 Y 轴衰减器得到适当衰减，然后送至 Y1 放大器（前置放大），得到输出信号②和③，延迟一定时间 T 后，进入 Y2 放大器被放大后产生足够大的信号④和⑤，加到示波管的 Y 轴偏转板上。

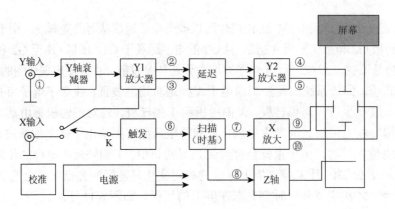

图 6.12 通用模拟示波器的电路框图

为了在屏幕上显示出完整稳定的波形，将 Y 轴的信号③引入 X 轴系统的触发电路（触发方式选择"内"），在信号③的正极性或者负极性的某一电平值（触发电平）产生触发脉冲⑥，启动锯齿波扫描电路（时基发生器），产生扫描电压⑦。由于从触发到启动扫描有 1 个时间延迟 T2，为保证 Y 轴信号到达 Y 偏转板之前 X 轴开始扫描，Y 轴的延迟时间 T_1 应稍大于 X 轴的延迟时间 T2。扫描电压⑦经 X 轴放大器放大，输出⑨和⑩，加到示波管的 X 轴偏转板上。Z 轴系统用于放大扫描电压正程，并且变成正向矩形波，送到示波管栅极，使得在扫描正程显示的波形有某一固定辉度，而在扫描回程则进行抹迹。

以上是示波器的基本工作原理。双踪显示则是利用电子开关将 Y 轴输入的两个不同的被测信号分别显示在荧光屏上。由于人眼的视觉暂留作用，当转换频率高到一定程度后，看到的是两个稳定的、清晰的信号波形。

示波器中还有一个精确稳定的方波信号发生器，用于产生校准信号，供校验示波器用。

3）波形形成原理

（1）光点的运动与迹线。由前面的分析可知，若 X 偏转板和 Y 偏转板上的电压均为零，则光点处于屏幕正中心。若仅在 Y 偏转板加上直流电压，则光点将向上（电压为正极性时）或向下（电压为负极性时）偏移。电压越大，光点偏移的距离越大。由于 X 偏转板未加电压（电压为零），光点在水平方向没有偏移，所以光点只会出现在屏幕的垂直中心线上，并且静止不动。若所加电压改为交流电压，则因电压的瞬时值随时间不断变化，将使光点在垂直方向上不断变化位置。此时屏幕上显示的是一个沿垂直中心线运动的光点。当交流电压频率高于数赫兹之后，光点的运动过程无法看清，而只能看到一条垂直亮线。

同理，仅在 X 偏转板加上直流电压，屏幕上只有一个出现在水平中心线上的亮点。其位置由电压的极性和大小决定。当加上交流电压时，屏幕上显示的是一个沿水平中心线运动的光点。交流电压频率高于数赫兹之后，从屏幕上看到的是一条水平亮线。

若 X 偏转板与 Y 偏转板均加上交流电压，由于两个电压的瞬时值都在变化，因而光点在水平和垂直两个方向的位置都将随之不断改变。显然，由于荧光屏的余辉特性，光点的运动将在屏幕上留下一条迹线，这就是两个电压之间的函数曲线图。

综上所述，当 X 偏转板和 Y 偏转板上所加电压都是直流电压时，荧光屏上显示的只是一个不动的光点，而光点的位置由 X 偏转板和 Y 偏转板上的电压大小与极性共同决定。若一个偏转板加交流电压，另一个偏转板加直流电压，屏幕上显示的是一个沿垂直线或沿水平线运动的光点。一般情况下，从屏幕上看到的是一条垂直或水平亮线。

当两个偏转板所加均为交流电压时，荧光屏上出现的是一个可在整个屏幕上运动的光点。在每一个瞬间，光点的位置是由 X 偏转板和 Y 偏转板上的瞬时电压大小与极性共同决定的。显然，该光点运动的迹线就是两个电压的瞬时值的函数曲线。

（2）波形的展开与扫描。波形图描述的是电信号的电压与时间的关系曲线图，是一个在直角坐标系中画出的函数图形。其中，纵坐标代表电压，横坐标代表时间。显然，要用示波管显示波形，应该让荧光屏上光点垂直方向的位移正比于被测信号的瞬时电压，而光点水平方向的位移正比于时间。也就是说，Y 偏转板控制被测电信号的大小。

但是，如前所述，仅将电压加在 Y 偏转板上，屏幕上显示的只是一条垂直亮线，而不是波形，这好似将波形沿水平方向压缩成一条垂直线。要将此垂直线展开成波形，就必须在 X 偏转板加上正比于时间的电压，这个电压只能是线性锯齿波电压。

在 X 偏转板上加锯齿波电压时，光点扫动的过程称为扫描。这个锯齿波电压称为扫描电压。如果仅仅将锯齿波电压加在 X 偏转板（Y 偏转板上不加信号），那么屏上光点从左端沿水平方向匀速运动到右端（称为正扫期），然后快速返回到左端（称为回扫期），以后重复这个过程。此时，光点运动的迹线是一条水平线，常称为扫描线或时基线。因扫描线是一条直线，故称为直线扫描。由上可知，在锯齿波的正程期，锯齿波电压的瞬时值与时间成正比。屏上光点的水平位移 X 正比于 X 偏转板所加电压 U_x。因此，当 U_x 为线性锯齿波电压时，屏上光点的水平位移将与时间成正比。

若将被测信号（比如正弦波）加在 Y 偏转板上，同时将线性锯齿波电压（扫描电压）加在 X 偏转板上，则在被测信号电压和扫描电压的共同作用下，屏上光点将从左到右描绘出一条迹线。由前面的分析已知，这条迹线上的每一点的垂直位移均正比于被测电压的瞬时值，而迹线上的每一点的水平位移均正比于时间。所以说，这条迹线就是被测信号的波形，如图 6.13 所示。

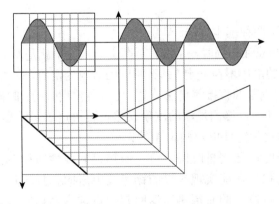

图 6.13　示波器波形的形成

2. 示波器的应用

示波器的基本应用包括电压测量、时间测量、频率测量、相位差测量。

1）电压测量

示波器测量直流电压时，垂直系统加的是一个常量，在扫描电压的共同作用下，屏幕上呈现一条水平直线，因为直线偏离时基线（零参考电平线）的距离与被测电压的大小成正比，所以可以对直流电压进行测量。水平直线向上偏离则被测电压为正，向下偏离则被测电压为负。被测直流电压值为时基线移动的格数和垂直偏转因数的乘积。

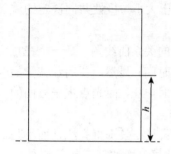

图 6.14　示波器直流电压图形

（1）当被测电压为直流电压时 $U_c = \rho h$，其中，U_c——被测直流电压值，V；ρ——偏转因子，V/cm；h——水平直线相对 0 基线移动的距离，cm。如图 6.14 所示。

（2）当被测电压为交流电压时 $U_{cc} = \rho h$，其中，U_{cc}——被测交流电压的峰-峰值，V；ρ——偏转因数，V/cm；h——被测交流电压波形峰点与峰点间的高度，cm。如图 6.15 所示。

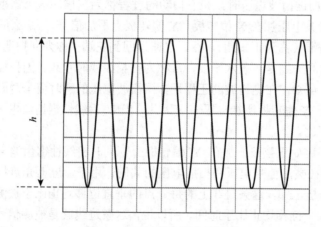

图 6.15　示波器交流电压图形

2）时间测量

时间测量常采用以下两种基本方法。

（1）直接测量法。当线性扫描时，示波管屏幕上的水平轴就是时间轴，若扫描电压线性变化的速度和 X 轴放大器的电压增益一定，那么时间因数也为定值，即可知道时间基线单位长度所对应的时间。这样，与电压的直接测量法一样，可求得被测时间：时间等于时间因数乘以 X，X 是被测波形的水平长度。直接测量法的测量误差主要决定于示波器的分辨率、扫描电压的线性和 X 轴放大器的增益稳定性以及确定 X 的误差。

（2）时标法。利用时标法测量时间，可克服扫描非线性所引起的误差。光点在锯齿波电压下扫动的过程称为扫描，能实现扫描的锯齿波电压叫扫描电压，光点自左向右的连续扫动称为扫描正程，光点自屏的右端迅速返回起扫点称为扫描回程。两次扫描之间的时间间隔称为一个扫描周期。示波器中的时标发生器受触发扫描发生器在扫描正程内输出的负开关电压所控制，因此时标发生器和扫描发生器是同步工作的，即只有扫描正程期间，时标发生器才工作，并输出具有一定周期的时标信号。时标信号加到示波管的控制栅极进行辉度调制，若时标信号的周期远小于被测信号的持续时间，那么由于屏幕上的光迹受到辉度调制而出现明暗间隔的时间标记，即时标，且每两个亮点间的时间间隔等于时标信号周期，被测时间由下式确定：

$$t = nT$$

式中：n 为被测时间 t 内的亮点数（或暗点数）。

这种方法的测量误差主要取决于时标信号周期的准确度和 n 的读数误差，而与扫描的非线性和 X 轴放大器增益无关。

3）频率测量

频率测量常采用以下两种基本方法。

（1）周期法。对于任何周期信号，可根据前面所述的时间测量法，读出信号每个周期的时间 T，再由下式求出频率 f：

$$f = 1/T$$

（2）李沙育图形法。李沙育图形法就是把被测频率 f 的电压加到偏转板（例如 Y 偏转板）上，而把标准频率 f 的电压加到另一偏转板上相比较，被测频率的高低由荧光屏上所显示出的图形性质确定。由于加到示波器上的两个电压相位不同，所以荧光屏上的图形将会有各种不同的形状，这些图形就称为李沙育图形。为了观测方便，必须改变标准频率，直到在荧光屏上得到最简单的和最稳定的图形为止。

图 6.16 所示为李沙育图形法测频率。被测信号频率的确定方法是：分别通过所描绘出的李沙育图形引水平线和垂直线，但所引的水平线和垂直线不应通过图形的交叉点或与其相切。若水平线与垂直线和图形的交点数分别为 m、n，则

$$\frac{f_x}{f_y} = \frac{m}{n}$$

所以

$$f_x = \frac{m}{n} f_y$$

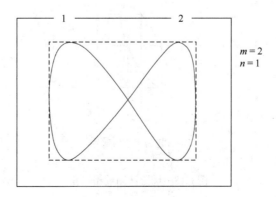

图 6.16　李沙育图形法测频率

李沙育图形法测量频率的精度很高,适用于频率较低的信号。

4)相位差测量

相位差是指两个同频信号的相位差,用示波器测量相位差的常用方法有双踪测量法和椭圆法两种。

(1)双踪测量法。双踪测量法就是利用双踪示波器在荧光屏上直接比较被测电压的波形(它们的幅度最好相同)的方法,如图 6.17 所示,在波形图的时间轴上量出 ce 和 cd 以后,就可以根据公式 $\phi = \dfrac{ce}{cd} \times 360°$ 确定它们之间的相位差。

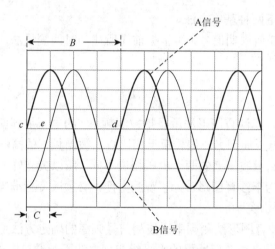

图 6.17   双踪测量法测相位

(2)椭圆法。椭圆法测量相位差是把被测电压之一加到 Y 的输入端,而另一个电压加到 X 的输入端,这时在示波器的荧光屏上就得到一个椭圆,其形状与两个电压之间的相位和幅度有关,如图 6.18 所示。相位差 ϕ 用下列公式来确定。

$$\phi = \arcsin \frac{2U_x}{2U'_y}$$

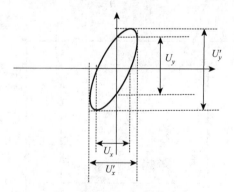

图 6.18   椭圆法测量相位差

椭圆法测量相位的缺点是测量精度不高,测量结果又具有双值性,并且不能确定 ϕ 的符号。

参 考 文 献

[1]　佚名. 直流稳定电源类型及基础知识[J]. 电源技术应用，2010，13（9）：7.

[2]　谈必礼. 交流调压和稳压电源的发展动向[J]. 变压器，2004，41（5）：29-31.

[3]　张广明. 交流稳压电源分类及其特点[J]. 计算机与通信，1996（5）：43-44.

[4]　詹志强. 信号发生器的分类、应用领域及发展趋势[J]. 上海计量测试，2018，45（4）：2-7.

[5]　陈尚松，郭庆，黄新. 电子测量与仪器：第 3 版[M]. 北京：电子工业出版社，2012.

[6]　杨法. 信号发生器选购指南[J]. 无线电，2014（3）：69-72.

[7]　杨洋，邱斌，顾卫红，等. 逻辑分析仪触发设计及应用的研究[J]. 现代科学仪器，2011（5）：83-85.

[8]　庞利会，邓先荣，王军锋. 逻辑分析仪的设计与实现[J]. 电力自动化设备，2012，32（9）：149-152.

[9]　广州致远电子有限公司. 逻辑分析仪—从入门到精通讲座（1）如何选择逻辑分析仪[J]. 今日电子，2009（2）：32-33.

[10]　马鸿雁. 浅谈虚拟仪器及其特点[J]. 发展，2008（1）：134.

[11]　伍星华，王旭.国内虚拟仪器技术的应用研究现状及展望[J]. 现代科学仪器，2011（4）：112-116.

[12]　李媛，马建玉，郭晓薇. 浅谈虚拟仪器技术[C] //第二十七届中国（天津）2013IT、网络、信息技术、电子、仪器仪表创新学术会议论文集. 天津：中国仪器仪表学会；中国电子学会；天津市仪器仪表学会；天津市电子学会：82-85.

[13]　杨法. 射频测量万用表——频谱分析仪[J]. 无线电，2018（3）：59-63.

[14]　张青. 频谱分析仪的使用技巧[J]. 青海师范大学学报（自然科学版），2012，28（3）：103-105.

[15]　李艾祺. 频谱分析原理及频谱分析仪使用技巧[J]. 中国标准化，2017（2）：34-40.

[16]　张娜. 网络分析仪时域测量技术综述[J]. 宇航计测技术，2019，39（1）：1-4，56.

[17]　沈文娟. 矢量网络分析仪的原理及故障检修[J]. 电子工程师，2001（5）：51-53.

[18]　谷歆海. 网络分析仪的工作原理及在测量领域的应用[J]. 电子工程师，2008（7）：15-18.

[19]　夏文诚，陆国平. 网络分析仪的原理分析[J]. 集成电路应用，2017，34（11）：71-73.

7.1　虚拟仪器与 LabVIEW

7.1.1　虚拟仪器简介

　　虚拟仪器是以装有测量应用软件的个人计算机（personal computer，PC）为核心，具有虚拟的仪器操作面板，足够的硬件支持，有一定通信能力的测量装置。其基本思想是利用计算机来管理仪器、组织仪器系统，进而逐步代替仪器完成某些功能，最终取代传统电子仪器。虚拟仪器实质上是软硬件结合的产物，可充分利用计算机技术来实现和扩展传统仪器的功能。在虚拟仪器系统中，硬件仅仅解决信号输入输出，软件才是虚拟仪器系统的关键，任何使用者都可以通过修改软件的方法方便地改变、增减仪器系统的功能和规模[1-3]。

　　虚拟仪器和传统仪器相比有以下特点。

　　（1）性能受限于软件。虚拟仪器中除 PC 外的硬件主要用于数据的采集、输入，而对数据的处理方式和输出方式都是由软件决定的，虚拟仪器的性能好坏很大程度上取决于软件水平的高低。

　　（2）更低的开发和维护费用。当需要增加新的测量功能时，只需配置好相应的数据采集器和对应的软件模块即可，缩短了系统更新时间，同时避免了传统仪器存在的硬件老化问题，节约了维护成本。

　　（3）测量更准确。纯软件的数据处理方式，在不同机器上运行不存在个体差异，测量结果不受环境影响。

　　（4）测量更方便。传统仪器功能单一，往往在测量多个参数的时候需要多台仪器的配合，在测量过程中会受到一系列硬件条件的制约；而虚拟仪器只需部署多个不同的模块，就可以在单次采样后对同一数据进行不同的处理，从而得到不同参数的结果。

7.1.2　LabVIEW 简介

　　LabVIEW（laboratory virtual instrument engineering workbench，实验室虚拟仪器工程平台）是美国 NI 公司开发的图形化编程平台，发明者为杰夫·考度斯基（Jeff Kodosky），程序最初于 1986 年在苹果计算机上发表。LabVIEW 早期是为了仪器自动控制所设计的，至今转变成为一种逐渐成熟的高级编程语言。图形化程序与传统编程语言之不同点在于程序流程采用"数据流"的概念打破传统思维模式，使得程序设计者在流程图构思完毕的同时完成程序的撰写[4-5]。

　　LabVIEW 可支持 Windows、UNIX、Linux、MacOS 等操作系统，提供的库包含信号截取、信号分析、机器视觉、数值运算、逻辑运算、声音震动分析、资料存储等。LabVIEW 特殊的图形程序和简单易懂的开发接口，缩短了开发原型的速度，也方便日后的软件维护，同时 LabVIEW 默认以多线程执行程序，对于程序设计者更是一大利器，使其受到系统开发及研究人员的喜爱。此外，LabVIEW 通信接口方面支持 GPIB、USB、IEEE1394、MODBUS、串行端口、并发端口、IrDA、TCP、UDP、Bluetooth、NET、ActiveX、SMTP 等接口[6-8]。

LabVIEW 不仅支持在 PC 上编程，在实时系统以及现场可编程门阵列（field programmable gate array，FPGA）中也具备编程条件。用户可以将 LabVIEW 编译程序部署到不同平台中，但目前主要还是支持 NI 公司自行生产的嵌入式系统系列产品。

有别于传统文本编程语言使用语句和指令先后顺序决定程序执行顺序的方法，LabVIEW 采用一种图形化的数据流编程语言，称为图形化编程语言（graphical programming language，G 语言）。G 语言天生具有并行执行能力，内置的调度算法自动使用多处理器和多线程硬件，可以跨平台在可运行的节点上复用线程[9-10]。

在 LabVIEW 中开发的程序都叫作 VI，其扩展名默认为".vi"。VI 由前面板、程序框图以及图标/连接器三部分构成，如图 7.1。一般常规编程语言创建的程序，由一个图形用户界面（graphical user interface，GUI）和文本编辑窗口组成，LabVIEW 中的 VI，前面板相当于 GUI，程序框图则相当于文本编辑器，在 LabVIEW 中创建程序框图的过程就相当于用常规语言写代码的过程，而输入控件和显示控件接线端之间连线的过程，就相当于用常规语言编写语句的过程。图标是子 VI 在其他程序框图中被调用的节点表现形式，连接器是子 VI 与其他 VI 调用的接口。

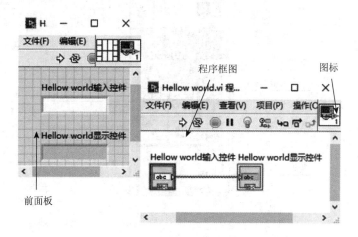

图 7.1 LabVIEW 前面板、程序框图以及图标

LabVIEW 的强大功能归因于它的层次化结构，用户可以把创建的 VI 当作子程序调用从而创建更复杂的程序，这种调用的层次是没有限制的。"数据流"来控制 VI 程序的运行方式。节点输入端口都是有效数据时，它才能被执行。当程序运行完毕后，结果数据将发送至所有的输出端口，并成为有效数据，作为下一节点的输入[11]。

7.1.3 LabVIEW 安装与使用

LabVIEW 可以安装在 Windows、MacOS、Linux 等不同的操作系统上，不同操作系统安装 LabVIEW 时所需资源也不相同。若读者未安装 LabVIEW 可以在 NI 官网上下载安装。本书以

LabVIEW2016 为例进行安装与学习。

安装 LabVIEW 之前需要关掉杀毒程序以避免报错，当运行安装程序后，需要在安装界面输入用户信息与序列号（序列号可以在 NI 官网进行申请，也可不填），之后选定安装目录（默认为系统盘，可修改），在同意许可协议后等待安装完毕重启后即可运行 LabVIEW，用户可以在程序安装路径下或开始菜单中找到 LabVIEW 应用程序。

7.1.4 LabVIEW 操作选板

LabVIEW 拥有多个图形化的操作选板，用于创建和运行程序。操作选板可以随意在屏幕上移动，并可以放置在屏幕的任意位置。操作选板一共有三个，分别是工具选板、控件选板与函数选板[12]。

1. 工具选板

前面板和程序框图的操作都离不开工具选板，它为编程者提供用于创建、修改和调试 VI 程序的各种工具，如图 7.2 所示。可以在前面板或程序框图的查看列表下单击工具选板显示或关闭。

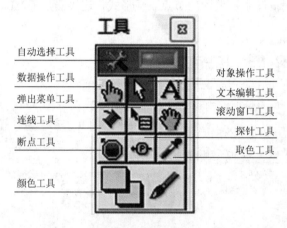

图 7.2　工具选板

当从模板内选择任一种工具后，鼠标箭头就会变成该工具相应的形状。工具图标共有 11 种，如表 7.1 所示。

表 7.1　工具图标

图标	名称	功能
	自动选择工具	根据鼠标位置自动确定工具
	数值操作工具	操作前面板的控制和显示，向数字或字符串控制中键入值时，工具会变成标签工具的形状
	对象操作工具	选择、移动或改变对象的大小。用于改变对象的连框大小时，会变成相应形状
	文本编辑工具	输入标签文本或者创建自由标签。创建自由标签时它会变成相应形状

续表

图标	名称	功能
	连线工具	在程序框图上连接对象，显示相应的数据类型
	弹出菜单工具	单击鼠标左键弹出对象的弹出式菜单
	滚动窗口工具	使用该工具就可以不需要使用滚动条而在窗口中漫游
	断点工具	设置或者清除断点
	探针工具	在程序框图内的数据流线上设置探针，观察该数据流线上的数据变化状况
	取色工具	提取颜色用于编辑其他对象
	颜色工具	给对象定义颜色，显示出对象的前景色和背景色

2. 控件选板和函数选板

控件选板和函数选板的使用非常频繁，可在程序界面单击鼠标右键弹出，也可分别在前面板和程序框图界面中选择，控件选板和函数选板如图 7.3 所示。与上述工具选板不同，控件选板和函数选板只显示顶层子选板的图标。在这些顶层子选板中包含许多不同的控制或功能子选板。通过这些控制或功能子选板可以找到创建程序所需的面板对象和框图对象。其中控件选板用于给前面板添加输入控制和输出显示，函数选板用于创建程序框图。

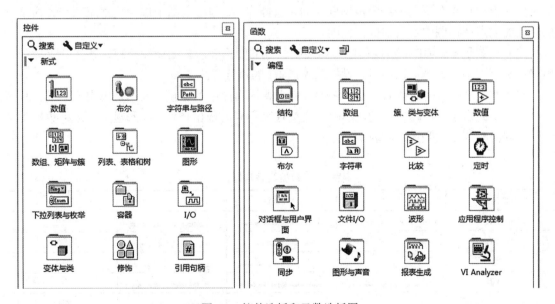

图 7.3　控件选板和函数选板图

7.1.5　创建 VI

创建 VI 有三种方法，可以在启动界面通过菜单栏文件新建 VI 或者使用快捷键 Ctrl + N 创建一个 VI，也可以通过创建项目 VI 模板来创建 VI。创建 VI 后，在用户界面即可看到弹出的程序框图，在窗口界面单击显示前面板或者使用 Ctrl + E 可以调出前面板，用户可以自定义前面板和程序框图各自的大小和位置，一般为了方便常采用左右两栏显示在窗口中，可以选择界面布局更换，也可使用快捷键 Ctrl + T 更换界面布局。

使用输入控件和显示控件来构成前面板。输入控件是用户输入数据到 VI 的接口，而显示控件是输出程序产生的数据接口[5]。输入控件和显示控件有许多种类，可以从控件选板的各个子选板中选取，在前面板单击鼠标右键，在弹出的控件选板中选中需要的控件，待鼠标变为控件的形状后在任意位置单击鼠标左键即可将控件放置在前面板中。

将鼠标放置在控件上单击鼠标右键可以弹出该控件的说明窗口，在该窗口可以对控件的特定功能进行修改，选择属性窗口可以弹出控件的属性面板，在属性面板可以对控件进行更加细致的配置。

程序框图是由节点、端点、框图和连线四种元素构成的[11]。

（1）节点类似于文本语言程序的语句、函数或者子程序。LabVIEW 有两种节点类型：函数节点和子 VI 节点。两者的区别在于：函数节点是 LabVIEW 已编译好的机器代码，供用户使用的；而子 VI 节点是以图形语言形式提供给用户的。用户可以访问和修改任一子 VI 节点的代码，但无法对函数节点进行修改。

（2）端点是只有一路输入/输出，且方向固定的节点。LabVIEW 有三类端点：前面板对象端点、全局与局部变量端点和常量端点。前面板对象端点是数据在程序框图部分和前面板之间传输的接口。一般来说，一个 VI 的前面板上的对象（控制或显示）都在框图中有一个对象端点与之一一对应。当在前面板创建或删除面板对象时，会自动创建或删除相应的对象端点。控制对象对应的端点在框图中是用粗框框住的，只能在 VI 程序框图中作为数据流源点。显示对象对应的端点在框图中是用细框框住的。

（3）框图是 LabVIEW 实现程序结构控制命令的图形表示。如循环控制、条件分支控制和顺序控制等，编程人员可以使用它们控制 VI 程序的执行方式。

（4）连线是端口间的数据通道。它们类似于普通程序中的变量。数据是单向流动的，从源端口向一个或多个目的端口流动。不同的线型代表不同的数据类型，在彩显上，每种数据类型还以不同的颜色予以强调，如表 7.2 所示。

表 7.2 数据线型与颜色

数据类型	标量	一维数组	二维数组	颜色
整形数				蓝色
浮点数				橙色
逻辑量				绿色
字符串				粉色
文件路径				青色

前面板放置的输入控件和显示控件在程序框图中也有对应的控件，与前面板不同的是，在程序框图的输入控件会有数据输出节点，显示控件会有数据接收节点。在使用函数选板添加其他函数之后，鼠标靠近相应节点，就会变成连线的形式（或者使用工具选板的连线工具），单击该节点，然后单击到连线终止的另一个节点（或线），即可实现连线。连接完毕后，菜

单栏左上角断开的箭头将变为完整形状，表示 VI 可以运行。图 7.4 所示范例实现的是：结果＝X＋Y，例如，当输入"X＝4，Y＝7.3"之后，结果显示控件将输出 11.3。用户也可以尝试其他不同的方式实现本 VI。

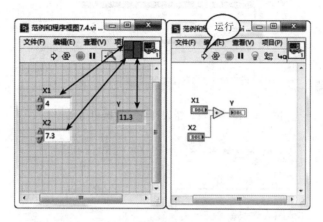

图 7.4　范例和配置接线端

如果需要将编辑完成的程序变成子 VI 供其他 VI 调用，需要为其配置接线端与图标。如图 7.4 所示，前面板菜单栏的右上角分别为接线端与图标界面。接线端界面左侧表示数据流入，右侧表示数据流出。单击任意一个小窗格，窗格变黑后单击对应的输出/显示控件，窗格变色表示连接到对应的器件。

双击图标界面就可以打开图标编辑器，可以对上述 VI 的图标进行更改，用户可以在 32×32 的像素格中对图标进行编辑，同时支持添加文本。LabVIEW 也提供了一定量的图标模板供用户调用。

最后点开前面板或程序框图中的文件窗口，选择"保存"，更改文件名字之后保存到自己设置好的存储路径中，便可以在其他 VI 中使用本次编辑好的范例了。在其他 VI 中打开可以看到包含两个输入节点与一个输出节点。

7.1.6　VI 调试与错误分析

1. 错误列表

由于 LabVIEW 程序编译是在连线过程中自动进行的，当程序框图中出现未连线或连线错误以及其他语法错误时，在前面板工具条上的运行按钮将变成一个折断的箭头，表示程序不能被执行，这时，这个按钮被称作错误列表，单击它会自动弹出错误列表对话框，单击任何一个所列出的错误，出错的对象或端口会变成高亮显示，如图 7.5 所示。

2. 高亮执行

高量执行按钮点亮的时候运行 VI 程序，程序将以较慢的速度运行，没有被执行的代码灰色显示，执行过的代码高亮显示，并显示数据流线上的数据值，这样就可以根据数据的流动状态跟踪程序的执行，如图 7.6 所示。

图 7.5　错误列表、错误列表对话框和高亮显示

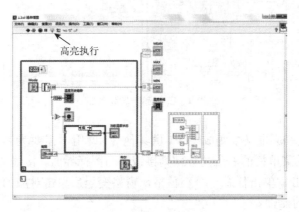

图 7.6　程序高亮执行

3. 单步执行与断点

为了查找程序中的逻辑错误，可以让程序框图单节点执行，同时使用断点工具在程序的某一个位置中断程序执行。单步执行和断点配合使用可以检测 VI 中的数据流向。按下单步执行按钮，闪烁的节点被执行，下一个将要执行的节点变为闪烁，指示它将被执行。使用断点工具时，可以通过单击鼠标左键在相应位置设置或者清除断点。断点在节点或者框图上显示为红框，在连线上显示为红点。当 VI 程序运行到断点处时，程序在此处中止，并闪烁。也可以单击暂停按钮，这样程序将连续执行直到下一个断点为止，如图 7.7 所示。

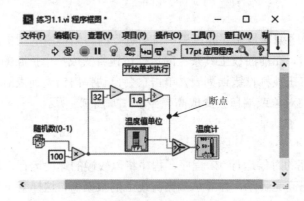

图 7.7　单步执行和断点

4. 探针工具

可以用探针工具查看某一根连接线的数据流，如图 7.8 所示。VI 运行之前，在工具选板中选择探针工具并在连接线上放置探针，或者使用连线工具，再将鼠标移动到需要放置探针的连接线上后点击右键放置探针；VI 运行过程中，也可以直接单击某根连接线直接显示探针工具。

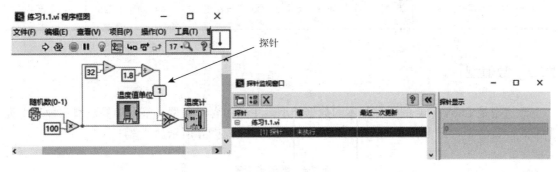

图 7.8　探针工具

7.2　数　据　结　构

7.2.1　布尔型

布尔型数据也叫逻辑型数据，只有 1 和 0，真（True）和假（False）两种状态。布尔控件是为了模拟真实仪器利用机械开关实现开启、关闭或触发等功能而存在的[13]。控件选板中的布尔输入控件主要包括各种按钮、开关以及复选框，显示控件则是各种类型的指示灯。函数选板中的布尔选板包括各种逻辑运算、数据转换以及布尔常量，布尔常量存在于函数选板的布尔子选板中。

LabVIEW 的布尔控件提供一些开关，具备完全模拟机械的开关与触发的能力。开关、触发两者的动作都可以改变布尔控件的值，区别在于如何恢复控件的原值。机械动作是布尔型输入控件的一个重要属性，利用该属性可以模拟真实开关的动作特性，可以右键单击布尔输入控件进行更改[13]，具体功能在表 7.3 中呈现。

表 7.3　布尔输入控件的机械动作

按钮动作	图标	动作说明	使用场景举例
单击时转换		按下按钮时改变值，且新值一直保持到下次按下	照明灯开关
释放时转换		按下按钮时值不变，释放按钮时值改变	复选框
保持转换直到释放		按下按钮改变值，保持新值直到按钮释放	门铃

续表

按钮动作	图标	动作说明	使用场景举例
单击时触发		按下按钮时改变值，保持新值直到被 VI 读取一次为止	紧急停止按钮
释放时触发		释放按钮时改变值，保持新值直到被 VI 读取一次为止	关闭按钮
保持触发直到释放		按下按钮时改变值，保持新值直到释放且被 VI 读取一次为止	遥控器

7.2.2　数值型

数值型是 LabVIEW 的一种基本的数据类型，主要包含浮点型、整型和复数型三种基本类型形式。数值型数据含有多种表示方法，其详细分类如表 7.4 所示。

表 7.4　数值类型表

数值类型	图标	储存所占位数	数值范围
扩展精度	EXT	128	最小正数：6.48×10^{-4966} 最大正数：1.19×10^{4932} 最小负数：-6.48×10^{-4966} 最大负数：-1.19×10^{4932}
双精度	DBL	64	最小正数：4.94×10^{-324} 最大正数：1.79×10^{308} 最小负数：-4.94×10^{-324} 最大负数：-1.79×10^{308}
单精度	SGL	32	最小正数：1.40×10^{-45} 最大正数：3.40×10^{38} 最小负数：-1.40×10^{-45} 最大负数：-3.40×10^{38}
定点型	FXP		无固定范围
64 位整型	I64	64	$-2^{63}\sim2^{63}-1$
长整型	I32	32	$-2^{31}\sim2^{31}-1$
双字节整型	I16	16	$-2^{15}\sim2^{15}-1$
单字节整型	I8	8	$-2^{7}\sim2^{7}-1$
无符号 64 位整型	U64	63	$0\sim2^{64}-1$
无符号长整型	U32	32	$0\sim2^{32}-1$

续表

数值类型	图标	储存所占位数	数值范围
无符号双字节整型	U16 15 0	16	$0 \sim 2^{16}-1$
无符号单字节整型	U8 7 0	8	$0 \sim 2^{8}-1$
扩展精度复数	CXT	256	实部与虚部分别与扩展精度浮点型相同
双精度复数	CDB	128	实部与虚部分别与双精度浮点型相同
单精度复数	CSG	64	实部与虚部分别与单精度浮点型相同

数据类型隐含在前面板输入和显示控件中，数值控件主要位于控件选板的数值子选板中，任何数据类型都有相应的常数，LabVIEW 中的常数只能在程序框图中使用，它在函数选板的数值子选板中。

LabVIEW 中控件的数据类型可根据不同的需要变更，只需在前面板或程序框图中右键单击控件或对象，选择表示法，进而选择需要的数据类型即可。

7.2.3　字符串

字符串型数据可以在 LabVIEW 中表示字母和数字组合的文本信息。字符串控件是字符串数据的容器，字符串控件值的属性是字符串[9]。字符串输入和显示控件在控件选板中以文本框的形式展现。路径控件属于独立于字符串的一类特殊控件，和字符串存在密切关系，二者可以自由转换，同时用户可以在路径控件中对路径进行查看和选择。在函数选板中，字符串选板允许用户对字符串进行拆分、连接、截取以及删除等操作，还可放置一系列字符串常量。

LabVIEW 的字符串控件支持字符串以四种不同的风格显示，可以通过快捷菜单或者属性对话框设置。

（1）正常显示。以字符串的方式显示字符串数据，是字符串默认的显示方式。对于不可显示的数据则显示乱码。

（2）"\" 代码显示。不可显示的字符以 "\＋ASCALL 十六进制" 的方式显示。对于回车、换行等特殊字符，则采用 "\＋特殊字符" 的方式显示。特殊字符的 "\" 表示如表 7.5 所示[2]。

表 7.5　特殊字符的 "\" 表示

代码	十六进制	十进制	含义
\b	0x08	8	退格符
\n	0x0A	10	换行符
\r	0x0D	1.	回车符

续表

代码	十六进制	十进制	含义
\t	0x09	9	制表符
\s	0x20	32	空格符
\\	0x5C	92	"\" 符号
\f	0x0C	12	进格符
\00～\FF			八位符的十六进制值

（3）密码显示。选择密码显示时，在显示控件中显示为星号，星号数量与数据流流入的字符串个数一致，一般常用于密码对话框。此时输入的真实内容是字符，只是显示为星号，但对字符串进行复制时，复制的内容为星号，而不是星号所代表的字符。

（4）十六进制显示。以十六进制方式显示字符串，常用于通信和文本操作中。

7.2.4 下拉列表与枚举

下拉列表控件的数据类型属于数值型，枚举控件的数据类型属于枚举型，二者外观极其相似，如图 7.9 所示。

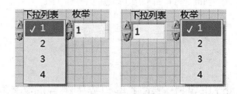

图 7.9 下拉列表与枚举

虽然下拉列表与枚举外观相似，但是其属性和应用方面有很大差距，表 7.6 列出了下拉列表和枚举的差异[1, 7]。

表 7.6 下拉列表和枚举的差异

控件类型	下拉列表	枚举
数据类型	数值型	枚举型
表示法	支持任何浮点实数类型：EXT、DBL、SGL、I64、I32、I16、I8、U64、U32、U16、U8	只支持三种无符号整数类型：U32、U16、U8
设置条目	条目可设定任意值，但是不能有数值相同的条目	只能按照顺序给每个条目设定一个整数值。从 0 开始，之后每个条目加 1
作为条件结构的条件	按照每个条目的值来判断条件是否满足，须手动输入所有可能出现的条件值	条件结构知道枚举类型中每个条目
修改条目标签	可通过控件的属性设置，在程序运行时，修改下拉列表每一项的标签	只能在编辑状态下修改每一项的标签
类型严格性	所有下拉列表都是同一种数据类型，条目有所不同的两个下拉列表可以直接相互赋值	拥有不同条目的枚举属于不同数据类型，它们之间不能直接赋值。如需赋值，需要首先强制转换成一般数值类型，再转换成另一枚举类型

下拉列表与枚举控件包含在控件选板的下拉列表与枚举子选板中，与数值类型相同的下拉列表与枚举常量也在函数的数值子选板中。

7.2.5　数组

在 LabVIEW 中，数组是同类型元素的集合。数组可以根据元素的个数动态改变大小，从而节省存储资源。在内存允许的前提下，一个数组所包含的元素上限是 $2^{31}-1$ 个，数组中的数据类型可以是数值、布尔、字符串、列表框、波形数据，甚至是簇，但不能把矩阵和数组作为数组的元素，也不能创建以子选板、选项卡或图表为元素的数组[6]。

在 LabVIEW 中，控件选板中的数组、矩阵和簇选板中可以放置数组输入控件和显示控件，矩阵是一种特殊的数组。在数组函数选板中，允许用户进行数组编辑与索引、数组类型转换、放置数组常量等操作。

数组由元素与维数两个部分组成，元素是组成数组的数据，维数是数组的长度、高度或深度，数组可以是一维或多维的[8]。当放置一个数组控件之后，数组是灰色的，需要放置相应的数据控件在数组选项框中，才会变成具有相应元素的数组。通过将鼠标移动到数组元素的边界上，当鼠标变成一个双向箭头之后可以通过横向或竖向拖动改变数组的元素个数，数组中有数据的元素控件显示为亮色，没有数据的地方显示为灰色。 表示数组的维数，框中的数字表示该数组的索引，索引值从 0 开始，如图 7.10 所示。

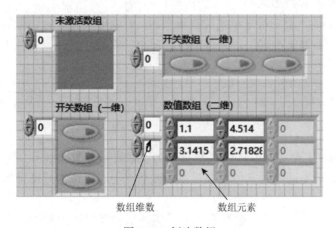

图 7.10　创建数组

7.2.6　簇

簇和数组是 LabVIEW 中最常见的复合型数据类型，它类似于 C 语言的结构体变量。描述一个外部现象时，使用簇是必不可少的。簇这种复合型数据类型是 LabVIEW 的核心数据类型。与数组不同的是，数组只能包含一种数据类型，而簇可以包含多种数据类型，包括简单数据类型和复合数据类型。创建簇时要将不同类型的数据打包，访问簇中的元素时要先将簇解包。另外，在运行过程中，数组的长度可以自由改变，而簇的元素个数是固定的。

簇控件和数组控件都位于数组、矩阵与簇控件子选板中，创建簇和创建数组方法类似。与其他数据类型相同，簇也有常量，它的常量位于簇、类与变体函数选板中。

7.2.7 列表框与表格

1. 列表框

列表框是由一系列包含符号和文本的项目组成的，其中符号为图形显示，文本为字符显示。列表框控件内含的数据类型是 I32，本质是数值型控件。列表框常作为显示控件使用，主要起显示文件名和对应图标的效果。当作为输入控件时，主要用于用户多次选择项目以形成新的列表。

列表框的动态控制是通过属性节点实现的。列表框属于控件类，具有控件类所有的属性、方法和事件，同时也有一些自身独立的属性、方法和事件。

2. 表格

虽然表格和多列列表框同属于一个控件选板，且外观上有诸多相似，但二者所包含的数据类型完全不同。多列列表框包含的数据类型是 I32 标量，如果允许多选，则多列列表框中包含的是 I32 数组；而表格包含的数据类型是二维字符串数组，表中的每一个单元格表示数组中的一个元素。表格本质是一个二维的数组，控件的行数、列数表示前面板可见区域的行数和列数，且表格的大小即表格实际数组大小。

由于表格实质上是一个字符串形式的二维数组，所以可以通过对数组的各种操作实现对表格的编辑与控制。表格属于控件类，具有控件类所有的属性和方法，和列表框一样，表格也有自己的属性和方法。

7.2.8 波形

波形数据是 LabVIEW 中特有的一类数据类型，此数据类型类似于"簇"，由一系列不同数据类型的数据组成，但不同的是它可由波形发生函数产生，可作为数据采集后的数据进行显示和存储。

数据采集卡采集外部物理量的过程中，需要按照设定的扫描时钟，等时间间隔依次采集，描述这样一个过程需要三个因素，分别是起始时间、时间间隔和采集生成的数组[14]。由于这种特殊性，波形数据控件位于 I/O 控件组中，波型常量在波形子选板下的模拟波形子选板中。

如图 7.11 所示，波形数据控件内部包含三个控件：表示开始时间的时间控件 t_0，表示时间间隔的数值控件 dt，表示连续采集的数据的数值控件 Y。通过波形控件结合公式 $T_i = t_0 + i*dt$，可以很轻松地计算每个数据对应的时间点，i 是数组 Y 的索引号，T_i 是所求第 i 个数据的时间点。

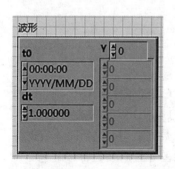

图 7.11　波形数据控件

7.3　基本程序结构

任何计算机语言都离不开控制程序流的结构，从汇编语言可以知道，最基本的控制程序流程的结构是顺序和条件跳转结构，其他复杂的结构都是由这两个基本的结构组合而来。LabVIEW 也不例外，在函数选板中有一个结构选板提供常见的程序流程控制结构。

7.3.1　顺序结构

顺序结构在文本编程语言中是不存在的，因为它本来就是按顺序执行的，循环和条件结构只是改变顺序执行的次序。但 LabVIEW 不一样，它是数据流驱动的多线程编程语言。决定 LabVIEW 一个节点是否运行，取决于该点是否有有效数据流入。当节点所有必需的输入端都有数据流入的时候，该节点才会运行。LabVIEW 的这种特性使得它的程序框图运行次序很难判断，LabVIEW 通常用两种方法控制程序运行次序，分别是数据流和顺序结构[15]。

在结构选板中有两种顺序结构，分别是平铺式顺序结构和层叠式顺序结构。

1. 平铺式顺序结构

平铺式顺序结构如图 7.12 所示，它的可读性很好，所有帧都在程序框图中显示，用户对程序结构一目了然。平铺式顺序结构由左到右依次执行各帧代码，可以在结构框上单击右键添加或编辑帧，以此控制程序执行顺序。

平铺式顺序结构可读性好，使用顺序结构可优先考虑平铺式顺序结构。

2. 层叠式顺序结构

层叠式顺序结构占用程序框图面积较少，同时层叠式顺序结构可以很方便地调整每帧顺序。可通过在平铺式顺序结构框图上单击鼠标右键将其替换为层叠式顺序结构，图 7.13 就是图 7.12 替换为层叠式顺序结构后每帧的界面。

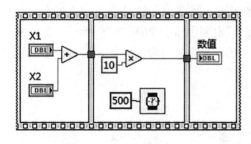

图 7.12　平铺式顺序结构

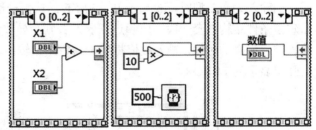

图 7.13　层叠式顺序结构

7.3.2　条件结构

条件结构是 LabVIEW 的另一个重要结构。类似于 C 语言中的 IF...ELSE 语句或 SWITCH 语句，使用条件结构是为了让程序在某种特定情况下执行某段特定程序。LabVIEW 中只存在一种条件结构，即条件分支结构。条件分支结构可以接收包括布尔、数值、枚举、字符串在内的多种条件输入。值得注意的是，条件结构中必须有一个默认条件框，且数据输出隧道必须连接所有条件分支，否则会产生中断的数据流导致程序无法运行。

如图 7.14 所示，在程序框图中创建条件结构，放置后默认只包含真和假两个条件分支，如需更改条件分支，可以右键单击条件框，在弹出的属性菜单栏中增减和修改条件分支。基本的条件结构由以下几个元素组成。

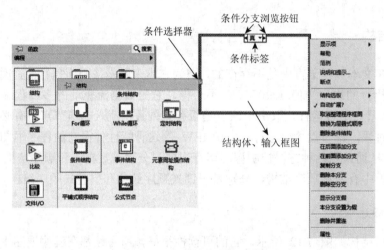

图 7.14　条件结构基本结构

（1）条件选择器接线端。条件选择器接线端接入的元素为结构提供条件选择，可以由布尔、错误簇、数值、枚举、下拉列表等数据类型接入。

（2）条件分支浏览按钮。条件分支浏览按钮用于浏览前一个和后一个条件分支，当到达最后（先）一个条件分支后，自动回到最先（后）一个条件分支，即能够自动回卷。

（3）条件分支下拉列表。条件分支下拉列表是指以下拉列表的方式显示所有的分支列表。

（4）条件标签。条件标签以文本形式显示当前分支的条件，可以通过编辑文本的方式修改。

（5）结构体。结构体是条件分支中条件的执行部分，用于输入程序框图。

当输入为布尔型时，相当于 IF…ELSE 结构，一般来讲，所有的条件结构都允许嵌套，但布尔型条件结构嵌套一般不应超过三层，否则会导致调试出现困难。如图 7.15 所示，当布尔输入控件为真的时候，输入数值将加 1 后将结果输出，而输入控件为假的时候，将有一个对话框弹出显示为 ERROR。

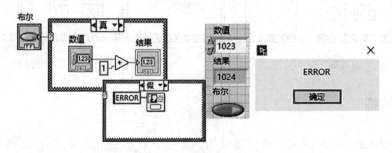

图 7.15　结果输出真和假

当条件输入端不是布尔变量的时候，类似于 C 语言中的 SWITCH 语句。当然，由于条件结构中存在条件限制，数值型条件只允许整数作为输入，单精度和双精度数据输入时将默认转换为有符号的整数。如图 7.16 所示为一数值型条件分支结构，在该结构下，0 为默认条件分支，用户可以通过切换到任意分支界面对默认分支进行修改，在本范例中更改默认分支为分支 1。在条件分支 0 中，输入数值为 0 的时候将会对 0～10 这 11 个数执行相加，会在条件分支 0 的显示控件中看到 55 输出，而输入值为 2 的时候将点亮 1 盏布尔灯，如果输入其他数值，则会默认执行条件分支 1，即将输入数值加 1 后输出。由于数值型条件结构有限制，所以会四舍五入将数值变为最接近输入值的有符号整数，因此实际执行结果和输出值会略有不同。

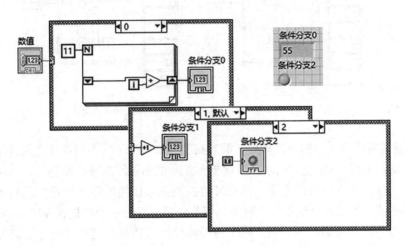

图 7.16　数值型条件分支结构

7.3.3　循环结构

1. For 循环

循环结构一共有两种，分别是 For 循环和 While 循环，循环结构是 LabVIEW 程序设计中最基本的结构[9]。For 循环对某段程序循环指定次数如图 7.17 所示，循环次数通过设置循环总数或给定数组来控制。

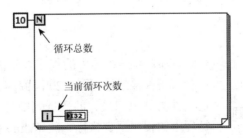

图 7.17　For 循环

循环总数通过给 N 赋值控制循环次数，For 循环输入数组时，可以将数组中的元素依次输入来依次控制循环次数，若数组和循环总数同时输入，按照较小的循环次数进行循环。输入数组时可以依次输入，也可以一次性输入。图 7.18 左图所示是自动索引即数组元素一个一个输入，一个一个输出。若想一次性输入数据，将 For 循环框图上的隧道右键设置为关闭索引和最终值即可，如图 7.18 右图所示。

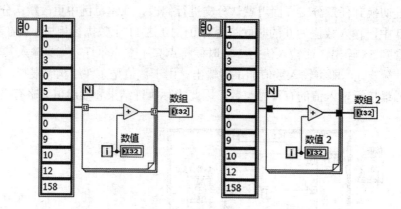

图 7.18　For 循环索引方式和非索引方式输入数组

For 循环隧道负责循环结构内部和外部的数据交换，在循环的不同迭代之间传递数据时需要用到移位寄存器，如图 7.19 左图所示，右键单击循环框图可添加移位寄存器，也可将隧道替换为移位寄存器。移位寄存器就是把上一次循环产生的结果赋值给下一次循环的输入，添加移位寄存器时要赋初值，不赋初值也能运行程序，但是移位寄存器中的数据在 VI 关闭时才从内存清除，因此可能会造成不可预料的后果。除了使用移位寄存器外，还可以通过反馈节点实现两次循环数据交换，如图 7.19 右图所示。将输出输入连接起来，系统会自动生成反馈节点符号。

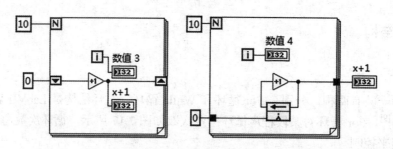

图 7.19　移位寄存器与反馈节点

2. While 循环

While 循环功能与 For 循环类似，都是将结构体中的程序重复执行，但是 While 循环是通

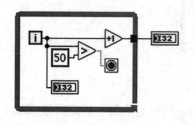

图 7.20　While 循环

过输入条件接线端（图 7.20 圆圈部分，单击后转换为绿色，判定条件与红色相反）的数据判断是否执行下一次循环，While 循环中的程序至少执行一次。While 循环是 LabVIEW 中最经常使用的一种循环结构，For 循环中的隧道、移位寄存器和反馈节点及使用方法在 While 循环中也适用，但是使用索引隧道时 While 循环的循环次数可超过数组长度，此时输入隧道的是数组默认值。

7.3.4 事件结构

事件驱动是指当事件发生时，才会触发内部程序的运行方式，是一种触发式的执行方式。和 LabVIEW 推崇的数据流编程模式完全不同，事件驱动是一种被动等待的过程。事件采用队列的方式，而 LabVIEW 对于用户界面采用的是查询的方式。事件结构的引入，极大改善了界面处理效率，也增加了新的设计模式，事件结构的优点是减少 CPU 占用率以满足即时响应的需要，所以事件结构一般用于 GUI 和用户接口界面，对于子 VI 则不适用[15]。

LabVIEW 中的条件结构、堆叠式顺序结构和事件结构在基本构成上是非常相似的。由于事件的检测和处理一般是连续进行的，所以事件结构也需要被连续调用，因此事件结构常和 While 循环搭配使用。事件结构的基本组成如图 7.21 所示，选择器可以选择不同的事件执行框，事件数据节点提供了供当前事件使用的数据节点，超时连接端子用于触发超时事件，默认值为–1，当为默认值时表示永不超时，当执行时间超过设置的时间超时后将触发超时事件并执行超时事件框中相应的程序。

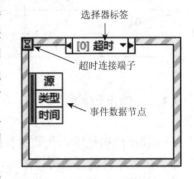

图 7.21 事件结构的基本组成

事件结构的基本范例如图 7.22 所示，在该范例下所呈现的效果是，当鼠标放在确定按钮上时，鼠标进入的布尔灯点亮，移除确定按钮时，布尔灯熄灭；当单击确定按钮时（注意将确定按钮的触发方式改为单击时转换）单击点亮的布尔灯点亮，再次单击确定按钮布尔灯熄灭；若程序运行事件超过 1 s 则进入超时事件，弹出测试结束的对话框。

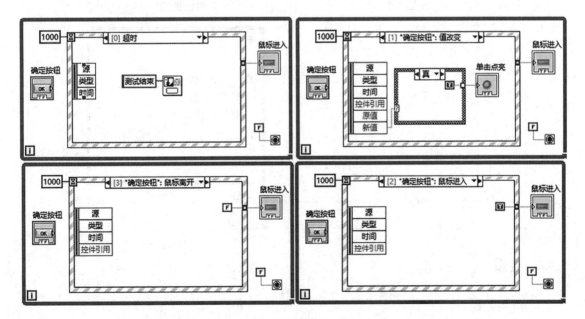

图 7.22 事件结构的基本范例

LabVIEW 支持的事件种类繁多，正确选择事件是事件设计的核心，LabVIEW 支持的事件列于表 7.7[13]。

表 7.7　LabVIEW 支持事件

事件源	鼠标事件	键盘事件	应用程序菜单	快捷菜单	大小改变	值改变
应用程序	典型应用程序事件包括应用程序关闭和超时事件					
VI	支持	支持	支持		支持	
窗格	支持			支持	支持	
分隔栏	支持					
控件	支持	支持		支持		支持

7.3.5　禁用结构

禁用结构是阻止代码执行的程序结构，内含多个子程序框图，每次只编译和执行其中一个，在程序调试时使用该结构，可以避免重复性地删除与恢复代码操作。禁用结构包含两种，分别是程序框图禁用结构和条件禁用结构，在程序框图界面函数选板结构子选板中。程序框图禁用结构包含启用和禁用两种子程序框图，禁用界面程序颜色变浅被禁用，启用界面程序颜色不变处于启用状态，条件禁用结构也可以配置程序在某个终端运行时启用，如图 7.23 所示。

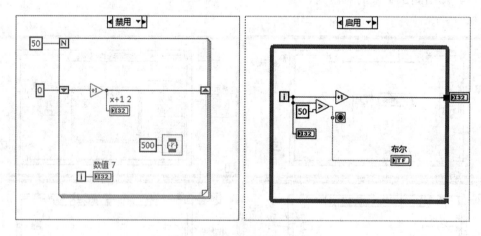

图 7.23　程序框图禁用结构

7.3.6　变量

1. 局部变量

局部变量的作用范围通常限于当前 VI，且与某一个控件对应，代表当前控件的某一部分属性而不是控件本身，可以从一个 VI 的不同位置访问前面板的对象。一个控件可以生成若干个局部变量，每一个局部变量复制其所代表的控件的对应数据，由于需要对数据进行复制，所以会消耗更大的内存（全局变量亦是如此），所以在大的数据结构中不适用，但局部变量的运行速度远高于控件的值属性。虽然使用时必须考虑内存占用问题，但标量的局部变量可以不考虑复制的问题，因此局部变量在标量的使用中更为常见[4, 5, 9]。

右键单击一个控件，在菜单栏创建局部变量，同时可以更改局部变量的值属性以设置不同的局部变量，局部变量的几种典型使用方法如下。

（1）初始化。虽然在编程时可以设置控件的默认值，但往往在运行过程中，默认值和上次结束时的状态有关，因此可以使用局部变量为输入控件赋初值。

（2）结束并行循环。当 VI 中包括多个并行的 While 循环时，通常需要用一个停止按钮停止多个循环。

（3）代表数据类型。使用簇捆绑函数时，需要提供簇的数据类型，可以通过常量的方式输入数据类型，但簇常量占据的框图空间比较大，使用局部变量来表示则更为方便。

（4）部分传递数据。在实际应用中，一般需要采集大量的数据，而不需要全部存储，可以在特定条件下按一定比例或者按一定时间间隔来存储数据或显示一部分数据，这种情况可以采用局部变量传递数据。

2. 全局变量

全局变量可以在多个 VI 之间访问和传递数据，其作用区域是不受限制的，因为 LabVIEW 的全局变量存放在单独的文件中，其后缀也是".vi"，一个全局变量 VI 可以存储多个全局变量，但是和一般 VI 不同的是，全局变量仅仅只有前面板而没有程序框图。全局变量用于在不同 VI 之间交换数据，对于简单的标量数据，其运行速度要高于普通 VI，但在传递大型数据时，因为全局变量需要先复制变量的内存，速度反而不如一般的 VI。数据流往往能起到缓存作用，所以效率更高[4]。

全局变量的建立有两种方法，可以在菜单栏中选择"文件"→"新建"→"其他"→"全局变量"，或者在结构选板上选择"全局变量"。全局变量需要设置默认值。全局变量主要适用场景如下。

（1）作为只读变量或常量。程序中有时需要在多处使用相同的值，可以使用全局变量来定义常量，尤其是标量，使用全局变量会很方便。

（2）结束多个 VI。与局部变量相似，全局变量可以在多个 VI 中作为结束端部署。

（3）服务器/客户端方式。和局部变量类似，全局变量允许某个 VI 作为服务器提供数据，而其他 VI 作为客户端按照某种设计好的方式进行数据读取，以实现不同需要。

局部变量和全局变量在使用过程中都容易引起数据的竞争，因为使用它们之后数据的流动不再是依赖数据的连线关系，而局部变量和全局变量可以在任何时间和地点强行改变控件的值。当多处局部变量试图改变一个控件的值时，就会引起数据的竞争，从而导致应用程序出现问题。而对于全局变量而言，数据竞争造成的问题则更大，由于全局变量作用于调用全局变量的所有 VI，一方面其竞争的源头更难被找到，另一方面其产生数据竞争后影响的范围也更大。所以在使用局部变量和全局变量时必须时刻考虑数据竞争问题。

7.4 常用函数

7.4.1 布尔函数

布尔函数位于函数选板的布尔子选板中。布尔函数的数据类型可以是布尔型、整型、元素为布尔型或整形的数组和簇。根据输入元素的类型,布尔函数将判断进行逻辑运算还是位运算,当输入为布尔型时,将进行逻辑运算,而输入为布尔数组或簇时,则将每一个元素按位进行逻辑运算。当输入为整型或整型数组/簇时,会将整型数转换为对应的二进制数,然后将每一位进行逻辑运算,最后的输出为经过逻辑运算后的十进制数。若输入为浮点型,则会将其强制转换为整型后再运算[16]。

7.4.2 数值函数

LabVIEW 没有单独的运算符,它的数值运算函数类似常规编程语言中的运算符。数值函数选板包含加、减、乘、除等基本运算函数,还有随机数、数据转换和数据操作等高级运算函数。数值函数几乎是最常用的函数选板,而且很多函数是多态函数,允许多种类型参数输入。

数值函数选板中所有函数对标量都适用,标量运算包含加、减、乘、除、平方、商与余数、平方根等,其输出结果也是标量,如图 7.24 所示。

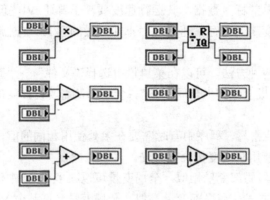

图 7.24 标量的基本运算

除了标量与标量间运算外,标量与数组间、数组与数组间也有运算。标量与数组运算是标量与数组中每一个元素进行相应的运算,运算结果是相同维数的数组。图 7.25 所示是标量常量和数组常量运算,结果是新的数组,标量与数组间的运算还可以对数组进行清零、对所有元素赋值等操作。

数组与数组运算分为多种不同方式,相同维数与大小的数组运算,就是相同索引的数组元素进行相应运算,形成新的相同维数与大小的数组。这类运算不改变数组结构,如图 7.26 所示。

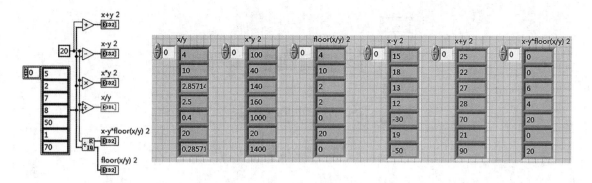

图 7.25　标量常量与数组常量运算

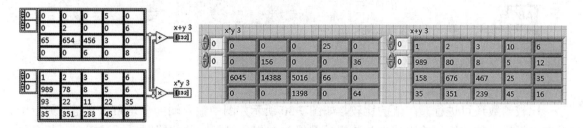

图 7.26　相同维数与大小的数组运算

相同维数不同大小的数组运算，需要根据较小的数组长度，对较大数组进行剪裁操作，使两个数组具有相同的大小，然后进行运算。空数组是只有维度但大小为 0 的数组，它不包含任何一个元素，建立一个新数组不赋值就是空数组，空数组与任何数组进行运算都是空数组，不同维数数组不能进行运算，如图 7.27 所示。

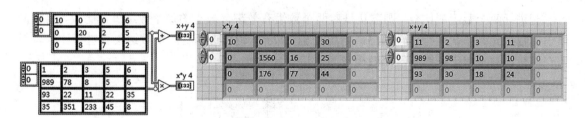

图 7.27　相同维数不同大小数组运算

数值函数选板除了对数组进行运算外，还可进行数值的转换、拆分、缩放等操作。

7.4.3　比较函数

比较函数也具有多态性，比较函数在函数选板的比较子选板上。比较函数最基本的操作是对两个数的大小进行比较，如图 7.28 所示。

除了数的比较，字符串也可以进行比较，如图 7.29 所示，图中字符串 abc 和 ABC 是不同的大小写，其 ASCII 码不同，所以输出为假，"x = y"圆形指示灯不亮。此外，比较函数也可判断字符串是否为 8、10 和 16 进制数值。

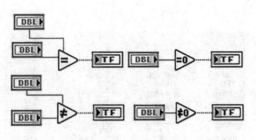

图 7.28　两个数进行比较

图 7.29　字符串的比较

比较函数还可进行布尔值的比较，如图 7.30 所示，图中输入端一个是布尔常量，另一个是布尔量组成的数组，输出端也是数组，数组与布尔常量相同的位置圆形指示灯亮，其余的灯灭。

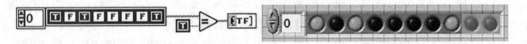

图 7.30　布尔值的比较

若进行两个数组的比较，则默认是对两个数组有效部分最小的那个数组进行比较，将相同索引的数组元素依次进行比较输出，如图 7.31 所示。也可选择将两个数组集合进行比较，只需在比较函数上单击右键更改比较模式为比较集合即可。

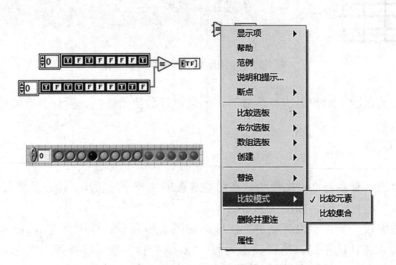

图 7.31　数组的比较

簇的比较需要有相同的元素类型及个数，元素数目不同或元素类型不一致将无法比较，如图 7.32 所示。同数组类似，簇也可以选择比较模式。

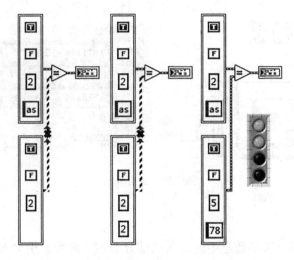

图 7.32　簇的比较

7.4.4　数组函数

函数选板中的数组子选板提供了大量针对数组操作的函数，数组函数的使用非常灵活，同一问题使用不同的数组函数往往具有多种解决方法，所以需要仔细甄别其具体用法，下面将分别说明。

1. 数组大小

如果输入的是一维数组，则返回 I32 数据，I32 的值表示一维数组长度；如果输入的是多维数组，则返回一个元素为 I32 的数组，数组中每一个元素表示对应维数的大小。通过计算返回的一维数组的长度，可以推算当前数组的维数。如图 7.33 所示，通过 3 个嵌套的 For 循环生成三个三维数组，该数组大小为 3×2×1，可以看到数组大小函数反映该三维数组的大小。

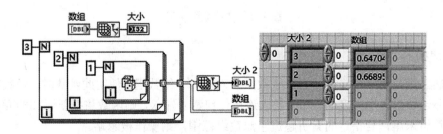

图 7.33　数组大小

2. 索引数组

通过索引数组函数可以获得输入数组的特定元素。当选择函数的每一个索引值确定后，具体元素就确定了。值得注意的是，索引数组不仅能获得特定元素，还能得到元素的某一行和某一列，具体用法如图 7.34 所示。

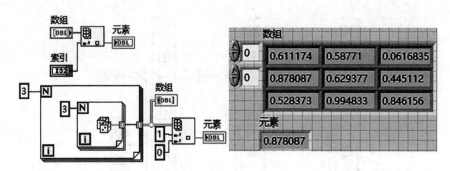

图 7.34　索引数组

3. 替换数组子集

替换数组子集指用于替换数组中的元素或部分数组。函数索引输入端子表示开始替换位置，默认索引值为 0，若"索引值"＋"子数组"长度大于原数组长度，则只替换到末端。具体用法如图 7.35 所示。

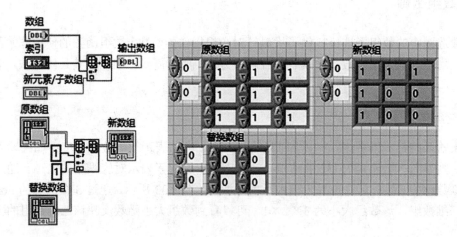

图 7.35　替换数组子集

4. 数组插入

数组插入函数用于将一个元素或子数组插入一个 n 维数组。使用此函数时，函数将自动调整大小以显示数组各个维度的索引。若未连接任何索引输入，则函数将把新添加的元素或子数组添加到数组末尾，若指定的索引超过了原数组范围，则操作被忽略。

5. 删除数组

删除数组函数从数组中删除一个元素或子数组，输出端返回删除后的数组和已删除的元素子集。当索引未连接时，将自动从数组末尾删除。

6. 初始化数组

初始化数组函数用于数组初始化，如图 7.36 所示，该函数提供这样 1 个数组："元素"定义数组中元素，"维数大小"定义数组的长度，向下拖动"维数大小"输入端口可以增加数组维数，若维数为 0，则初始化后的数组为空数组。

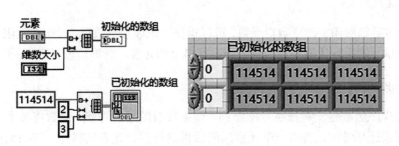

图 7.36　初始化数组

7. 创建数组

创建数组函数可以连接多个数组或向数组中添加元素，如图 7.37 所示。下拉函数的接线端子，可以增加输入端的数量。将多个标量连接到函数的输入端子可以构建一个一维数组，如果连接的是元素和数组，则会将该元素添加到数组中。

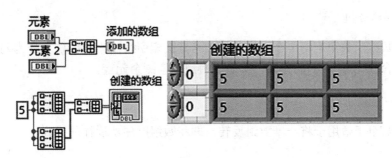

图 7.37　创建数组

8. 数组子集

数组子集函数用于索引数组中的子数组，输入端指定开始索引的索引值和索引长度，如果索引大于实际长度，或索引长度为 0，则返回空数组，如图 7.38 所示。

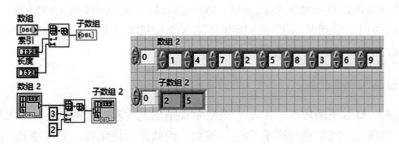

图 7.38　数组子集

9. 数组最大值与最小值

数组最大值与最小值函数用于返回数组中第一个出现的最大值及其索引值、最小值及其索引值。对于多维数组，索引输出端子返回的为数组，数组元素表示对应维数的索引。

10. 重排数组维数

重排数组维数函数用于改变数组维数，可以重排一维或多维数组。若给定数组元素数量多于原数组元素数量，则用默认值补齐；反之则丢弃多余的元素。若维数设置为 0，则返回空数组。

11. 一维数组排序

一维数组排序函数将元素按照升序排列。如果数组的元素为簇，函数将按照第一个元素的比较结果对元素进行排序，当第一个元素匹配后再进行后续元素的排序。该函数的输入只能是一维数组，且只能按升序排列。

12. 搜索一维数组

搜索一维数组函数用于搜索一维数组中是否存在指定元素，且返回元素的索引值；若不存在该元素则返回 −1，当搜索到第一个满足条件的元素后，程序停止。开始索引为索引起始值，默认为 0。

13. 拆分一维数组

拆分一维数组函数用于将 1 个一维数组按给定的索引值从索引值前方分为两个一维数组。第一个数组包含 0~[索引−1]的元素，第二个数组包含剩余元素。

14. 反转一维数组

反转一维数组函数用于将一维数组反转，即将数组顺序从后往前排列。

15. 一维数组循环移位

一维数组循环移位函数的作用是：当 $n > 0$ 时，函数将数组最后 n 个元素置于前端；当 $n < 0$ 时，函数将前 n 个数据置于后端。

16. 一维数插值

一维数插值函数通过指数索引或 x 值，线性插入数字或点的数组中的 y 值。如图 7.39 所示，当索引为 2.7 时，索引从 0 开始，因此是第 3 个和第 4 个元素中间长度为 0.7 的值，结果为 $5 + [(8-5)*(2.7-2)] = 7.1$。

17. 以阈值插入一维数组

以阈值插入一维数组函数实际上是一维数组插值的逆运算。首先通过一维数组插值函数求取指定索引下的插值，然后通过阈值插值一维数组函数进行逆运算，把插值的结果作为阈值，返回索引值，如图 7.40 所示。

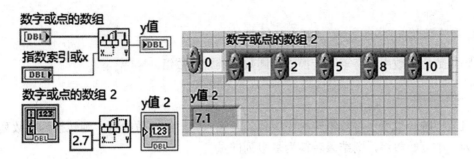

图 7.39　一维数组插值

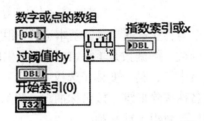

图 7.40　以阈值插入一维数组

18. 交织一维数组

交织一维数组函数用于依次抽取输入的一维数组中相同索引的元素组成新的数组，新的一维数组长度等于所有输入数组中最小长度与输入数组数量的乘积，因为当不同长度的数组输入时，会自动按最小长度截取为相同长度的数组再进行交织操作。

19. 抽取一维数组

抽取一维数组函数是交织一维数组的逆运算，将数组元素分为若干输出数组并依次输出，可以通过下拉函数来增加输出数组的数量。

20. 二维数组的转置

二维数组的转置函数可用于将二维数组进行转置操作。若某一个元素按行列可以表示为 a_{ij}，那么在转置后该元素的位置则为 a_{ji}。

21. 数组至簇

数组至簇函数用于将数组转换成簇。将一维数组转换成簇时，簇元素的名称将由数组名称和数组元素索引组合而成，簇元素的顺序依赖数组索引的次序。簇的大小默认是 9，最大为 256，当数组大小小于簇大小时，用默认值填充，当数组大小大于簇的大小时，则多出的数组元素被忽略。

22. 簇至数组

簇至数组函数要求被转换的簇元素类型必须相同，该函数使得簇被转换成与簇元素相同的数据类型的数组。

23. 矩阵至数组

矩阵至数组函数用于将矩阵转换成相同数据类型的数组。

24. 数组至矩阵

数组至矩阵函数用于将数组转换成矩阵,若输入为一维实数数组,则转换为实数列向量;若输入为一维复数数组,则结果转换为复数列向量。

7.4.5 簇函数

不同于通过运算函数进行簇与标量、簇与簇的基本运算,很多场合需要处理簇中的某些特定元素,这时候就需要用到簇函数。簇函数是 LabVIEW 中提供的有关簇的常用节点,用于处理簇中特定元素,位于函数选板中簇、类与变体子选板中。

簇函数有 8 个,分别是按名称解除捆绑、按名称捆绑、解除捆绑、捆绑、创建簇数组、索引与捆绑簇数组、簇至数组转换与数组至簇转换。

1. 按名称解除捆绑函数

按名称解除捆绑函数可按名称返回簇中函数,并且不用考虑次序。

2. 按名称捆绑函数

按名称捆绑函数可以替换簇中的元素,它可以更清晰地对簇中元素进行操作,不用考虑次序。通过函数选板生成按名称捆绑函数,连接簇自动识别数据类型,设置输入端数据替换簇中相应元素,在输出端就可以得到替换相关元素后的簇。

3. 解除捆绑函数

解除捆绑函数将一个簇分割为独立元素,将所有元素分割,如图 7.41 所示,上方函数是按名称解除捆绑,可用于提取特定元素,下方是解除捆绑,分割所有元素。

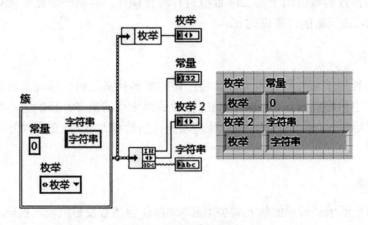

图 7.41 解除捆绑函数

4. 捆绑函数

捆绑函数可以对簇中元素进行替换，还可以将独立元素捆绑合并为一个簇。

5. 创建簇数组函数

创建簇数组函数将输入对象捆绑为簇，再将簇构建为数组。

6. 索引与捆绑簇数组函数

索引与捆绑簇数组函数用于对多个数组索引并创立簇数组。

7. 簇与数组互换函数

簇与数组互换函数包含数组至簇转换函数与簇至数组转换函数，前者把一维数组转换为簇，后者把输入的簇转换为一维数组，值得注意的是簇元素类型必须一致。

7.4.6　定时函数

定时函数可以用于测量时间，同步任务避免 VI 中循环独占 CPU 等，定时函数在函数选板定时子选板中。定时函数常用到时间计数器、等待（ms）和等待下一个整数倍毫秒这三个函数，表 7.8 列出这三个函数图标及其功能。

表 7.8　定时函数图标与功能

名称	图标	功能
时间计数器		返回毫秒计时器的值，基准参考时间（第 0 ms）不是一个实际的时间点，所以不可将毫秒计时值转换为实际时间或日期
等待（ms）		等待指定长度的毫秒数，并返回毫秒计时器的值。连线 0 至等待时间（ms）输入，可迫使当前线程放弃对 CPU 的控制
等待下一个整数倍毫秒		等待，直至毫秒计时器的值为毫秒倍数中指定值的整数倍。该函数用于同步各操作。可在循环中调用该函数，控制循环执行的速率。但此时第一个循环周期可能很短。连线 0 至毫秒倍数输入，可迫使当前线程放弃对 CPU 的控制

7.4.7　对话框

对话框用于实现人机交互，对话框与前面板的最大区别在于没有菜单，对话框一般不是主界面，只提供几个简单的选项以满足特定的需要。对话框分为模式对话框和非模式对话框，模式对话框要求主 VI 暂时停止运行，直到对话框返回。非模式对话框是独立的窗口，一旦被调用之后就独立于主 VI 运行[16]。

如图 7.42 所示，在函数选板的对话框与用户界面子选板中提供了三种基本对话框，用于实现简单的数据交互。而更复杂的对话框则需要通过自己创建 VI 实现。单按钮对话框只包含一个"确定"按钮和一条信息。双按钮对话框包括"确定"和"取消"两个按钮，单击"确定"

按钮，对话框返回 TRUE；单击"取消"按钮，对话框返回 FLASE。三按钮对话框包含"是""否"和"取消"三个按钮，它返回一个枚举型的数据类型以表示被单击的按钮。

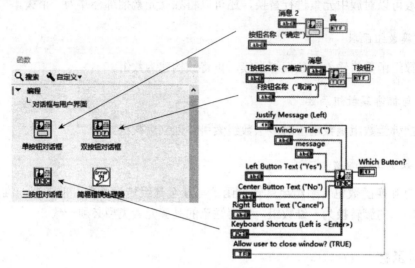

图 7.42　三种基本对话框

　　另外，LabVIEW 还提供了两个与对话框有关的快速 VI，分别是"提示用户输入"和"显示对话框信息"。

　　"提示用户输入"适用于要求用户输入少量信息的场合，可以同时输入多个数据，也可以双击此 VI 或打开属性面板调整输入数据类型，支持选择数字、复选框和字符串。

　　"显示对话框信息"用于创建含有警告或用户消息的标准对话框，可以在配置对话框界面对显示信息进行修改，同时函数可以提供标准的错误输出。

7.4.8　文件处理函数

　　如表 7.9 所示，在 LabVIEW 中，可用于存储的文件数据非常多，常见的有如下几种。

表 7.9　LabVIEW 常见文件格式

文件格式	后缀	归类
文本文件（text file）	.txt	文本
配置文件（configuration file）	.ini	文本
电子表格文件（Spreadsheet File）	.xls	文本
二进制文件（binary file）	.dat	二进制
数据记录文件（datalog file）	.log	二进制数据记录
波形文件（waveform file）	.dat/.txt	二进制/文本数据
基于文本的测量文件（mesurement file）	.lvm	文本数据
二进制 TDM（technical data management）文件	.tdm	二进制数据记录
二进制 TDMS（technical data management streaming）文件	.tdms	二进制数据记录
XML 文件	.xml	文本

虽然种类繁多，但从本质上看，它们可以归类为文本文件、二进制文件和数据记录文件三种类型，是为了虚拟仪器开发的方便，从数据存储的方便性和效率方面对文件操作函数进行了再次封装。这些文件的操作在 LabVIEW 中都提供了许多简单易用的函数集，它们都集成在函数选板下的文件 I/O 子选板中。为了提高文件可读性，缩短程序开发周期，使用上述函数对文件进行操作时，大多遵循"打开/创建文件"→"数据读写"→"关闭文件"这样的流程规范。例如，在对文本文件进行操作时，就是采用了这样的方式，如图 7.43 所示。

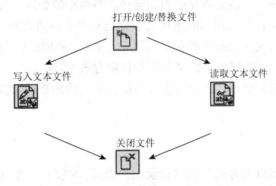

图 7.43 文本文件的规范读写操作

1. 文本文件

如图 7.44 所示的范例中，在特定路径下使用创建文本函数创建了一个名为"顺序写入.txt"的文本文件。之后通过创建/打开/替换文件这一函数打开该路径下的这一文件，通过一个 for 循环顺序写入 50 个随机生成的字符串，每个字符串写入间隔 1 s，最后通过关闭文件函数关闭文件，程序框图和结果如图 7.44 所示。

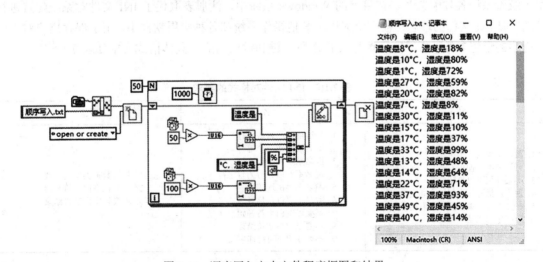

图 7.44 顺序写入文本文件程序框图和结果

2. 二进制文件

二进制文件采用二进制值编码，可以在程序中随时访问二进制文件中任何位置的内容，它占用的磁盘空间更少，且存储和读取无须在文本表示与数据之间进行转换，具有更高的存储效率与文件读取速度。但它只能被机器读取。二进制文件和文本文件操作方式类似，也遵循打开文件、读写数据以及关闭文件三步流程。同时 LabVIEW 为二进制文件提供了专门的读写函数。

3. 数据记录文件

在实际的开发过程中，大多数情况是面向同种类型数据的处理，只是所处理的数据类型比较复杂而已。数据记录文件是以相同的结构化数据记录序列存储数据，以提高文件读写速度，简化文件操作。数据记录文件记录的数据类型通常是簇，LabVIEW 会将每个记录作为含有待保存数据的簇写入该文件。数据记录的文件类型在创建该文件时确定，同时给每个记录按顺序分配一个记录号以便于数据查询。在使用读写数据记录义件函数的时候，必须要先说明写入文件的数据类型。

4. 电子表格文件

电子表格文件的数据组织方式与数据记录文件类似，它支持一维或二维字符串、带符号整数或双精度数组等类型的数据，同时使用含有分隔符的字符串保存数据，最后生成的数据可以在 Excel 中查看和导出。但电子表格文件与数据记录文件在存储方式上有本质区别：电子表格文件属于文本文件，而数据记录文件属于二进制文件，所以在数据量比较大的时候，使用电子表格记录数据效率较低。但电子表格可读性好，使用更方便。

5. 配置文件

配置文件属于一种文本文件，以一种特定方式组织操作系统或软件配置信息，又称 INI 文件，用于统管系统各项配置[12]。在目前的 Windows 系统中，注册表取代了 INI 文件对系统配置进行管理，但 INI 文件的理念却被广泛应用于其他操作系统和各种应用软件中，用于保存用户对于应用程序的配置参数。Windows 配置文件由段、键和键值组成。具体格式要求如表 7.10[11]。

表 7.10 INI 文件对格式的要求

段名	键名	键值
1. 段名至少为一个字符 2. 名称中不要使用右括号 3. 不要使用不可打印字符 4. 使用左括号作为第一个非空白字符 5. 在文本行结束位置使用右括号 6. 所有字符在第一行内	1. 与键值共同构成一行 2. 键名后应跟一个等号 3. 键名至少为一个字符 4. 键名不要以分号为首字符 5. 键名不要出现等号 6. 键名不要以左括号为首字符 7. 不要以空白字符开始 8. 不要以空白字符结束 9. 不要使用不可打印字符	1. 保持数据类型的一致性 2. 不要以空白字符开始 3. 不要以空白字符结束

LabVIEW 提供了一系列函数集来对 INI 文件进行读写与编辑，支持字符串、布尔、路径、64 位二进制双精度浮点数、32 位有符号整数和 32 位二进制无符号整数等多种数据类型。由于 INI 文件本质是文本文件，所以这些函数实际上是对文本文件函数二次封装后得到的。

6. 二进制 TDMS 文件

二进制 TDMS 文件是 NI 主推的用于高速存储测量数据的一种高速数据流文件,具有高速、易存取、方便等多种优势。TDMS 文件基于 NI 的 TDM 数据模型,模型从逻辑上分为文件、通道组和通道三个层,每个层上都可以附加特定属性,设计时可以通过使用这三个逻辑层来修改测试和查询数据。数据以数据段来保存的,通过添加数据段来写入文件,同时数据段又被分为六部分,如表 7.11 所示[14]。

表 7.11　数据段的主要域

编号	域	含义
1	ToCBitmask	32 位整形,表示该数据段是否包含 MetaData、RawData
2	VersionNumber	表示数据段的版本,用于兼容文件
3	NextSegementOffset	表示下一个数据段的偏移字节
4	RawDataOffset	表示本段中原始数据的偏移字节
5	MetaData	属性存储字段
6	RawData	原始数据

LabVIEW 为 TDMS 提供了完整的函数集,这些函数又被划分为标准和高级 TMDS 函数和 VI。标准 VI 用于常规 TDMS 操作,高级函数用于实现类似异步读写等高级功能。当写入 TDMS 完成后,LabVIEW 将自动生成两个文件“.tdms”文件和“.tdms_index”文件,前者存储数据,后者存储索引。

7. XML 文件

可扩展标记语言(extensible markup language,XML)与 HTML 一样,都是标准的通用标记语言。其本质是一种文本文件,可以在任意一个文本编辑器中修改,与 INI 类似,在虚拟仪器中常用来保存应用程序的配置文件和参数,因为 XML 文件逻辑性强,易于掌握,虽然没有二进制文件那样快速的读取速度,但可以被用来存储配置文件。

8. 文件压缩函数

文件压缩函数的作用是在程序运行过程中直接以压缩文件形式进行存放,好处是可以节省存储空间,但同时在压缩过程中会占用大量系统时间对文件进行压缩。文件压缩函数所创建的压缩文件后缀名为“.zip”,用户可以在外部查看与解压该文件。文件压缩函数包括:新建 Zip 文件,在中断所指定的路径中新建一个空的 Zip 文件;添加文件至 Zip 文件,将源文件路径指定的文件添加到一个 Zip 文件中;关闭 Zip 文件,关闭 Zip 文件输入所指定的 Zip 文件;解压缩,将压缩文件的内容解压到目标目录。

9. 文件工具

除了上述针对不同类型的处理函数之外,LabVIEW 还提供了极其丰富的辅助工具函数以满足不同文件的处理需要，包括对文件路径、大小、权限的处理以及对文件的移动和复制、粘贴等操作。

7.4.9　报表生成函数

LabVIEW 中生成报表需要使用报表生成函数，它在函数选板报表生成子选板中。通过新建报表，设置报表类型，添加报表文本以及保存报表至文件可简单生成一个报表，如图 7.45 所示。

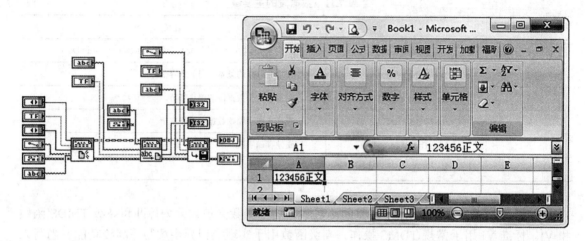

图 7.45　生成 Excel 表格

LabVIEW 还可生成多行表格以及对表格内数据进行操作，例如，新建报表、设置报表格式、添加表格和其他信息进入报表、保存打印报表等。

7.5　数字波形处理

7.5.1　波形生成

LabVIEW 中信号生成总共可以分为两种方式：一是通过程序控制 A/D 采集卡采集外部硬件产生的波形；二是通过 LabVIEW 程序本身产生波形。下面将分别介绍。

1. 外部采集

对于像波形信号这种快速变化的量来说，要精确测量，必须采用较高频率来采样（需要满足采样定理），但频率过高会增大系统资源消耗，在实际采样过程中按照采集方法可以分为单通道和多通道。

单通道采样是在采集过程中，为了从一个通道采集一个数据，对单点进行测量的方法。采样时，软件会自动从一个数据输入通道一次读取一个数值，直接向外输出。这种方法不需要大的系统内存，但采集的量有限，只适用于简单的采集场合[13]。

多通道采样是指一次输入采样由多个通道完成，将多个通道每次采样的数据打包为一个数组，每一路都是数组中的一个元素。通过将数组放置在预设置的缓冲区，软件再对缓冲区数据进行处理以实现波形采集的目的。实际使用中大多采用多通道来采集波形数据，因为其处理效率更高[13]。

2. 自生成

LabVIEW 中有两个信号发生函数面板，其中波形生成子面板用于产生波形数据类型表示的波形信号，信号生成子面板用于产生一维数组表示的波形信号。

如图 7.46 所示，采用基本函数发生器产生基本函数，它可以生成包括正弦波、方波、三角波和锯齿波在内的多种波形信号，并可调节信号的幅值、频率和相位等信息，输出的数据类型是波形数据。

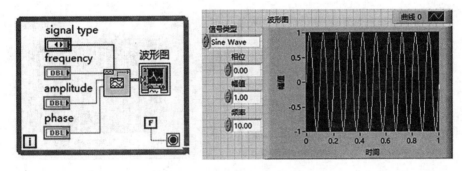

图 7.46　基本函数波形信号生成

对于多频信号，则可采用多个单一频率组分的波形叠加的方式产生新的波形。LabVIEW 提供了"基本混合单频""基本带幅值混合单频"以及"混合单频发生器"三个专门的 VI 用于产生多频信号，以满足不同的需要[17]。其中"混合单频发生器"可以产生任意频率组分的多频信号，且"基本带幅值混合单频"和"混合单频发生器"可以指定信号幅值。如图 7.47 所示，使用混合单频信号发生器产生了一个多频信号，此时的输出为波形数据。

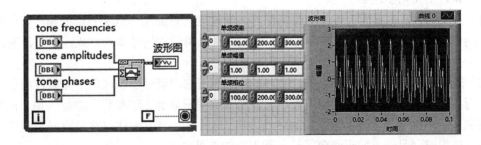

图 7.47　产生多频信号

另外，还可以通过使用公式节点产生波形信号，具体方法如图 7.48 所示。通过公式节点创建了 $y_1 = x^2 + bx + 7$ 以及 $y_2 = ax + b$ 的波形图，并在同一个图表中显示，此时输出为二维数组。

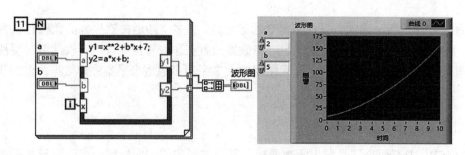

图 7.48　使用公式节点创建波形

在对系统进行仿真的时候，也需要仿真出噪声信号，LabVIEW 同样提供了噪声信号发生器以供模拟，如图 7.49 所示，通过均匀白噪声波形函数生成了一个白噪声，输出为波形数据。

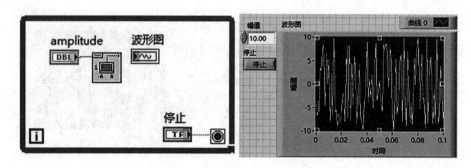

图 7.49　通过函数模拟白噪声

7.5.2　波形调理

通常来说，采集到的信号不一定满足用户对数据的要求，一般要经过波形调理对波形进行处理，波形调理的目的是削弱信号中的多余内容与滤除混杂噪声的干扰，从而将信号变换成容易处理、传输以及便于识别的形式，提高信号的信噪比，以便进行后续其他处理[2, 18]。

波形调理的常用手段如下[2]。

（1）放大。将从传感器上传来的微弱信号，经过放大后提高分辨率并降低噪声，使得调理后信号的电压范围与 A/D 电压范围匹配。作为一种最简单的信号调理方式，该方法有助于减小传输干扰。

（2）隔离。一般指隔离高压信号，因为短时的高压脉冲很可能超过电子元器件所承受的电压范围而导致损坏。具体做法是使用光、电容耦合或变压器等方法对数据进行传递，在被测系统和测试系统间传递信号时避免直接的导线连接。这种做法一方面使得输出数据不受低电位和输入模式的影响，另一方面也避免了设备和人身的意外伤害。

（3）滤波。滤除信号中不需要的成分（大多数情况下是滤除噪声），提高信号质量。通常情况下，信号调理中对慢变信号使用低通滤波器，用来消除高频噪声信号。而实际使用时则需要考虑使用抗混叠滤波器来消除最高有效频率以上的所有信号。如图 7.50 所示，实现一个简单的均值滤波。同时 LabVIEW 还提供了许多滤波函数以满足不同的需要。

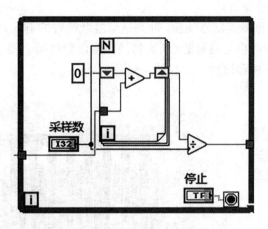

图 7.50　均值滤波的实现

（4）激励。信号调理过程中可以为某些设备提供所需的激励信号。通常，大多数信号调理模块都提供电压源和电流源，以方便给传感器这类元件提供驱动。

（5）线性化。大多数传感器测量信号为非线性量，为了应用方便需要对它的输出信号进行线性化处理，以消除传感器引起的误差。数据采集系统中可以使用 LabVIEW 软件在程序中解决这一问题。

7.5.3　波形测量

波形测量面板提供对波形各种信息的测量，波形测量界面在波形函数选板的模拟波形子选板中。具体功能包括测量波形的平均直流均方根、瞬态特性、周期、幅值等信息，以及对波形进行频域分析和监测等。为更好理解波形测量函数，选取几个函数详细分析。基本平均值与均方差测量是利用基本平均直流-均方根子 VI，在信号上加窗函数，然后计算其平均值及均方差值。该 VI 通常用在 For 循环或者 While 循环中连续处理数据，如图 7.51 所示。

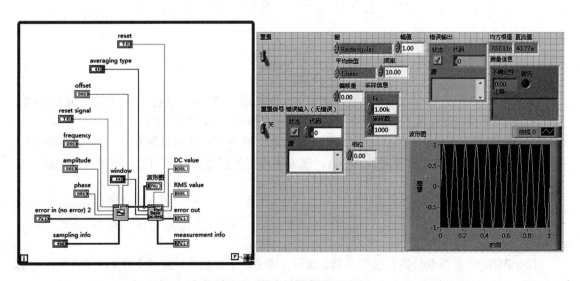

图 7.51　基本平均直流-均方根

在设计系统时，需要测量其动态响应，即测量信号跃迁时的响应。若系统对动态响应良好，则系统对其他信号响应一般也是良好的。瞬态特性测量函数可用于测量波形中选定跃迁的瞬态持续期、边沿斜率以及下冲和过冲等，如图 7.52 所示。

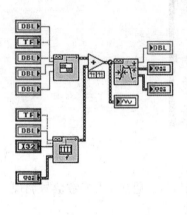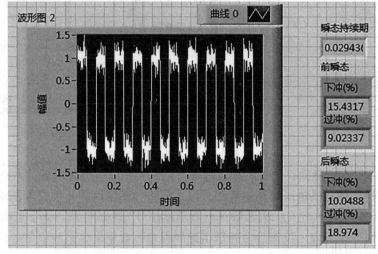

图 7.52　瞬态特性测量函数

以上是从信号时域角度进行分析，有时它不能完全揭露信号的特性，这时需要从频域角度对信号进行分析，LabVIEW 中关于频域分析的函数在函数选板信号处理子选板变换和谱分析子选板中。

其中傅里叶变换是一种非常有效的数学分析方法，它包含离散傅里叶变换（discrete Fourier transform，DFT）和快速傅里叶变换（fast Fourier transform，FFT）。对连续信号进行傅里叶分析时，为取得傅里叶变换正变换，需要用离散傅里叶变换，其公式如下[19]：

$$(k) = \sum_{k=0}^{N-1} x(n) \mathrm{e}^{-jnk\frac{2\pi}{N}} \quad (k=0,1,2,\cdots,N-1)$$

反变换公式如下：

$$x(n) = \frac{1}{N} \sum_{k=0}^{N-1} X(k) \mathrm{e}^{jnk\frac{2\pi}{N}}$$

但是当采样量较大时，DFT 计算很麻烦，一般采用 FFT，FFT 包含实数 FFT、复数 FFT、二维实数 FFT 和二维复数 FFT。图 7.53 所示为通过 LabVIEW 实现 FFT。

波形监测也属于波形测量，它可用于测量边界、捕获尖峰、测量触发等，在进行测量时，有时候需要知道信号是否在某范围内，这时候就需要用创建边界规范和边界测试 VI，如图 7.54 所示。

7.5.4　波形存取

LabVIEW 波形存取功能在波形函数、波形文件 I/O 子选板中。波形文件 I/O 子选板中包含 3 个 VI，分别是写入波形至文件、从文件读取波形和导出波形至电子表格文件。

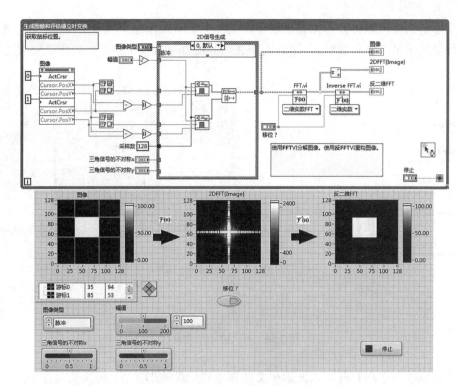

图 7.53 通过 LabVIEW 实现 FFT

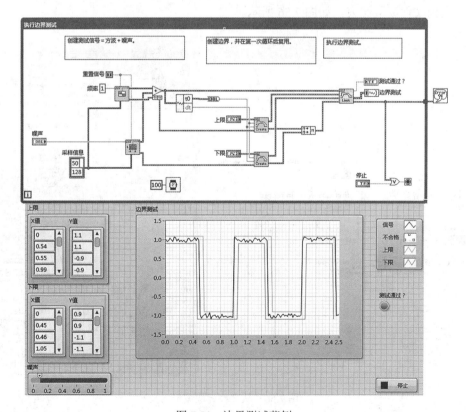

图 7.54 边界测试范例

　　写入波形至文件可以将波形信息在创建新文件中记录或添加至现有文件。同时，在文件中写入指定数量的记录（波形数组），然后关闭文件并检查是否发生错误，如图 7.55 所示。

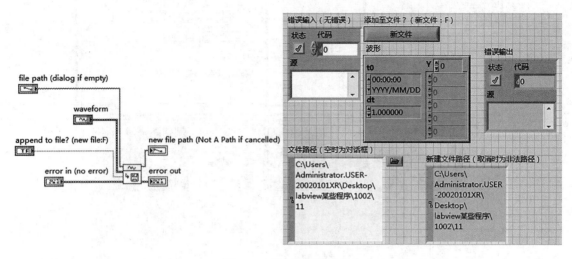

图 7.55　写入波形至文件

　　从文件读取波形可以打开写入波形至文件创建的记录波形文件，每次从文件中读取一条记录，每条记录都可能含有一个或多个独立的波形。如需获取文件中的所有记录，可在循环中调用该 VI，直到文件读取结束，如图 7.56 所示。

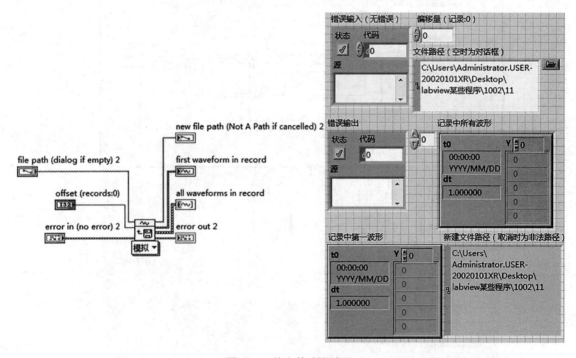

图 7.56　从文件读取波形

　　导出波形至电子表格文件可将波形转换为文本字符串，并将字符串写入新文件或添加字符串至现有文件，如图 7.57 所示。

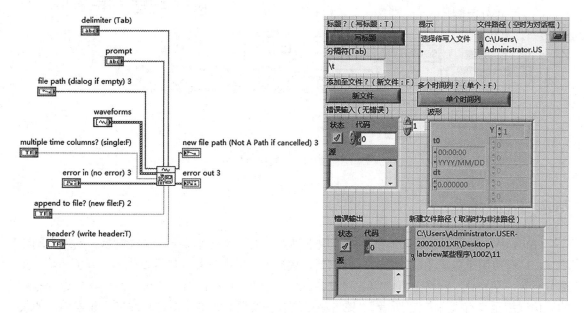

图 7.57　导出波形至电子表格文件

7.6　LabVIEW　通　信

7.6.1　串行通信

　　串行通信是将一条信息的数据位次按顺序进行逐点发送。串行通信的接口简称串行端口（一般指 COM 口），是采用串行通信方式的扩展接口，数据按位顺序传送，传送速率为 115～230 kbit/s[5, 13]。串行端口出现初期是为了连接计算机的外设，串行端口也可用于两台计算机之间的互联以及数据传输，目前主要用于工控和测量设备以及部分通信设备中。串行端口的特点是通信线路简单，只要一对传输线就可以实现双向通信，但传输速率较慢。串行通信的距离可以从几米到几千米，根据信息的传送方向，串行通信可以进一步分为单工、半双工以及全双工三种。串行端口按电气标准以及协议可以分为 RS-232-C、RS-422、RS-485 等。在第四章已经有了很详细的说明，本节主要介绍 LabVIEW 中的串行端口[13]。

　　LabVIEW 中用于串行通信的节点实际上是 VISA 函数。具体包括对 VISA 缓冲区的操作、对 VISA 本身以及串行端口的操作。图 7.58 展示了一个简单的基于 VISA 函数的使用范例：使用 VISA 打开函数，打开仪器资源的 VISA 会话句柄。使用属性节点设置超时。使用 VISA 写入函数发送“SOUR:FINC”命令和前面板指定的“波形”类型。格式化写入字符串函数，在“SOUR:FUNC”字符串后添加“波形”枚举值。然后发送“SENS:DATA?”命令，使仪器生成指定数量的数据，电子表格字符串至数组转换函数可以将返回的数据格式转换为数值数组，并将结果显示在波形图中。VISA 函数关闭仪器的会话句柄。

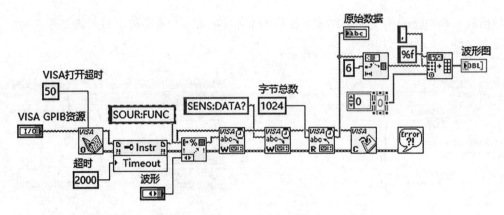

图 7.58 VISA 函数使用范例

7.6.2 GPIB 通信

GPIB 是一种接口总线或连接系统，用于将电子测试仪器连接到中央控制器，实现自动化测试。广泛应用于电子测试设备的远程控制，从数字万用表到各种信号发生器、开关矩阵、频谱分析仪、功率计、网络分析仪等各种设备。在一个 GPIB 标准接口总线系统中，要进行有效的通信联络至少有"讲者""听者""控者"三类仪器装置。讲者是通过总线发送仪器消息的仪器装置（例如测量仪器、数据采集器、计算机等），在一个 GPIB 系统中，可以设置多个讲者，但在某一时刻，只能有一个讲者起作用。听者是通过总线接收由讲者发出消息的装置（例如打印机、信号源等），在一个 GPIB 系统中，可以设置多个听者，并且允许多个听者同时工作。控者是数据传输过程中的组织者和控制者，例如对其他设备进行寻址或允许"讲者"使用总线等。控者通常由计算机担任，GPIB 系统不允许有两个或两个以上的控者同时起作用[13]。

在 LabVIEW 函数选板的仪器 I/O 子选板中提供了一系列 GPIB 操作函数，包括基本读写与触发、轮询和等待，同时提供了底层 GPIB 函数供用户自行编辑功能。如图 7.59 所示为一个简单的 GPIB 读写测试，通过配置 GPIB 地址后，GPIB 写入函数发送"*IDN?"命令，再使用 GPIB 读取函数读取仪器的响应。

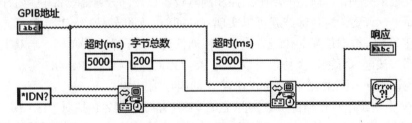

图 7.59 GPIB 读写测试

7.6.3 网络通信

随着网络的发展，网络数据采集传输应用范围会越来越广，网络数据采集传输是 LabVIEW 的一大特色，它从不同位置得到数据，还可共享数据和资源，这种采集需要通过网络协议来实现。

1. TCP 传输控制协议

TCP 协议是网络通信的传输控制协议，它在 LabVIEW 的数据通信函数协议子选板中。通过 TCP 子选板可以进行 TCP 侦听器创建，以及 TCP 的打开、关闭、数据读写等操作。

TCP 通信要打开 TCP 读取 TCP 数据，还要用时间空间设置读取和写入操作，最后关闭 TCP。图 7.60 所示是简单的 TCP 通信。设置 TCP 连接，建立连接后发送随机数组给指定端口，TCP 连接断开时停止。

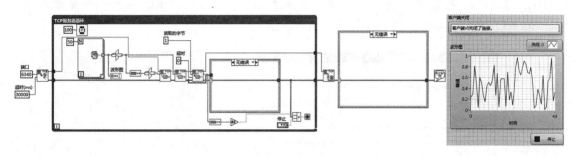

图 7.60　TCP 通信

2. UDP 用户数据报协议

UDP 是 OSI 参考模型中无连接的传输层协议，可以说是上层协议与 IP 协议的接口。UDP 位于数据通信函数协议子选板中。

UDP 函数包含打开、读取、写入、关闭 UDP 等，UDP 通信协议应用在一台设备上多个应用程序的端口。不同于 TCP 通信，UDP 不发送数据包信息错误检查。图 7.61 所示为一个简单的 UDP 通信，使用 UDP 函数，通过 UDP 发送数据。

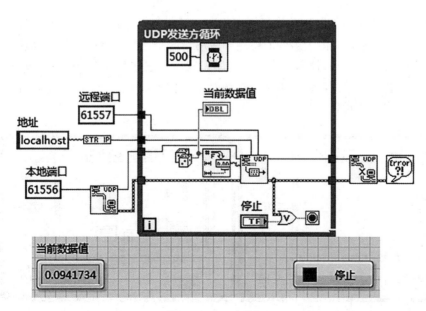

图 7.61　UDP 通信

3. DataSocket 通信

DataSocket 是技术 NI 公司推出的基于 Microsoft 的 COM 和 ActiveX 技术的一种网络通信技术[1]，对 TCP/IP 协议进行封装，用于共享和发布实时数据。DataSocket 包含 DataSocket Server Manager、DataSocket Server 和 DataSocket API 三部分，其相关函数位于数据通信函数 DataSocket 子选板中。

DataSocket 函数包含读取、写入、关闭 DataSocket 等，图 7.62 所示是使用 DataSocket 写入数组数据示例。打开 DataSocket 函数在服务器上创建"wave" URL，将当前数据数组写入 DataSocket 服务器，最后关闭 DataSocket 函数连接。

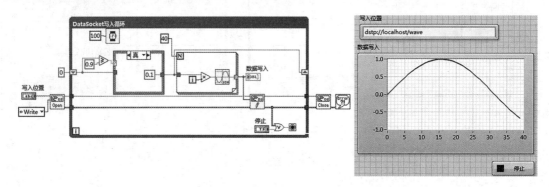

图 7.62　使用 DataSocket 写入数组

7.7　应 用 框 架

7.7.1　事件型通用应用程序

事件结构用于等待事件发生并执行相应分支，可改善程序界面处理效率，减少 CPU 占用率，满足及时响应的需要。由于事件的检测和应用一般是连续进行的，事件型通用应用程序将事件结构和 While 循环一起使用，当一个程序完成后，程序等待下一个事件发生。如图 7.63 所示，此程序默认一直等待，当单击确定按钮时布尔指示灯被点亮，同时计数器被触发，单击按钮的次数显示在前面板中。

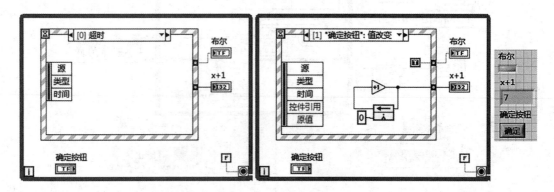

图 7.63　事件型通用应用程序

7.7.2　枚举型状态机

人们最先接触的，最基本的编程结构是顺序结构，程序按照设定的顺序依次执行，但是进行计算机编程的真正目的是让计算机按照给定的需求运行。处理问题的一般逻辑是：可以将任务划分为不同状态，然后根据不同状态对应的方法来处理问题。类比到计算机，希望计算机也可以根据需要改变程序执行的顺序，这时候可以用循环条件结构。

循环条件结构是在循环结构内嵌套条件结构，如图 7.64 所示，将不同任务作为输入程序根据用户指定的任务来调用程序。此程序任务队列是输入控件，用户不需要更改程序，只要按照需求选定所需任务执行顺序，计算机就会根据用户需求执行任务。

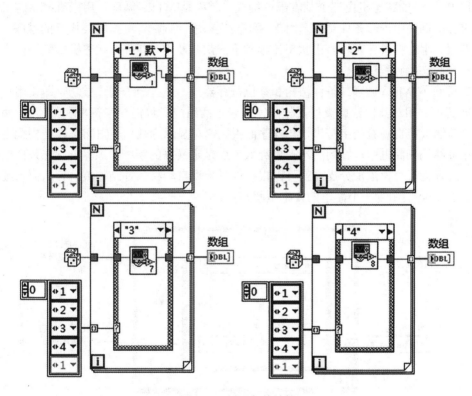

图 7.64　循环条件结构

如果执行程序逻辑再复杂一点，例如根据上次执行任务运行结果进行下一次任务，这时就需要循环进行迭代后产生下一次迭代所需条件，改进程序如图 7.65 所示。此程序运行时，先根据需求指定一个初始任务，在条件结构运行一次后根据返回情况，通过移位寄存器再次选择执行程序，由于无法确定循环次数，所以用 While 循环，最终当条件循环输出"结束测试"时，下次运行后停止程序。

改进后的程序结构模式叫作状态机，状态机是对系统的一种描述，该系统包含有限个状态，在各个状态间通过一定条件转换。状态机的这种特性使得其在通信、数字协议处理、控制等系统有广泛应用[20]。

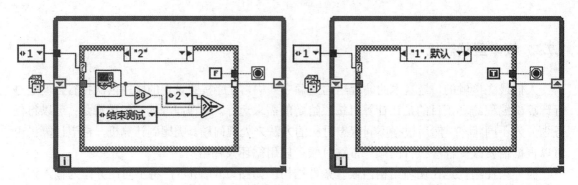

图 7.65　循环条件结构改进程序

LabVIEW 中的状态机由三个基本部分构成：首先是 While 循环，用于维持状态机运行；其次在 While 循环中嵌套条件结构，用于对不同状态进行判断，选择需要执行的程序；最后是移位寄存器，用于将条件循环输出状态传递到下一次判断中。此外，状态机一般还提供初始状态，每一个状态执行程序等。

状态机除了 While 循环、条件结构和移位寄存器外，还有一个构建技巧，即使用枚举常量作为状态变量。相对其他数据类型，枚举常量表示两组成对数据（字符串和数值），两者相互对应，在前面板能直观看到字符串，在程序面板则简单显示为数值，它和条件结构配合使用很方便，条件结构判断框中，看到的不是单纯数值而是定义好的字符串。另外，在条件结构上单击右键，选择为每个值添加分支，就可以根据枚举数据自动将条件结构展开，从而保证状态的完整性。图 7.66 所示为一个简单的枚举型状态机。

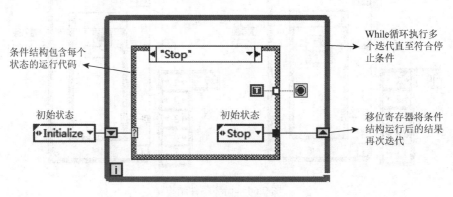

图 7.66　枚举型状态机

7.7.3　队列型状态机

队列遵循先进先出（first in first out，FIFO）的逻辑关系。LabVIEW 提供完整的队列操作函数集，一般来说，队列的使用操作遵循"获取队列→操作队列→释放队列"这一过程。在缓冲区上创建队列，并返回队列的引用。当队列创建完成后，就可以使用队列的引用实现对它的各种操作。操作完成后便可以销毁队列，释放队列所占空间[1]。

如图 7.67 所示，在 LabVIEW 中搭建了一个简易的队列型状态机框架。首先创建一个名为"state text"的队列，将队列的元素类型定义为枚举型。在队列创建成功后，先后将"初始化"

和"压入数据"添加到队列尾，这样，在程序运行时这两个条件分支最先被执行。之后进入循环体，若无错误，则执行元素入队函数取出排在最前面的状态请求，之后从它后续的状态结构中选择条件分支执行。若出现错误，则会根据错误分支中的通用错误处理函数报告错误，同时枚举常量"Stop"会从后续选择结构中执行"Stop"条件分支。

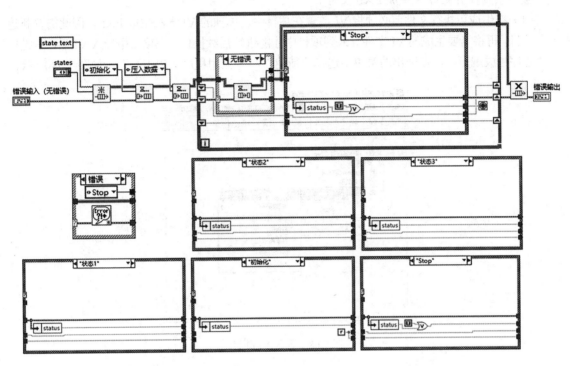

图 7.67　队列型状态机

当程序开始运行后，循环中的"元素出队列"函数会取出"初始化"和"压入数据"的状态请求，并先后执行。在默认的条件分支中，压入了四个数据"状态 1""状态 2""状态 3"和"Stop"，程序将按照入队顺序先后执行。当"Stop"分支执行后则完成程序退出。本程序只展示了队列型状态机的使用，因此没有在各个分支中加入其他操作，用户也可以根据自身需要调整执行顺序以及加入其他执行项目。

队列不仅可以传送枚举型数据，还可以传送布尔、字符串、数值、数组、簇和变体等多种类型的数据，采用不同类型的数据可以极大提高队列型状态机的能力，与在程序框图中传递数据的移位寄存器相比，这种方式极大地减少了程序框图的连线[9]。例如，可以将包含一个枚举量和一个变体的自定义簇连接到"获取队列"函数，要求队列传递自定义簇类型的数据，簇中的枚举量通常代表"状态请求"，变体则用来将数据从一个状态传递到另一个状态。

7.7.4　生成可执行文件

当程序写好后，用户并不希望程序只能在 LabVIEW 上运行，所以需要发布独立的安装包或可执行文件。

在生成可执行文件前，需要保证：①所有 VI 与支持文件均添加到项目中；②确保所有 VI 均可执行；③程序中避免使用绝对路径；④若程序中存在动态链接库，则需要一并添加；⑤若使用 MathScript 节点，则要将文件添加进其中。

只有满足以上条件，才能保证最终生成的程序能够稳定运行。

接下来具体介绍如何生成 EXE 文件。

（1）在生成可执行文件前必须将 VI 放置在项目中，单独的 VI 无法生成 EXE，因此需要新建一个项目，再将需要生成的 VI 文件导入到项目中才能进行后续操作。在项目中导入 VI 后，右键单击"程序生成规范"，在弹出的菜单中选择"新建"→"应用程序（EXE）"，如图 7.68 所示。

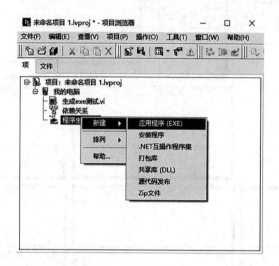

图 7.68　导入 VI 项目

（2）在弹出的属性窗口中可以对生成的程序名称、存储路径以及规范信息进行修改，如图 7.69 所示。

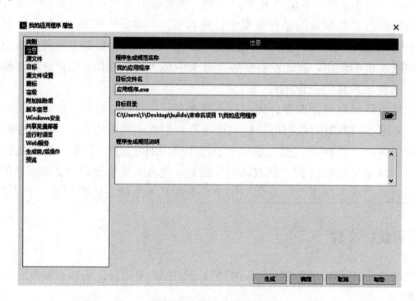

图 7.69　修改文件信息

（3）单击左边列表的"源文件"一栏，单击需要导入的 VI 程序后单击右边的箭头，导入启动程序，如图 7.70 所示。

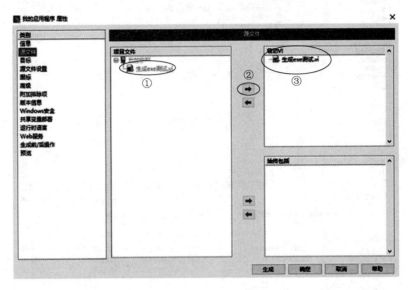

图 7.70　导入源文件

（4）也可根据需要修改图标，单击左侧"图标"选项，用户可使用自带的图标编辑器创建 EXE 的图标，也可以自行导入".ico"文件，更改图标，这里使用了默认图标，如图 7.71 所示。

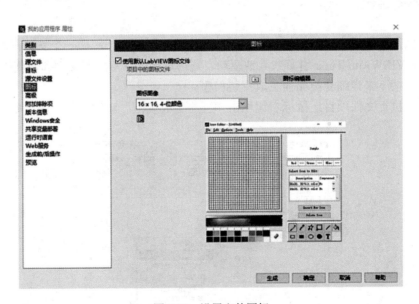

图 7.71　设置文件图标

（5）最后单击"预览"，可以生成包括路径、文件内容和图标在内的文件信息，确认无误后单击"生成"即可生成 EXE 程序。生成完毕之后，可以在项目中查看已经生成好的 EXE 文件，同时在预设的路径下也有对应的 EXE 文件，如图 7.72 所示。

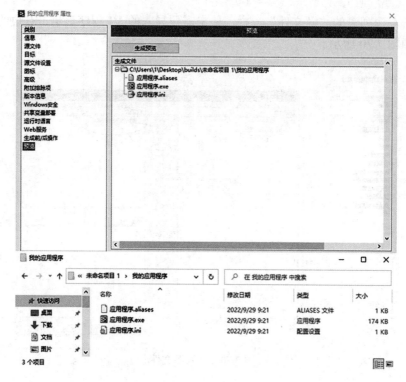

图 7.72　生成预览

7.7.5　制作安装包

生成可执行文件后可以将可执行文件和相关软件打包放在一起做一个安装程序，避免用户单独安装 LabVIEWRun-Time 引擎或其他驱动。还可以将 MAX 配置文件和源代码一同打包在安装程序中。接下来详细介绍如何生成安装程序。

（1）打开执行文件项目，鼠标右键单击"程序生成规范"新建安装程序，如图 7.73 所示。

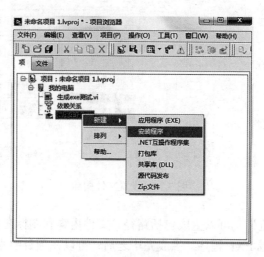

图 7.73　新建安装程序

（2）配置相关的产品信息，如名称、安装目录等，如图 7.74 所示。

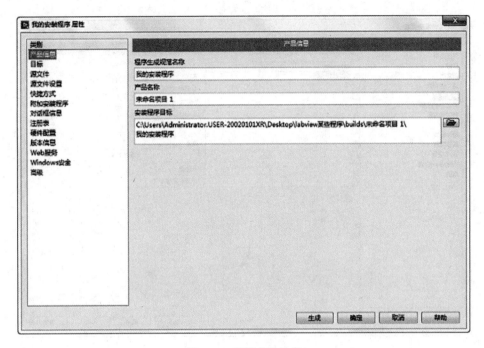

图 7.74　配置安装信息

（3）单击"源文件"选择想要生成安装包的应用程序，单击向右箭头添加，如图 7.75 所示。

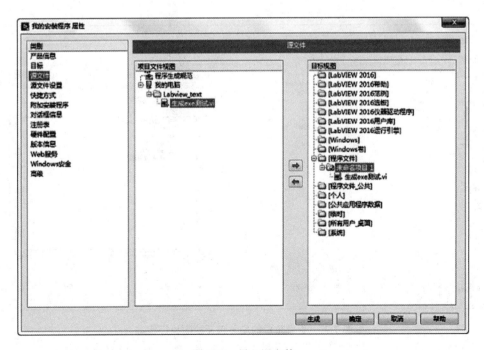

图 7.75　导入源文件

（4）设置快捷方式，如图 7.76 所示。

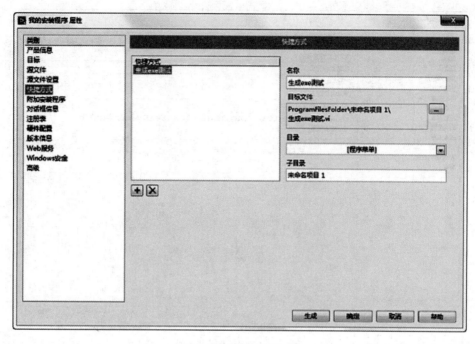

图 7.76　设置快捷方式

（5）如图 7.77 所示，生成完毕后可以在对应路径下查看生成的安装包并检测其执行状态。

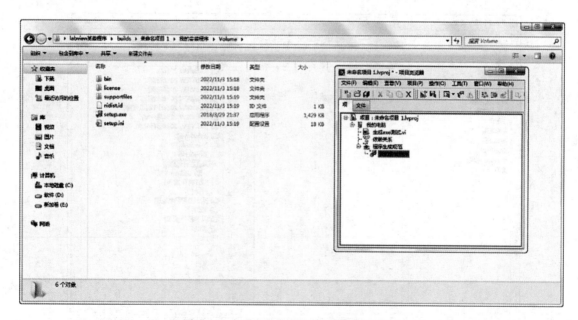

图 7.77　查看生成的安装包及检测执行状态

参 考 文 献

[1]　杨高科. LabVIEW 虚拟仪器项目开发与实践[M]. 北京：清华大学出版社，2022.

[2]　卢毅，徐胜，林志贤，等. 基于虚拟仪器的显示器音频自动测试系统设计[J]. 电子技术应用，2022，48（8）：81-85.

[3]　陈敏，汤晓安. 虚拟仪器软件 LabVIEW 与数据采集[J]. 小型微型计算机系统，2001，22（4）：501-503.

[4]　代峰燕. LabVIEW 基础教程[M]. 北京：机械工业出版社，2016.

[5]　胡仁喜，闫聪聪. LabVIEW2018 中文版虚拟仪器从入门到精通：第 5 版[M]. 北京：机械工业出版社，2019.

[6]　雷振山. LabVIEW 高级编程与虚拟仪器工程应用：第 3 版[M]. 北京：中国铁道出版社，2013.

[7]　张兰勇. LabVIEW 程序设计基础与应用[M]. 北京：机械工业出版社，2019.

[8]　张峤. LabVIEW 虚拟仪器程序设计教程[M]. 北京：清华大学出版社，2021.

[9]　陈树学，刘萱. LabVIEW 宝典：第 3 版[M]. 北京：电子工业出版社，2022.

[10]　谭延军，聂友伟. 基于 LabVIEW 平台的虚拟仪器编程[J]. 微处理机，2013，34（6）：76-78.

[11]　郑对元. 精通 LabVIEW 虚拟仪器程序设计[M]. 北京：清华大学出版社，2012.

[12]　贺天柱，孙喻. 虚拟仪器技术及其编程语言 LabVIEW[J]. 现代电子技术，2005（15）：61-63.

[13]　唐赣. LabVIEW 数据采集[M]. 北京：电子工业出版社，2021.

[14]　章佳荣，王璨，赵国宇. 精通 LabVIEW 虚拟仪器程序设计与案例实现[M]. 北京：人民邮电出版社，2013.

[15]　谢堂尧，于臻，冉小英. LabVIEW 虚拟仪器程序设计基础[M]. 北京：中国铁道出版社，2021.

[16]　周鹏，凌有铸. 精通 LabVIEW 信号处理[M]. 北京：清华大学出版社，2013.

[17]　赵洁，张璐，李桃. 论虚拟仪器 LabVIEW 的发展及应用[J]. 山西电子技术，2011（4）：87-89.

[18]　邹翔，孙肖子. 基于图形化编程语言 LabVIEW 设计虚拟仪器的方法[J]. 现代电子技术，2003（1）：36-38.

[19]　高西全，丁玉美. 数字信号处理：第 5 版[M]. 西安：西安电子科技大学出版社，2022.

[20]　叶枫桦，周新聪，白秀琴，等. 基于 LabVIEW 队列状态机的数据采集系统设计[J]. 现代电子技术，2010，33（4）：204-207.

第8章 可测性设计

8.1 可测性设计的意义

在集成电路产业发展初期，工程师们更多致力于设计和制造的发展，那时电路规模很小，逻辑功能单一，工艺较简单，测试相对简单，这导致测试方法学一直处于不被重视的状态。但是随着亚微米、深亚微米工艺的出现，集成电路规模不断增大，集成度不断提高，电路测试越来越费力，若是先考虑设计再考虑测试，随着电路复杂度提高，不仅对测试设备的速度和容量要求越来越高，测试成本也会迅速达到生产厂商无法承受的地步，对于大规模复杂的集成电路，必须在集成电路产品的设计阶段，就考虑如何对产品进行测试，从而使产品更快更方便地被测试，缩短其测试时间，降低测试成本，提高产品的竞争力。

由此可测性设计被提出，可测性设计技术是在满足电路正常功能的基础上，有效地加入测试电路，从而降低集成电路测试难度与测试成本。可测性不是能不能测试而是度量测试的难易程度，一切考虑了测试要求的设计都可称为可测性设计[1]。

8.2 芯片的可测性设计

8.2.1 芯片可测性设计的必要性

芯片的可测性设计，简称 DFT（design for testing），是芯片设计和制造中的一个重要步骤，指的是在芯片原始设计中就插入各种用于提高芯片可测试性的设计，使得芯片的制造测试和应用变得更简单和便宜。

在芯片产业发展初期，芯片规模很小，只有几十上百个晶体管，芯片设计人员直接在图纸上手绘晶体管版图，手动计算测量向量用于产品测试。现如今，芯片可以集成数十亿晶体管，有上百亿根连线，但是芯片引脚有一定数量限制，外部可以达到的测试点、原始输入输出所占比例越来越小，用手工设计和计算方法来实现芯片设计和测试几乎是不可能的。

若先考虑设计再考虑测试，生产商将无法承担测试速度和成本，而且针对功能的测试向量也无法保证芯片中晶体管都被测试到，会造成芯片测试质量得不到保证。因此必须在芯片设计阶段就考虑产品测试，进行可测性设计，缩短设备测试时间，降低测试成本，保证可以检测到芯片生产中的制造缺陷。

芯片在生产过程中主要有两次测试：CP 测试和 FT 测试，如图 8.1 所示。CP 测试是在晶圆加工完成后，测试设备通过探针压到芯片的焊盘上进行测试，CP 测试一般只做简单的测试，比如电气连通性、电流测试和一些专门为工艺调试的电路参数测试等。FT 测试是在封装完成后，测试仪通过测试程序完成对芯片的 FT 测试，FT 测试要尽可能地检测出有故障的芯片。芯片的 FT 测试的内容不光是检测故障，还有许多其他方面的测试，如功耗、电流、可靠性、工作频率、能够工作的环境温度等[2]。

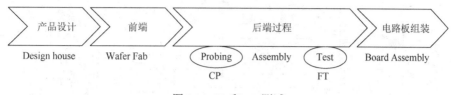

图 8.1　CP 和 FT 测试

芯片测试可以保证芯片质量，降低芯片制造成本（芯片测试费用占芯片制造成本的 30% 甚至更高）和售后服务成本，提高产品利润，方便芯片的特殊应用等，在芯片设计过程中加入可测性设计是非常有必要的。

8.2.2　JTAG 边界扫描技术

常见的可测性设计方法包括两种，分别是基于扫描链的测试方法和内建自测试电路。

基于扫描链的测试方法通过建立专门扫描链电路为每个寄存器提供可观察性和可控制性，通过对寄存器的控制将复杂的时序逻辑设计划分为完全隔离的组合逻辑块，从而简化测试过程。基于扫描链的测试方法又分为两种：一种是芯片内部寄存器的扫描链，用于测试芯片内部制造缺陷；另一种是芯片 I/O 端口的扫描链，又称为边界扫描设计，用于测试系统电路板级的制造缺陷。

内建自测试电路方法通过芯片内部专门设计的测试逻辑电路的运行来检查设计功能正常电路的制造缺陷，相当于把一个小型专用的测试仪器集成到芯片内部。BIST（built-in self-test，内建自测试）方法常用于片内存储器的测试。在实际应用中，BIST 和 BSD（boundary scan design，边界扫描设计）经常与 JTAG（joint test action group，联合测试工作组）结合起来使用。JTAG 接口提供了一种简单通用的依靠有限 I/O 访问芯片内部信号的方法[3-4]。

IEEE1149.1 标准规定了边界扫描测试系统的基本结构，包括 4 个测试存取端口，又称 JTAG 接口：测试时钟、测试数据输入端口、测试模式选择和测试数据输出端口。边界扫描测试系统主要由 TAP（test access port，测试存取端口）控制器、旁路寄存器、指令寄存器、边界扫描寄存器、测试复位输入端口，以及其他一些可选的测试数据寄存器组成。具体原理是：TAP 控制器产生信号驱动所有测试数据寄存器和指令寄存器工作，通过测试时钟和模式选择驱动包含 16 种状态的时序电路以满足不同的测试需求。

边界扫描技术的基本思想是在靠近芯片的输入输出管脚上增加一个移位寄存器单元，将其分布在芯片的边界上，在调试芯片时，边界扫描寄存器把外围的输入输出与芯片隔离开，从而使用边界扫描寄存器获得与之相连的芯片的 I/O 管脚的信号，以实现对芯片信号的观察和控制。另一方面，也可将边界扫描寄存器单元连接起来，形成一条边界扫描链，从而对芯片信号进行串行输入输出[4]，如图 8.2 所示为 JTAG 的基本结构。

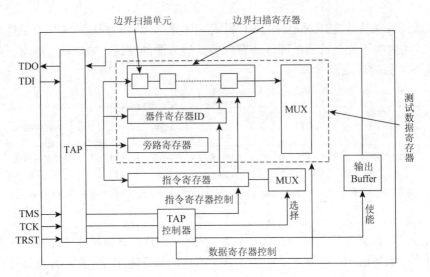

图 8.2　JTAG 的基本结构

JTAG 边界扫描可以应用在诸多方面[5]：

1. 芯片测试

边界扫描测试的最初目标是解决芯片 IC 测试，其基本原理是在器件内部定义一个 TAP，通过专用的 JTAG 测试工具对芯片内部节点进行测试。

2. 互连测试

使用 JTAG 中的 EXTEST 指令可测试电路板上器件之间的连接性，主要用于检测短路、断路等故障。

3. 逻辑簇测试

在带有 TAP 的边界扫描器件与非边界扫描器件混装时，可以借助边界器件包围非边界器件进行测试，这些由若干非边界器件组成的集合称为逻辑簇，这种测试称为逻辑簇测试。

4. 读写测试

高级语言开发程序可以通过邻近的边界扫描器件仿真地对 SRAM、DRAM、DDR 等非边界扫描器件之类的存储器、以太网控制器及 I/O 设备等进行写入、擦除和读回比较，以更加接近实际工作场景的模式进行测试。

5. Flash 在线编程

Flash 在线编程以存储器测试相同原理实现，若使用边界扫描控制器的 FlashAutoWrite 信号，可以加快 Flash 在线编程的速度。

6. 可编程器件 CPLD/FPGA 在线配置

通过边界扫描链可写入 SVF、JEDEC、JAM、BIT 格式文件，对 CPLD 和 FPGA 等可编程器件进行在线配置。

与传统的测试方法相比，边界扫描测试具有以下特点：①边界扫描测试技术把测试节点内置到芯片管脚，不需要利用探针和示波器对器件管脚进行接触式测试，消除了物理节点对电路测试的限制；②边界扫描测试是一种结构化的可测性设计，能够形成芯片级、板级、系统级兼容的边界扫描测试结构，有利于可测性设计的拓展及其标准化；③边界扫描测试能够实现自动化测试。根据 IEEE1149.1 标准，器件生产厂商对附有边界扫描功能器件的 JTAG 结构有专门说明。JTAG 具有包含器件内部自测试、状态测试等自动化的测试功能。另外，根据同样的标准，对附有边界扫描结构的器件组成系统，较易通过 ATE 实现对整个系统的自动化测试，极大地降低电路系统开发的测试成本[6]。

向器件中引入边界扫描设计之后，能够通过边界扫描端口访问器件内的可控制或可观测的节点，从而增强器件测试的分析诊断能力；在进行测试时，可以通过一次测试来识别更多的故障，从而减少测试与修复的循环次数；能够预先根据电路的拓扑结构方便地编写基于边界扫描的器件测试程序，实现测试的标准化；还可以将基于边界扫描协议的测试功能应用到其研制、生产和调试的不同阶段，从而实现测试复用；边界扫描测试提高了器件内部的可控制性和可观测性，使测试准备工作变得更加容易，减少甚至消除了故障模拟。

8.3　PCBA 的可测性设计

8.3.1　PCBA 可测性设计的必要性

印制电路板（printed-circuit board，PCB），采用电子印制技术制作，又称印刷电路板。印制电路板是电子元件的支撑体，提供电子元器件线路连接，如图 8.3 所示[7]。在印制电路板出现之前，电子元件的互连都是依靠电线直连组成完整的线路。现在电路面板只是充当有效的实验工具，而印制电路板在电子工业中已经占据绝对的统治地位。PCB 空板经过 SMT 上件或经过 DIP 插件的整个制程，简称 PCBA（printed circuit board assembly，印制电路板装配）。

图 8.3　大功率多芯片 PCB 板

大型、高密度印制电路板的测试方法非常重要，一般在 PCB 上设置若干个测试点，这些测试点可以是孔或焊盘，且测试孔和测试焊盘设计须满足"信号容易测量"的要求，这就是可测试性设计。测试是设计制造的重要部分，任何电子产品在单板调试、SMT 贴片、整机装配调试、出厂前及返修前后都需要进行电性能测试。传统测试手段是在电路的逻辑设计完成后，通常以手工的方式加入可测试性设计。

随着电子技术进入超大规模集成时代，以及 VLSI 电路的高度复杂性及多层印制板、表面封装、圆片规模集成和多模块技术在电路系统中的运用，器件安装密度骤增而间距锐减（达到 12 mil）[8]，器件结构和功能复杂性大为增加，电路节点的物理可访问性正逐步削弱以至于消失，电路和系统的可测试性急剧下降，测试成本在电路和系统总成本中所占比例不断上升，常规测试方法正面临着日趋严重的困难，将测试与综合结合起来，以自动化的方式来实现可测试性设计已成为未来发展的趋势。

PCB 的可测试性设计是产品可制造性的主要内容之一，也是电子产品设计必须考虑的重要内容之一。一个好的产品的可测试性设计，可以简化生产过程中检验和产品最终检测的准备工作，提高测试效率，减少测试费用，并且容易发现产品的缺陷和故障，进而保证产品的质量稳定可靠。

8.3.2　PCB 可测性布板工艺

PCB 的可测试性设计过程实际上是将某种方便测试进行的可测试性机制引入到 PCB 中，提供获取被测对象内部测试信息的信息通道。合理有效的设计可测试性机制是成功提高 PCB 可测试性水平的保障。可测试性机制的关键技术包括可测试性度量、可测试性机制设计与优化和测试信息处理与故障诊断[9]。

提高印制板的可测试性，首先就要对 PCB 的可测性水平进行度量，一方面需要可测性的度量方法能准确地预计产品测试程序生成的困难，并且定位到产品某一部位，以便对产品设计进行可测性更改。另一方面，测试的计算量应小于测试程序生成的计算量。

可测性机制的引入一方面会提高系统的可测性水平，从而降低产品的全寿命周期费用，另一方面也提高了产品的初始成本。进行可测性机制设计优化就是要综合权衡各种可测试性机制的性能和费用，采用性能费用比最佳的设计机制。

提高产品质量和可靠性，降低产品全寿命周期费用，要求可测性设计技术能够方便快捷地获取测试时的反馈信息，根据反馈信息作出故障诊断。

PCB 可测性设计的基本要求包括：①对总体方案确定的子系统、模块或单板应具有通信接口；②子模块和单板所确定的软硬件接口需要统一；③尽量使用带有自检功能的元器件；④在总体方案中为子模块和单板的自测功能分配或预留一定的命令编码；⑤为单板上的元器件添加测试点或采用边界扫描测试器件以方便进行在线测试。

目前主流的测试方法还是自动测试，因此在工艺方面主要考虑在线测试时的定位精度、基板大小、探针类型等因素。部分设计标准如下。

（1）定位孔设计准则。定位孔在 PCB 板中应至少设置两个，且位置一般不对称，距离越远越好。定位孔直径为 3～5 mm，且误差控制在 0.05 mm 以内。定位孔宜采用非金属化的，以免孔内焊锡层影响定位精度。如果是拼版，则应在主板和各基板上分别设置定位孔。

（2）测试点的设计准则。测试点需要在每个布线网络中设置，且均匀分布在单板上，在电源线和地线上，每 2 A 电流应至少设置一个测试点。测试点建议设置为通孔，使得两面均可测试；若无法完全设置通孔，则应设置在焊接面以保证测试可靠性。

测试点的直径不小于 1 mm，相邻测试点的间距应大于 2.54 mm。

对于测试点和通孔，一般使用 0.5 mm 的间距，最小间距为 0.38 mm，如图 8.4 所示。

对于测试点和器件焊盘，一般使用 0.5 mm 间距，最小间距为 0.38 mm，如图 8.5 所示。

对于测试点和器件体，一般使用 1.27 mm 间距，最小间距为 0.76 mm，如图 8.6 所示。

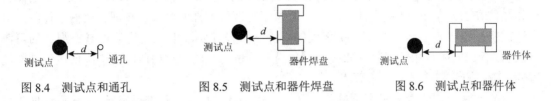

图 8.4　测试点和通孔　　　　图 8.5　测试点和器件焊盘　　　　图 8.6　测试点和器件体

对于测试点和铜箔走线，一般使用 0.5 mm 间距，最小间距为 0.38 mm，如图 8.7 所示。

对于测试点和 PCB 板边缘，最小间距为 3.18 mm，如图 8.8 所示。

对于测试点和定位孔，最小间距为 5 mm，如图 8.9 所示。

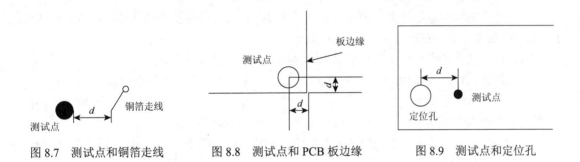

图 8.7　测试点和铜箔走线　　　图 8.8　测试点和 PCB 板边缘　　　图 8.9　测试点和定位孔

以下三种情况不需要设置测试点：①节点网络中有节点连接到贯穿的器件上；②所有元器件都是边界扫描器件；③测试点的密度不能超过 30 个/inch^2。

特殊器件与引脚处理：①对于数字电路，存在 Enable、Set 和 Reset 等三态控制电路，引脚不能直接接电源或地，必须设置上拉或下拉电阻以提供隔离，电阻典型值为 1 kΩ；②对于时序电路，元件的复位、预制端必须设置测试点以提高时序电路的预制能力；③所有的闪存、FPGA、CPLD 等在线编程器件必须在所有管脚上留出测试点。

8.3.3　PCBA 电气性能可测试性设计要点

测试是设计制造的重要部分，随着零部件小型化、产品的复杂化和上市时间的紧凑化，测试问题越来越复杂[9]。另一方面，电路板功能的扩大使得组装级别的评估及现场维护成为组装工艺过程中不可避免的问题。以往 PCBA 设计关心的主要是逻辑功能、速度、时间匹配和电性能等参数，现在由于集成技术的发展，元器件的密度越来越大，被测电路越来越复杂，在检测、测试和故障诊断时，尤其是脱离系统、使用 ATE 进行功能检测和故障诊断时，产生了难以克服的困难。对于 PCBA 的可测性设计要求是：在系统中实现易检测和故障诊断；在使用 ATE

测试时，易实现测试生成和故障诊断。通常，易测电路需具备三个特点：①电路容易置初态；②在测试模式中，电路的初级输入控制要很容易控制电路的内部状态；③电路的内部状态具有唯一识别性，很容易被电路的初级输出或者专门的测试点识别。

PCBA 的可测试性设计属于印制板的工艺性设计，包含印制板制造及成品印制板（光板）可测性和印制板组装件的可测性两部分，这两部分的测试方法和要求完全不同，对于 PCBA 的设计者来说，既要了解印制板上需要测试的性能和测试方法，也要了解印制板组装件的测试要求和测试方法。在 PCB 板设计时应充分考虑印制板可测性的电气、物理、机械条件等，采用合适的机械电子设备进行测试。PCB 板的可测试性设计实际上就是将某种方便测试的可测性方法引入到 PCB 板中，提供获取被测对象内部测试信息的信息通道。为了确保电气性能的可测性，测试点设计主要有如下要求。

（1）PCB 上需设置若干个测试点，测试点建议是通孔（过孔直径大于 1 mm，这样支持两面测试，特别适合子母板情况）。

（2）若无法完全设置通孔（只能设置测试盘），则应将所有测试点布置在元件面的焊接面，以提高测试可靠性，降低测试成本。

（3）测试盘表面与表面组装焊盘采用相同的表面处理。

（4）每个电气节点尽量有一个测试点，每个 IC 必须有电源及地的测试点，测试点尽可能接近此 IC 器件，最好在距离 IC2.54 mm 以内。

（5）若必须在电路导线上设置测试点，则将其宽度放大到 1.016 mm 或以上。

（6）若必须有直径 0.508 mm 以内的测试点，尽量布置 2 个以上等电位点。

（7）测试点的密度小于 $4\sim5$ 个/cm^2，尽量均匀分布。若探针集中在某一区域，较高的压力会使待测板或针床变形，严重时造成部分探针接触不到测试点。

（8）电路板上的供电线路应分区域设置测试断点。设计断点时，应考虑恢复测试断点后的功率承载能力。

（9）探针支持导通孔和测试点。在测试时，应注意以下几点：要注意不同直径的探针进行自动在线测试时的最小间距；导通孔不能选在焊盘延长部分；测试点不能选择在元器件的焊点/盘上，这种测试可能使虚焊点在探针压力作用下被挤压到理想位置，从而使虚焊被掩盖，也可能使探针直接作用于元器件的端点或引脚上而造成元器件损坏；测试盘周围最小间隙大于相邻元件高度的 80%，最小间隙为 1 mm；在 PCB 有探针的一面，零件高度一般不超过 3.81 mm，否则测试工装必须让位，避开高元件，测试焊盘必须远离高元件 5 mm 以上；每根测试针最大可承受 $2\sim3$ A 的电流；金手指不作为测试点，以免造成损坏。

合理有效地设计可测试性机制是提高 PCB 板可测试性水平的保障，可测试性设计技术要方便快捷地获取 PCB 板测试时的反馈信息，容易根据反馈信息作出故障诊断，以提高产品的质量和可靠性，降低产品全寿命周期费用。

参 考 文 献

[1]　王俊. 集成电路可测性设计的研究与实践[D]. 西安：西安电子科技大学，2013.

[2]　郑秋丽. 系统芯片可测性设计技术的研究[D]. 长春：长春理工大学，2009.

[3]　胡湘娟. 数模混合信号芯片的测试与可测性设计研究[D]. 长沙：湖南大学，2008.

[4]　邬子婴，步鑫，熊智勇，等. 边界扫描 JTAG 控制器设计及实现[J]. 航空电子技术，2016，47（1）：31-35.

[5]　张昊，周哲帅. 基于边界扫描的远程可测性设计技术研究[J]. 通信技术，2020，53（11）：2872-2877.

[6]　芦秋雁. FPGA 中边界扫描电路的设计[D]. 成都：电子科技大学，2009.

[7]　郑师晨. 多芯片 PCB 板微通道液冷设计及散热性能研究[D]. 成都：电子科技大学，2022.

[8]　刘冠军，曾芷德，温熙森，等. 一种新型的 PCB 可测性设计方法[J]. 电子测量技术，1998，3（3）：26-28.

[9]　张宏伟，蔡金燕，封吉平. PCB 可测性设计[J]. 测试技术学报，2001，15（1）：32-34.

9.1　基本电性能测试

9.1.1　电性能测试目的

随着社会的发展与科技水平的提高，集成电路在生活中的应用越来越广泛，不仅工业、农业、服务业频繁使用集成电路，就连儿童手中的玩具也有很大一部分是电子产品。集成电路作为信息科学技术的基础，对我国经济、国防、政治、文化生活等各方面的改善与发展都有着不可替代的作用。集成电路行业在这些需求的刺激下飞速发展，形成了设计、制造、封装、测试等分支，其中测试是保证集成电路质量的一个重要环节。集成电路测试技术水平的高低是保证集成电路产品质量和性能的关键，它受到各个国家和所有集成电路设计生产企业的高度重视。而在集成电路可靠性质量保障实验中，元器件的电性能测试贯穿始终[1]。

电性能测试是衡量一个集成电路好坏的首要标准。在发展初期，元器件电性能测试主要由厂家负责，最初测试主要使用一些通用的测试设备，例如电流表，电压表等，测试工艺粗糙、操作复杂、效率低下。随着技术的发展，市场上测试需求剧烈增长，自动测试技术出现，即将多种测试设备集成起来，让计算机程序替代大部分的手工操作和数据记录等琐碎工作，实现自动测试的功能，如图 9.1 所示[2-3]。

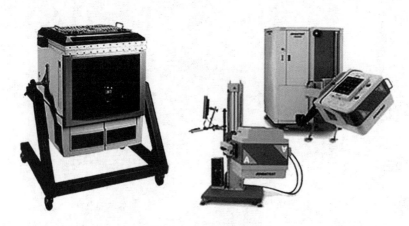

图 9.1　自动测试设备

电性能测试是在一定的环境条件下，对集成电路工作性能、电参数等指标进行测试，主要包含介质耐电压测试、绝缘电阻测试、直流电阻测试、电阻-温度特性测试、电容量测试、品质因数（Q）测试、接触电阻测试、固定电阻器电流噪声测试、电阻电压系数测试、触点抖动监测、低电平负载切换寿命试验、中等电流切换试验。下面简单介绍相关测试的目的[4]。

1. 介质耐电压测试

介质耐电压测试是指在相互绝缘的部件之间或绝缘的部件与地之间，在规定时间内施加规定电压，以此来确定元件在额定电压下能否安全工作，以及耐受由于开关、浪涌及其他类似现象所导致的过电位的能力，从而评定元件绝缘材料或绝缘间隙是否合适。

2. 绝缘电阻测试

绝缘电阻测试是测量元件的绝缘部分，是对在外加规定的直流电压下，由于绝缘不完善产生漏电流而形成的电阻的测试。确定元件的绝缘性能是否符合电路设计的要求或经受高温、潮湿等环境应力时，其绝缘电阻是否符合有关标准的规定。

绝缘电阻测试与介质耐电压测试是不能等同的。清洁、干燥的绝缘体尽管具有高的绝缘电阻，但却可能发生不能经受介质耐电压试验的故障；反之，一个脏的、损伤的绝缘体，其绝缘电阻虽然低，但在高电压下也可能不会被击穿。由于绝缘部件是由不同材料制成或是由不同材料合成的，他们的绝缘电阻各不相同。因此，绝缘电阻的测试不能完全代表对清洁度或无损伤程度的直接量度。但是，这种测试对确定热湿、污物、氧化或挥发性材料等对测量元件绝缘特性的影响程度是极为有益的。

3. 直流电阻测试

直流电阻测试用于测试电阻器、元件的电磁绕组及导线的直流电阻。直流电阻的测试，应使用电阻电桥或其他适用的测试仪器及测试方法。进行直流电阻测试时，影响电阻值的因素有温度、接触电阻、接线电阻、测试电压和电流的大小及作用的时间等，应根据具体情况在有关标准中给予规定。

4. 电阻-温度特性测试

电阻-温度特性测试用以确定电阻器在试验温度下的直流电阻值对基准温度下直流电阻值的相对变化程度，表征电阻值对温度的稳定性，即确定试验温度与基准温度之间，每 $1℃$ 温差引起电阻值的相对变化量。用电阻温度系数来表征这种特性。

5. 电容量测试

用于测试元件的电容量。元件的电容量在某些电路（例如耦合、去耦、贮能、调谐、定时电路等）中是一个重要参数，合适的电容量是这些电路正常工作的重要条件。元件的电容量可用电容电桥或其他合适的仪器测试。对测试元件电容量有影响的主要因素包括温度、测试电压大小及性质。因此应根据要做测试的具体元件适当选择这些因素。

6. 品质因数（Q）测试

品质因数（Q）测试用于测试电感器、电容器等元件的品质因数（Q）。品质因数 Q 定义为元件的电抗对有效电阻之比。该比值认为是电抗性元件贮存的能量对其所消耗的能量之比的量度，因此 Q 等于损耗因数的倒数。谐振电路的性能与 Q 有关，这些性能包括谐振时电压升高的性能。对元件 Q 的测试有影响的主要因素包括温度、频率、靠近被测元件的物质类别。

7. 接触电阻测试

接触电阻测试用以确定电流流经连接元件（例如插针、插孔及连接器）的接触表面或电流控制元件（例如开关、继电器及断路器）的电触点时产生的电阻。在很多应用中，要求接触电阻低且稳定，以使触点上的电压降不致影响电路的精度。通常使用四端法或伏安计法、安培-电位计法测量接触电阻。

8. 固定电阻器电流噪声测试

电阻器产生的噪声信号所引起的干扰，会使电路输出信号失真，造成信息损失。对使用低噪声元件的低电平音频电路而言，电阻器可能是干扰噪声的主要来源，会使电路的功能遭到破坏或使功能效果降低。固定电阻器电流噪声测试用以确定电阻器的"噪声特性"或"噪声质量"，保证它在具有严格噪声要求的电路中使用的稳定性。

9. 电阻电压系数测试

电阻电压系数测试的目的在于确定电阻器的电压系数是否符合规定要求，以评定其质量优劣。电阻电压系数是表征某些电阻器（例如合成膜、金属玻璃釉膜等高阻、高压电阻器）的一种非线性特性，这种非线性往往是不希望有的。此系数越大，通过它的信号越容易发生严重畸变，从而影响甚至破坏电路的正常工作。

10. 触点抖动监测

有触点的元件，在振动、冲击、稳态加速度等机械力的作用下，由于结构、材料或工艺等方面的缺陷，发生瞬间的打开或闭合，如果将这些元件用于高频电路、脉冲电路或自动控制电路，所产生的干扰脉冲会使电路产生错误动作，甚至使工作中断。触点抖动监测的目的在于检测有触点的元件（例如继电器、开关、断路器等），在振动、冲击、稳态加速度等机械力作用下，其触点瞬时打开或闭合时抖动时间是否小于规定值。

11. 低电平负载切换寿命试验

低电平电路的电压及贮存能量非常小，切换时产生的电现象不足以影响成对触点的接触电阻，它的低电平和小电流也不对触点产生任何物理变化，只有触点的机械动作引起接触表面变化才可能会影响触点的接触电阻。切换低电平负载时，动态接触电阻比切换高电平或中等电流时的动态接触电阻大，触点失效的可能性也大。低电平负载切换寿命试验用于测定能在低电平电路中工作的触点失效，或确定能在低电平电路中工作的触点寿命，确定触点在规定环境中工作时切换低电平负载的可靠性。

12. 中等电流切换试验

触点在额定负载下的正常电弧往往会使触点上的氧化膜或其他污染膜被烧掉，使触点接触部位局部熔化，以致接触电阻急剧增加。中等电流切换试验的目的在于确定继电器、开关等类产品在中等电流切换条件（触点工作的条件）下，其电触点的可靠性。

9.1.2　电性能测试意义

集成电路产品是所有电子信息产业产品的核心部件，被称为电子信息产业的基础。一个国家集成电路产业的技术水平往往决定了其在国际电子信息产业的地位。集成电路产业的发展和运行的背后有着复杂而精密的一系列产业链的支撑，按行业来分，包括芯片设计、芯片制造、芯片封装和测试服务[2]。

元器件的电性能测试是保障集成电路可靠性必须进行的测试。电子设备都是由一个个电子元器件通过不同的回路搭建而成的，而一个电子系统更是由一个个电子设备组装起来的，电子元器件在电子整机和系统中都占有重要的地位。在一个电子系统或者设备中，任何电子元器件的失效都有可能导致整个系统或者设备丧失局部乃至全部的功能。对于功能众多，运用大量的电子元器件组成的复杂电子系统而言，这个问题尤为突出。如果一个设备是由 100 只元器件组成，要求其可靠性达到 99%，那么其中每个电子元器件的可靠性就要达到 99.99%，只有这样，由这些元器件组成的设备才能满足可靠性的要求。由此可见，电子元器件的质量直接决定电子设备乃至电子系统的可靠程度，是其可靠性的基础。为了提高整机和系统的可靠性，需要对组成它们的电子元器件进行合理有效的测试和筛选。电子元器件的测试和筛选是保证电子系统和设备稳定可靠的一个不可或缺的重要环节[1]。

另一方面，半导体工艺的发展，虽然提升了集成电路的集成度，实现了超大规模集成电路，但也使得集成电路发生故障的概率有所增加，集成电路特别容易受到瞬态故障的影响，例如由于空间辐射而引发的单粒子效应等。通过测试，可以对上述问题进行检测，同时在集成电路设计验证阶段，为了对所设计的集成电路产品进行功能验证，还要对其进行一系列的直流、交流以及功能测试，从而得出完整的检测信息，通过这些信息的反馈和分析，为集成电路设计者改进设计方案提供有效数据。在通过验证测试后，集成电路产品将进入生产测试阶段，为避免在生产阶段由环境、参数设定、材料选择等一系列不确定因素引起的集成电路产品质量问题，必须对产品进行检测，以确保其在交付使用过程中的可靠性。所以不论是在集成电路研发阶段还是最终生产阶段，集成电路测试对芯片功能检测、参数确定、改进设计方案、提高产品收益率等都起着至关重要的作用。

9.1.3　典型电性能测试环境

1. 测试环境——介质耐电压试验

介质耐电压试验用于检验器件在规定时间、规定电压下相互绝缘的部件之间或绝缘的部件与地之间能否安全工作，若元件有缺陷，则在施加试验电压后，必然产生击穿放电或损坏。由于过电位，即便是在低于击穿电压时也可能有损于绝缘或降低其安全系数，所以，应当慎重进行介质耐电压试验。

1）试验条件及设备

（1）试验条件。施加电压持续时间为 60 s，施加电压速率为 500 V/s 或按相关要求进行设置。

（2）交流电源。交流电源频率为 50 Hz 或按照相关要求。

（3）直流电源。直流电源电压脉动分量不超过均方根值的 5%。

（4）电压测量仪。电压测量仪误差不大于 5%。

（5）漏电流测量仪。漏电流测量仪误差不大于 5%。

（6）故障指示器。

2）试验步骤

（1）准备。按照元器件相关要求进行特殊处理，例如重接、接地、绝缘、浸水等。

（2）试验。连接线路，按相关要求施加电压，持续一定时间。试验中要全程监视故障指示器，判断样品有无击穿或漏电流等情况。

（3）结束。试验结束后要逐渐降低电压避免出现浪涌。

3）注意事项

在进行质量一致性检验时若要求施加更高的电压，须缩短持续时间，对有活动部件的试验样品进行试验时，不得使同一介质受重复电应力作用，试验结束时要逐渐降低电压。

4）失效判据

器件按适用的采购文件和数据表中规定的数据范围与实际测试数据不符时，器件判定为失效。

2. 测试环境——绝缘电阻测试

绝缘电阻测试是测量元件的绝缘部分，确定元件的绝缘性能是否符合电路设计的要求或经受高温、潮湿等环境应力时，其绝缘电阻是否符合有关标准的规定。绝缘电阻是设计高阻抗电路的限制因素，绝缘电阻测试与介质耐电压试验是不能等同的。如果要求在试验前后都进行测量，两次测量应在相同的条件下进行。

1）试验条件及设备

（1）试验条件。若无特殊规定应从表 9.1 中选择直流电压值。

表 9.1　直流电压值

试验条件	试验电压（DC）/V
A	100±10%
B	500±10%
C	1000±10%

（2）直流电源。直流电源电压脉动分量不超过均方根值的 5%。

（3）绝缘电阻测试仪。绝缘电阻测试仪误差不大于 10%。

2）试验步骤

（1）准备。按照元器件相关要求进行特殊处理，如重接、接地、绝缘、浸水等。

（2）试验。连接线路，按相关要求施加电压。

（3）读数。连续施加电压 2 min 并读数。

（4）结束。试验结束关闭电源恢复设备。

3）注意事项

若进行重复测试，试验后续绝缘电阻需采用与初次测试时相同的极性，测试过程中采取预防措施，消除其他路径对其读数影响。

4）失效判据

器件按适用的采购文件和数据表中规定的数据范围与实际测试数据不符时，器件判定为失效。

3. 测试环境——固定电阻器电流噪声测试

在固定电阻器中当有直流电流存在时所产生的电流噪声就会在其热噪声均方电压上，引起一个均方电压增量。电流噪声电压就是总噪声电压的均方根值与热噪声电压的均方根值之差。

1）试验条件及设备

（1）试验条件。若无特殊规定，测试应在（25±2）℃环境条件下进行。

（2）直流系统。直流电源与高阻抗直流电压表。

（3）测试输入电路。测试输入电路由隔离电阻、被测电阻和校准电阻组成。

（4）交流系统。交流系统用于校准信号源、交流带通放大器、平方律检波器和指示器。

2）试验步骤

（1）准备。测试前样品置于（25±2）℃条件下，温度稳定，勿进行特殊处理，或按照相关规定。

（2）试验。参考图 9.2 接线路，校准，测量系统噪声，测量直流电压及总噪声。

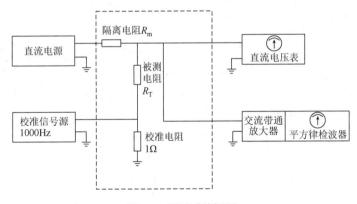

图 9.2　测试系统框图

（3）结束。试验结束关闭电源恢复设备。

3）注意事项

电流噪声指数用 $I = T - f(T-S) - D(\mathrm{dB})$ 计算，其中：I 为电流噪声指数；T 为电流总噪声；f 为系统噪声修正系数；S 为系统噪声；D 为直流电压。电流噪声指数测量精度应为 ±0.6 dB，当电流总噪声与系统噪声差距过大时，电流噪声指数的精度为 ±1 dB。

4）失效判据

器件按适用的采购文件和数据表中规定的数据范围与实际测试数据不符时，器件判定为失效。

9.2 老 化 试 验

9.2.1 老化试验目的

随着电子技术的迅猛发展，电子元器件越来越广泛地被用于工业自动化控制、计算机、战略武器系统、航天航空用电子设备和民用电子产品等。特别是半导体分立器件，已经受到世界各国电子行业的高度重视，被认为是提高电子产品声誉和竞争力的关键，所以提高分立器件的可靠性也就显得越来越重要。

理论上说，半导体器件的失效要比电子设备本身失效来得迟，但由于器件在结构精细、制造工艺复杂、工序繁多的生产过程中，不可避免地会留下潜在的缺陷，从而使器件的可靠性水平不能达到设计中的预定要求。此种缺陷一般分为两类：一类是质量缺陷，即用一般的测试和质量控制手段可以发现的缺陷（器件的芯片裂纹、表面黏附粒子、缺铝等）；另一类是潜在缺陷，即用一般的测试和质量控制手段是不能发现的，须对元器件施加应力（包括电、热等），将缺陷激活并加速暴露，使元器件产生"早期失效"，将问题暴露出来[5]。

老化试验基本上模拟了芯片整个寿命周期的运行情况，因为老化过程中应用的电激励反映了芯片工作的最坏情况。老化测试可以用来作为器件可靠性的检测或作为器件生产窗口用以发现器件的早期故障。一般用于芯片老化测试的装置是通过测试插座与外接电路板共同工作，从而得到芯片数据来判断是否合格。

9.2.2 老化试验意义

老化试验是通过高温方法使芯片劣化的理化反应加快，从而发现和排除存在缺陷的芯片。对产品施加高温应力来降低失效所需的时间，是环境应力筛选的一种。老化试验的原理是基于加速模型，即利用高应力水平下的寿命特征去外推正常应力水平下的寿命特征，其关键在于建立寿命特征与应力水平之间的关系[6]。

如图 9.3 所示，芯片失效主要可以分为 3 个时期。

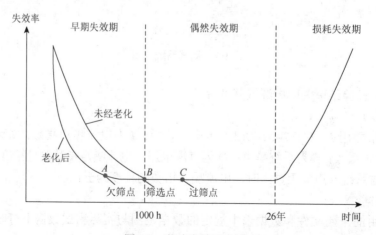

图 9.3 芯片失效示意图

（1）早期失效期。由于设计、物料和操作过程中的不当使得芯片在初期投入使用时，有许多缺陷被发现，相应失效率很高，但随着芯片使用时间的增加，剩下的缺陷逐渐变少，相应失效率逐渐降低。老化试验就是通过高温应力方式缩短早期失效期的时间，在较短时间内发现和排除芯片的潜在缺陷。如何在最短时间内准确筛选出不合格品是所有老化试验系统的研究方向。

（2）偶然失效期。芯片由于质量缺陷、物料弱点和环境不当等因素造成失效，由于这些因素是不确定因素，出现此类失效的概率比较低，相对其他几类失效的情况，可以说是微乎其微，所以芯片在此时段内失效率较低，且较稳定，往往可以将其认为是一个小常数，研发者通常都是检验这个时期的失效情况来判断芯片的可靠性。

（3）损耗失效期。由于磨损、疲劳、老化和耗损等原因，芯片的使用会到达寿命极限，这时失效率会随着时间的增加而急剧增大。

老化试验是为了筛选出早期失效期的不合格品，其中理想的老化筛选条件对应曲线中的 B 点，B 点相应的条件确认需要大量实验数据来验证和分析。曲线中的 A、B、C 对应不同的老化条件，在 A 点对应的条件下老化，老化筛选后，合格品中会混入一部分存在缺陷的芯片流入市场；在 C 点对应的条件下老化，老化筛选后，合格品质量可以保证，但老化过程过多损耗了芯片一部分寿命，缩短了芯片使用寿命，降低了芯片的性能。老化是在不能损坏好的部分或引入新的缺陷的情况下筛选存在缺陷的芯片，所以老化筛选条件不能超出设计极限。

老化试验的意义在于在一定时间内，把芯片置于一定的温度下，再施加特定的电压，加速芯片老化，使芯片可靠性提前度过早期失效期，直接到达偶然失效期，从而保证交到顾客手中的芯片工作性能的稳定性和可靠性。

9.2.3　典型老化试验环境

常规的老化测试一般分为以下 4 种。

1. 高温工作寿命测试

产品的可靠性是通过加速热激活失效机制来确定的。在偏差操作条件下，客户零件会受到高温的影响。在压力下，通常会对设备施加动态信号。高温工作寿命测试（high temperature operating life test，HTOL）用于预测长期故障率。所有测试样品必须在 HTOL 测试之前通过最终电气测试。

2. 高温保存寿命试验

高温保存寿命试验（high temperature storage life test，HTSL）用于测量设备对高温环境具有的抵抗力。应力温度通常设定为 125℃或 150℃，测试温度对试样的影响。在测试中，没有对器件施加偏压。

3. 温湿度高加速应力试验

温湿度高加速应力试验（high accelerated stress test，HAST）与 85℃/85%相对湿度测试失效机制相同。典型的测试条件是 130℃加压和非冷凝（85%）相对湿度。HAST 主要用于评估在湿度环境下产品的可靠性，通过在受控的压力容器内设定和创建各种温度、湿度、压力条件来完成。相对于传统的高温高湿测试，如 85℃/85%相对湿度测试，HAST 能够加速温湿度的老化效果，缩短可靠性评估的测试周期。

4. 芯片级封装可靠性测试

芯片级封装（chip scale package，CSP）的产品封装密度高、性能好、体积小、重量轻、适配性好，是集成电路的重要封装技术，但其仍然面临许多可靠性问题，包括焊点可靠性、包封材料可靠性与硅芯片的热膨胀匹配可靠性、下填充剂的热膨胀系数可靠性等，使得大量器件在使用过程中会失效，这就需要测试环节对 CSP 的可靠性进行测试。

接下来将就典型的老化试验环境分析老化试验的具体细节。

如图 9.4 所示为一个自动装载芯片的老化系统[7]，典型的老化试验系统由如下部分组成。

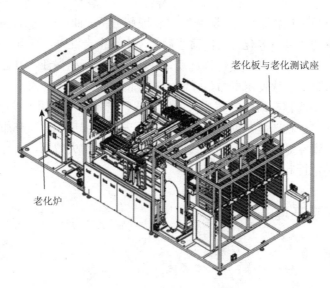

图 9.4   自动装载芯片的老化系统

（1）老化测试座。老化测试座用于放置芯片，为芯片提供合适的机械和电气连接。

（2）老化板。老化板与老化座配合使用，用于放置老化测试座，可放置多个测试座以满足多块芯片测试的需要。

（3）老化炉/高温试验箱。提供老化所需的典型环境，将老化试验环境和外部环境分隔开，根据需求不同还可分为动态环境和静态环境。

（4）测试系统。提供老化所需的电气环境，即芯片正常工作所需的典型环境，同时监测芯片实时状况。

对于老化测试的芯片抽样，测试样品需要使用相同的生产地点和流程进行制造和封装，并且生产过程需要采用相同的生产工艺。采样时需要从至少三个非连续批次中抽取相同数量的样品。对于所有需要评估的批次样品，则可以基于卡方分布（90%失信度的总失效率）选择样品数量；在对少量贵重芯片进行测试时，可以将测试样品量减少为1/3。

以高温工作寿命测试为例[8]，常用标准为：环境温度 $T_j = 125℃$，$V_{cc} \geq V_{cc}\max$，按批次采样的芯片持续工作 1000 h。老化后的平均预期寿命也会有对应的标值，通常情况下，125℃，测试 1000 h，平均预期寿命可以达 3～5 年。值得注意的是，测试后的预期使用寿命并不代表特定条件下的使用寿命，这取决于失效机制和使用环境，对于其他几种不同的老化环境，表 9.2 给出了预期平均寿命。

表 9.2　老化环境与平均时间

温度/℃	老化时间/h	平均预期寿命/年
125	1000	3～5
125	2000	7～10
150	1000	7～10
150	2000	15～20

当测试样品数量和出现的缺陷器件的数量满足 90%置信水平的泊松指数二项分布时，认为样品合格。给定缺陷水平的最小数量或样品可以用如下公式近似：

$$N \geqslant 0.5\left[X^2(2C+2,0.1)\right]\left[\frac{1}{\text{LPTD}}-0.5\right]+C$$

式中：N 是最小样品数量；C 是接受度；X^2 是 90%置信度的卡方分布值；LTPD 是期望的具有 90%置信度的缺陷级别。

9.3　安规试验方案

9.3.1　安规试验目的

安规是指产品从设计到销售，再到终端用户，贯穿产品使用的整个寿命周期，相对于销售地的法律、法规及标准产品安全符合性。安规不仅包含普通意义上的产品安全，同时还包括产品的电磁兼容与辐射、节能环保、食品卫生等方面。本节主要介绍电子生产行业的安规，电子生产行业的安规，也就是电子产品安全标准规格。安规对制造的装置与电组件有明确的规定与指导，以提供安全高品质的产品给使用者。其目的主要是用来防止火灾、机械危害、电击、热危害、能源危害、辐射危害、化学危害等对人体造成的伤害。就通过人体的一条给定电流通路而言，对人的危险主要取决于电流的效值和通电时间，但在许多情况下，以时间函数的接触电压（通过人体的电流与人体阻抗的乘积）的允许极限值作为判据。但是人体的阻抗随接触电压而变化，人体的不同部分，例如皮肤、血液、肌肉、其他组织和关节对电流呈现的阻性和容性分量组成了人体阻抗。人体阻抗的数值取决于若干因素，例如电流路径、接触电压、电流的持续时间、频率、皮肤潮湿程度、接触表面积、施加的压力和温度等因素[9]。为保障人们安全，电子设备的使用安全性成为决定产品质量的首要因素，安全标准成为最重要的技术标准之一。电工电子测量安全标准主要包含四个部分，接下来分别介绍其目的[10]。

1. 耐电压测试

耐电压测试是指对各种低压电器装置、绝缘材料和绝缘结构的耐压能力进行测试的试验，要求试验样品在给定的试验电压作用下达到规定时间，主要达到的目的如下。

（1）检查绝缘受工作电压或过电压的能力。

（2）检查电气设备绝缘制造或检修质量。

（3）排除因原材料、加工或运输对绝缘的损伤。

（4）检查绝缘电气间隙和爬电距离。

2. 漏电流测试

漏电流是指在没有故障且施加电压的情况下，电器中相互绝缘的金属零件之间，或带电电容与接地零件之间，通过其周围截止或绝缘表面所形成的电流。漏电流包括两部分：一是通过绝缘电阻的传导电流，二是通过分布电容的位移电流。后者的容抗为 $X_C = 1/(2\pi fc)$，与电源的频率成反比。分布电容电流随电源频率的升高而增加，所以漏电流也随电源的频率升高而增加。

漏电流实际上是电气线路或设备在没有故障且施压电压的作用下，流经绝缘部分的电流。它是衡量电器绝缘性能好坏的主要标志之一，也是产品安全性能的主要指标。将漏电流限制在一个小范围对提高产品安全性具有重要作用。

3. 绝缘电阻测试（安规）

绝缘电阻是指用绝缘材料隔开的两部分导体之间的电阻，影响绝缘电阻测量值的因素有温度、湿度、测量电压及作用时间、绕组中残存电荷、绝缘体的表面状况等，测量电气设备的绝缘电阻可达到如下目的。

（1）了解绝缘结构的绝缘性能，由优质绝缘材料组成的合理的绝缘结构应具有良好的绝缘性能和较高的绝缘电阻。

（2）了解电器产品绝缘处理质量，若绝缘处理不佳，电器绝缘性能将明显下降。

（3）了解绝缘受潮及受污染情况，当设备的绝缘受潮或受污染后，其绝缘电阻通常会明显下降。

（4）检验绝缘是否承受耐电压试验，若电气设备的绝缘电阻在低于某一限值时进行耐电压测试，将会产生较大的试验电流，造成热击穿而损坏电气设备的绝缘。

4. 接地电阻测试

接地电阻在有些标准如家用电器的标准中，定义为设备内部的接地电阻，而在有些标准如接地设计规范中，它是指整个接地装置的电阻。本节是指设备内部的接地电阻，也叫作接地阻抗。它所反映的是设备各元器件外露可导电部分与设备的总接地端子之间的电阻。接地电阻是衡量电器接地保护可靠的重要指标。

9.3.2　安规试验意义

安规是产品认证中对产品安全的要求，被广泛应用于电子生产行业中，对产品安全和质量要求通过的安全参数作出明确陈述。安全参数是电工电子测量中非常重要的参数，随着当代科学技术的迅速发展，电子设备全面进入社会生活的各个领域，成为社会文明进步的主要标志。在我国，人民的生活水平不断提高，家电的需求量越来越大，各类电器、电子设备在我国城乡得到迅速普及，给生产和生活带来极大方便。但各类电器、电子设备的广泛使用，也使得人身伤亡事故大为增加，触电伤亡和电气火灾就是常见的例子。电子设备的使用安全性在决定产品质量的各要素中跃居首要地位，安全标准成为最重要的技术标准之一。安全参数包括耐压、直流高绝缘电阻（或绝缘电阻）、接地电阻、漏电流等。20 世纪 70 年代末期起，各种用于电子电气产品安全性能试验的仪器迅速发展，形成一个崭新的电子仪器门类，如图 9.5 所示就是一个安规综合测试仪的实物图[11]。电器安全性能试验仪器的发展是贯彻国际和国内安全标准的必然结果。自 1EC 65 号公告《电网电源供电的家用和类似一般用途的电子及有关设备的安全要求》于 1952 年首次颁布并经五版、七次修订以来，全球范围内已形成 IEC 安全标准和美国 UL 安全标准两大体系。安全参数关系到人身安全、生产安全和仪器设备的安全，在生产科研中具有很重要的地位。

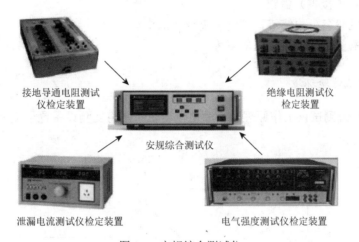

图 9.5 安规综合测试仪

9.3.3 典型安规试验环境

电工电子测量安全标准主要包含耐电压测试、漏电流测试、绝缘电阻测试以及接地电阻测试，接下来分别介绍其测试原理和注意事项[12]。

1. 耐电压测试试验环境

耐电压测试一般用耐电压测试仪，其工作原理如图 9.6 所示，一旦出现击穿，电流超过设定的击穿（保护）电流，就能够自动切断输出电压并报警，用以确定测试品能否承受规定的电压值。

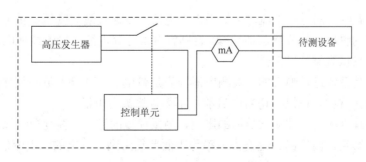

图 9.6 耐电压测试仪工作原理图

耐电压测试仪主要由交（直）流高压电源、定时控制器、检测电路、指示电路和报警电路组成，基本工作原理是：将被测件在仪器输出的试验高电压下产生的漏电流与预置的判定电流相比较，当检出的漏电电流大于判定电流时，试验电压瞬时被切断并发出声光报警，从而确定被测件的耐压值或击穿电压值。

注意事项如下。

（1）耐压试验只有在绝缘电阻检测合格后才能进行。

（2）试验电压应按规定确定，不得超过规定值。

（3）试验电流不能超过试验装置的允许电流。

（4）试验场地应设防护围栏，防止试验作业人员接近带电的高压装置，试验装置应有可靠的保护接地（或保护接零）措施。

（5）有电容的设备、电缆等，试验前需要预放电。

（6）每次试验结束，应将调压器置零。

2. 漏电流测试试验环境

图 9.7 是漏电流测试仪工作原理图，漏电流测试时，将受测设备置于绝缘工作台上，并经隔离变压器隔离。

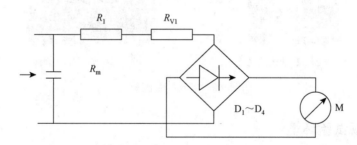

图 9.7　漏电流测试仪工作原理图

漏电流测试仪主要由阻抗变换、量程转换、交直流转换、放大、指示装置组成。分为模拟式和数字式，主要应用分为两种：通用漏电流测试仪及医用漏电流测试仪。两者的区别主要在于频率范围及输入电阻，通用仪表频率为 20 Hz～5 kHz，输入电阻为（1750±250）Ω。而医用仪表频率为 20 Hz～10 kHz，输入电阻为（1000±100）Ω。

注意事项如下。

（1）在工作温度下测量漏电流时，如果被测电器不是通过隔离变压器供电，被测电器应采用绝缘性能可靠的物质做绝缘垫与地绝缘。否则将有部分漏电流直接流经地面而不经过泄漏电流测试仪，影响测试数据的准确性。

（2）漏电流是带电进行测量的，被测电器外壳是带电的，试验人员必须注意安全，各实验室应制定安全操作规程，在没有切断电流前，不得触摸被测电器。

（3）应尽量减少环境对被测试数据的影响，测试环境的温度、湿度和绝缘表面的污染情况对漏电流有很大影响，温度高、湿度大、绝缘表面严重污染，测定的漏电流值较大。

3. 绝缘电阻测试试验环境

绝缘电阻测试仪主要进行绝缘电阻的测量，绝缘电阻表分为模拟指示式和数字式两种。绝缘电阻表的测试电压主要有 50 V，100 V，250 V，500 V，1000 V，2000 V，2500 V，5000 V，10000 V 等。

图 9.8 为数子式绝缘电阻测试仪工作原理图，高阻抗直流放大器用以放大测试回路微弱的电流从而驱动指示电表。测试时，被测物体与高阻抗直流放大器的输入电阻并联，并跨接于直流高压电源上，高阻抗直流放大器将其输入电阻上的信号经放大后输出至指示电表，由指示仪表直接读出被测物体的绝缘电阻并判断其是否合格。

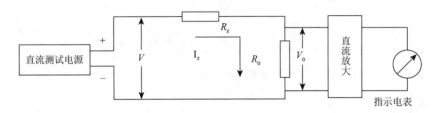

图 9.8　数子式绝缘电阻测试仪工作原理图

注意事项如下。

（1）选用合适的试验电压。试验电压太低，被试绝缘的弱点不易暴露；试验电压太高，被试绝缘可能被击穿。

（2）选用合适的供电方式。当被试产品的数量较多或绝缘的电容量很大时，将被试产品充电至额定试验电压所需时间太长，在测量绝缘电阻随时间变化以判断产品绝缘的清洁和干燥程度时，又必须维持试验电压稳定，故宜选用市电供电的绝缘电阻测试仪。

（3）选用适当的测量范围。根据被试产品的绝缘电阻范围选用量程，使得准确度和分辨率最佳。

（4）绝缘电阻测量前后应对被试产品进行放电。被测试的产品一般含有一定的电容量，由于电容的充电，会使测量示值不稳定，另外，如不及时释放充电电荷，也会危及与被测产品接触人员的安全，对于具有大工业电容的产品应尤为注意。

（5）禁止在雷电时，或在带有高电压导体的设备附近进行测量，防止设备感应带电而引起危险。

4. 接地电阻测试试验环境

接地电阻的定义为：当在接地极上流过电流 I，该电流在大地土壤中进行扩散时，接地极相对无限远的大地电位产生电位升 E，则定义 $R_x = E/I$ 为接地电阻。接地电阻可用接地电阻测试仪来测量，其原理图如图 9.9 所示。由于接地电阻很小，一般在几十毫欧姆，所以必须采用四线制测量才能消除接触电阻，得到准确的测量结果。接地电阻测试仪是由测试电源、测试电路、指示器和报警电路组成。测试电源产生 25 A（或 10 A）的交流测试电流，被测电器取得的电压信号经测试电路放大、转换，最终由指示器显示，若所测接地电阻大于报警值，则仪器发出声光报警。设计接地电阻测试仪的目的和作用与漏电流测试仪是一样的,即通常电流在电源、线路和负载构成的闭合回路中流过,而闭合回路以外是绝缘的,但当绝缘损坏等情况下,可能使仪器外壳直接带有危险电压。

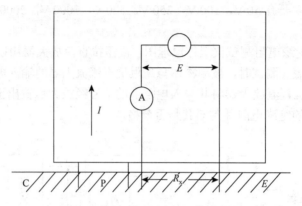

图 9.9 接地电阻测试仪工作原理图

注意事项如下。

(1)测定接地电阻时应使测试夹与易触及可导电部分表面连接点夹紧。

(2)测试时间不宜太长,防止烧坏测试电源。

(3)若要精确测量接地电阻,应将测试夹上的两根细导线(电压取样线)从仪表电压接线柱上取下,另用两根导线取代,接在被测物与电流测试夹连接点的内侧,以彻底消除接触电阻对测试的影响。

9.4 环境试验方案

9.4.1 环境试验目的

早在工业革命时期,人们已经注意到产品与其所在工作环境之间的密切影响关系,环境试验逐步受到重视。为了检测和提升产品在其工作环境中的性能,人们通过自然环境或者人工模拟环境的手段对产品进行检测。在第一次和第二次世界大战中,德军坦克均在寒冷地区存在启动困难或者无法启动的缺陷,使战斗力大打折扣;美国在越南战争中,大量装备经受不住东南亚地区潮湿气候的影响,纷纷出现失效现象。战争中装备出现的各种反环境症状,使得环境试验不得不被重视起来[13]。

1955 年,我国设立专门的环境试验研究机构进行环境试验的探索并修订环境试验标准,全国各地大量企业在结合自身发展的前提下,提出了完善和建设属于自己的环境试验测试系统的需求。随着航空航天、舰船铁路、5G 通信、新能源发展、智能制造等领域的不断发展,国家大力扶持环境试验项目,以此来推动我国环境试验和环境试验测试系统的发展和建设。

环境试验就是通过将产品放到特定环境下来检验检测其性能、功能、结构是否受到影响和发生变化的一种方法,在此过程中暴露产品的各种不足和缺陷,通过反复验证和不断收集资料,来判断产品的失效原因,从根源上解决产品缺陷,提高产品质量[14]。

产品在研发、生产和投入使用的过程中，都离不开环境试验，通常的流程是研发设计→环境试验→整改→环境试验→批量生产。环境试验做得越到位、越真实，产品的质量越有保证。环境试验的两个目的包括检验产品的性能是否具有很好的环境适应性和暴露产品缺陷，找出失效原因。环境试验主要用于以下几个方面[15]。

（1）产品研究性试验。产品研究性试验是为了更快地暴露研发阶段产品的缺陷而采取的加速环境试验的方法。加速环境试验属于激发性和强化性试验，常用于激发产品的潜在缺陷。

（2）产品定型试验。产品定型试验是为了验证产品是否达到预先的设计要求而采用的试验方法。定型试验是对产品进行的最全面的试验，产品所有环境因素都应该考虑在内。

（3）产品的验收试验。产品的验收试验是为了保证生产出来的成品的质量符合出厂要求，通常要用抽样检测的方式进行验收试验。

（4）安全性试验。安全性试验是为了避免产品对人或者其他物品的安全产生影响，通过加大环境应力的方式验证产品的结构等质量是否满足安全要求。

环境试验与产品质量之间基本成正比关系，环境试验的质量做得越高，反馈给产品改进的信息越多越真实，产品改进的质量就越高，环境试验是产品质量的保证。

9.4.2　环境试验范围

对于现阶段的电子元器件和电子产品，环境试验的种类相当丰富，不同的器件在其特定使用环境下所受的环境侵蚀也具有特异性，图 9.10 为各种环境引起的故障占比，要得到更准确的结果，必须保证整个试验过程的科学性和完整性。

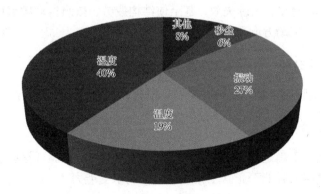

图 9.10　各种环境引起的故障占比

我国对于环境试验有着一系列的标准和要求，以《电子及电气元件试验方法》（GJB 360B—2009）为例，简要介绍标准中提到的常见环境试验内容。

1. 温湿度试验

温湿度试验是指用加速方法评价元件和材料在典型环境下受温湿度影响劣化的情况。

温湿度试验具体可以细分为稳态湿热试验、高湿试验、高热试验、温度冲击试验等；按照循环条件又可以分为稳态试验和交变试验。目的是检验元件在极端情况下抵抗不同温湿度干扰的能力。

2. 盐雾试验

盐雾试验用于确定元器件耐盐腐蚀的能力。

主要是利用盐雾试验设备所创造的人工模拟盐雾环境条件来考核产品或金属材料耐腐蚀性能的环境试验，为某些试验样品在海上及沿海地区的使用性能提供有用的数据。

3. 浸渍试验

浸渍试验用于确定原件交替地浸渍在不同液体中的密封能力。

浸渍试验提供了在实验室条件下，检查元器件密封性能的简易方法。在温度和振动等试验后进行此项环境试验，可以检验出由于装配不当引起的缺陷和由于环境试验中产生的机械损伤引起的缺陷。根据浸渍溶液的不同可以分为水浸和盐浸。但浸渍试验不能替代温度冲击试验和盐雾试验。

4. 砂尘试验

砂尘试验用于确定元件在飞散尘埃的干燥大气中抵抗尘埃微粒渗透的能力。尘埃为有棱角的硅石粉，本试验属于一种吹尘试验。

5. 振动试验

振动试验用于确定元件对在现场使用中可能经受到的主要振动的适应性和结构完好性。

振动能使元器件结构松动，内部部件产生相对位移；也能造成脱焊、接触不良以及劣化；还能使器件产生噪声、磨损、物理失效，甚至使结构疲劳。按照振动频率可以分为低频振动和高频振动，同时按施加振动方向可以分为横向、轴向和径向。

6. 跌落/碰撞/冲击试验

跌落/碰撞/冲击试验用于确定器件在受到不同程度冲击作用时对元器件的影响。

7. 稳态加速度试验

稳态加速度试验用于确定稳态加速度应力对元件的影响，并验证这些元件在预期的使用环境下经受稳态加速度应力时能否正常工作以及结构的承受能力。

8. 低气压试验

低气压试验用于确定元件和材料在低气压下耐电击穿的能力；确定密封元件耐受气压差不破坏的能力；检验低气压对原件工作特性的影响及低气压下的其他效应；有时候可用于确定机电元件的耐久性。

9. 爆炸性大气试验

爆炸性大气试验用于确定元件在爆炸性大气中工作而不引起爆炸的能力。

爆炸性大气试验适用于飞行器或地面运载器内使用的元件，也适用于靠近贮运燃油或使用燃油的运载器的维护设备中的元件。

10. 有焰燃烧性试验

有焰燃烧性试验用于确定元件暴露在外部火焰条件下耐受燃烧的能力。

耐烧能力由以下几点确定：元件点燃后火焰自行熄灭时间；元件是否引起猛烈燃烧；元件接触或延后是否引起爆炸性燃烧；在较大元件表面上的燃烧是否得到阻止。影响试验的因素主要有火焰触点的温度、火焰大小、火焰接触时间、元件的体积和热吸收效应，以及元件的材料和表面情况。

9.4.3　典型环境试验环境

下面将以稳态湿热环境为例，构建典型环境试验环境[4]，如图 9.11 所示。

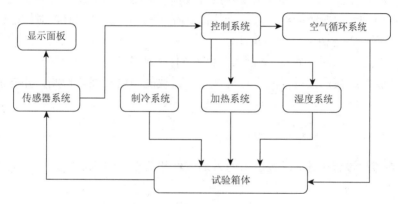

图 9.11　温湿度试验箱系统组成

对于稳态湿热环境，需要将样品连续暴露在高温高湿条件下以达到加速的目的。当高温高湿作用在样品上时，可以构成水汽吸附、吸收和扩散等效应。对于吸湿材料，在高温条件下会迅速变质。许多材料在吸潮后膨胀，性能下降，引起物质强度降低及其他主要机械性能变化，吸附了水汽的绝缘材料会引起电性能下降。

1. 试验设备要求

（1）试验箱（室）环境应接近标准大气条件，即温度 15～35℃，相对湿度 20%～80%，气压 86～106 kPa。若环境条件无法满足，则记录实际条件。

（2）使用温湿度传感器监测试验环境中的温度和相对湿度。

（3）保证试验环境内温湿度的均匀性。

（4）试验箱（室）使用的湿源用水的电阻率应大于 500 Ω/m。

（5）需要不断从试验箱（室）中排出冷凝水，未经净化不得二次使用。

（6）试验箱（室）壁和顶部的冷凝水不允许滴落在试验样品上。

（7）试验样品的电器负载不得明显影响试验箱（室）内环境条件。

2. 试验条件

稳态湿热试验典型条件从表 9.3 中选取。

表 9.3 稳态湿热试验典型条件

实验条件	温度/℃	相对湿度/%	试验时间/h
A			240
B	40±2	90~95	36
C			504
D			1344

3. 试验程序

（1）预处理。将样品在(40±5)℃的环境中干燥 24 h。

（2）初始检测。试验前，根据相应要求对样品的外观、机械性能和电气性能进行检测。

（3）试验。将样品接 100 V 直流电压或按有关标准规定施加电压，将样品置于上述实验条件中，放置相应时间。放置时间结束后，当样品还在试验箱（室）中时，对样品的机械性能和电气性能进行检测，并与初始检测结果比较。

（4）恢复。试验结束后，将样品在标准大气条件下放置 1~2 h。

（5）终检。恢复结束后，对样品进行外观、机械性能和电气性能检测，并与前两次结果进行比较。

4. 评价标准

如果器件参数超过极限值，或按适用的采购文件和数据表中规定的正常和极限环境不能验证其功能时，器件视为失效。

参 考 文 献

[1] 陈文际. 基于 FPGA 的集成电路老化测试系统设计[D]. 鞍山：辽宁科技大学，2016.

[2] 方田. 数字集成电路测试系统驱动程序的设计及实现[D]. 成都：电子科技大学，2019.

[3] 刘鑫. 集成电路测试向量的调度与优化[D]. 成都：电子科技大学，2020.

[4] 工业和信息化部电子第四研究所. 电子及电气元件试验方法：GJB 360B—2009[S]. 北京：中国人民解放军总装备部，2009.

[5] 杨迎. 适用于高速芯片的老化测试系统研究[D]. 武汉：武汉邮电科学研究院，2020.

[6] ZHANG W J, LIU S L, SUN B, et al. A cloud model-based method for the analysis of accelerated life test data[J]. Microelectronics Reliability, 2015, 55 (1): 123-128.

[7] 何润. 一种全自动芯片老化测试装置：202011629946.6[P]. 2021-06-15.

[8] JEDEC. Stress-Test-Driven Qualification of Integrated Circuits：JEDEC JESD47I—2012[S]. Arlington：JEDEC Solid State Technology Association，2012.

[9] 国家市场监督管理总局中国国家标准化管理委员会. 电流对人和家畜的效应 第 1 部分：通用部分：GB/T 13870.1—2022[S]. 北京：中国标准出版社，2022.

[10] 范学，李高林. 电气安规测试研究[J]. 汽车零部件，2012（5）：84-87.

[11] 仇权杰. 某公司电子产品安规测试信息系统的设计与实现[D]. 北京：首都经济贸易大学，2020.

[12] 陈钼. 安规类仪器的原理及应用[J]. 电子质量，2002（12）：16-19.

[13] 王忠，陈晖，张铮. 环境试验[M]. 北京：电子工业出版社，2015.

[14] 王树荣，李志清. 环境试验[M]. 北京：人民邮电出版社，1988.

[15] 谢俊杰. 环境试验测试系统的研究、设计及建设[D]. 广州：华南理工大学，2019.